ABHANDLUNGEN DER DEUTSCHEN AKADEMIE
DER WISSENSCHAFTEN ZU BERLIN

Klasse für Chemie, Geologie und Biologie

Jahrgang 1966 Nr. 1

PETER-ADOLF THIESSEN, KLAUS MEYER,
GERHARD HEINICKE

GRUNDLAGEN DER TRIBOCHEMIE

Mit 159 Abbildungen und 24 Tabellen im Text

AKADEMIE-VERLAG · BERLIN

1967

Vorgelegt von Hrn. SCHIRMER in der Klassensitzung am 17. Juni 1965

Zum Druck genehmigt am gleichen Tage, ausgegeben am 8. 3. 1967

Erschienen im Akademie-Verlag GmbH, 108 Berlin, Leipziger Straße 3—4

Lizenznummer: 202 · 100/477/67
Gesamtherstellung: VEB Druckhaus „Maxim Gorki", 74 Altenburg
Bestellnummer: 2001/66/II/1 · ES 18 C 2 · 33,—

Inhaltsübersicht

Vorwort

Alltäglich gewohnte Vorgänge, jahrtausendealte Techniken gelten als so bekannt und selbstverständlich, daß nach den Elementar-Erscheinungen nur selten gesucht wird. Zu den Urzeit-Techniken zählen die Bearbeitungsvorgänge fester Körper als Wechselwirkungen zwischen Werkzeug und Werkstück. Sie stellen sich dar als wechselseitige mechanische Einwirkungen von Festkörpern miteinander unter Einbeziehung der umgebenden Medien. In diesen Bereich gehören auch die Erosionen geologischer Schichten, die Verformungen und Umsetzungen unter dem Druck der Gesteine in der Tiefe, beeinflußt durch die Mikroseismik.

Von großen Lehrern der physikalischen Chemie, z. B. G. Tammann, kennen wir den Ausspruch, daß alles, was in Mengen vorkomme, in Massen gebraucht und überall geübt wird, nahezu unerschöpfliche Probleme biete. Der große Phänomenologe R. Zsigmondy lehrte uns eine synoptische, allseitige Betrachtungsweise, bei der Beobachtungen systematisch geordnet und durch gezielte Experimente Schritt für Schritt aufgeklärt werden. Durch sinnvolle Verbindungen, theoretische Näherungen oder auch streng mathematische Behandlung sind dabei Aussagen möglich. Von M. Volmer kennen wir den Satz, daß Empirie von geringem Werte bleibe, wenn nicht leitende Prinzipien gesucht und gefunden werden.

Bei dem hier behandelten Thema zur Erkundung tribomechanischer Vorgänge ist eine sehr große Zahl von Parametern zu bewältigen. Eine streng mathematische Behandlung, sogar gute Näherungen sind zur Zeit nicht möglich; es gibt bisher kaum Ansätze für Kalküle, welche die Behandlung von unsymmetrischen, veränderlichen Potentialen erlauben, bestimmt durch unsystematisch fehlgeordnete Vielkörper-Systeme. Der Ausweg bietet sich in phänomenologischen Theorien, mit denen wir uns so lange begnügen müssen, bis die vorausgesagte Revolution der Mathematik die strenge Behandlung erlauben wird.

Die Autoren dieser Beiträge sind verbunden durch das Unternehmen der ersten Schritte in einem Neulande der physikalisch-chemischen Grenzflächenmechanik sowie durch eine gemeinsame Grundkonzeption und den „modus procedendi“. Die Abhandlungen von G. Heinicke und K. Meyer sind in Disposition und Formulierung selbständig ohne redaktionelle Eingriffe des Verfassers des Vorwortes.

Berlin-Adlershof, den 31. Januar 1966

Peter A. Thießen

Physikalisch-chemische Untersuchungen tribomechanischer Vorgänge

von

PETER A. THIESSEN

Inhalt

1. Begriff und Fragestellung

Die ,,Tribomechanik" befaßt sich mit den submiskroskopischen Vorgängen der Eingriffe in das Gefüge der Grenzflächen fester Körper. Alle Wechselwirkungen zwischen Werkzeug und Werkstück bei beliebigen mechanischen Bearbeitungen von Festkörpern beginnen mit tribomechanischen Prozessen. Erfolge ihrer molekularmechanischen Deutung sind in den letzten Jahren zunehmend auf den Einsatz physikalisch-chemischer Methoden zurückzuführen. Die submikroskopische Zone der ersten Verformungsschritte stellt sich als ein Bereich dar, in dem für jeweils sehr kurze Zeiten aus zerstörtem Gefüge und abgelösten Bausteinen der Verformungspartner sowie Bestandteilen der Umgebung des Verformungsraumes ein sehr ,,heißes" Plasma — Triboplasma — entsteht. Bewegungsvorgänge, Veränderungen der Partner und ihrer Umgebung, optische, elektrische und chemische Vorgänge lassen sich aus einem submikroskopischen Verformungsmodell (,,Magma-Plasma-Modell") herleiten, das nach einem synoptischen ,,Verfahren der geringsten Widersprüche" aufgestellt wurde.

,,Tribomechanik" bezeichnet wörtlich eine Mechanik der Reibungsvorgänge, vorwiegend zwischen Festkörpern untereinander, aber auch zwischen Festkörpern einerseits und Flüssigkeiten, Gas- oder Dampfstrahlen andererseits. Eine zusammenfassende klassische Behandlung erfuhren diese Fragestellungen bei F. P. Bowden und D. Tabor ,,Friction and Lubrication of Solids" [1]. Hier sollen die physikalisch-chemischen Folgen mechanischer Einwirkungen auf die Grenzflächen fester Körper erörtert werden. Behandelt werden nicht nur die Eingriffe in die äußeren Atomlagen (,,geometrische Oberfläche"), sondern auch Einwirkungen auf Bereiche nahe den Grenzflächen. Aus praktischen Gründen begrenzen wir die primären Vorgänge auf Schichten bis zu etwa 10^{-4} bis 10^{-5} cm Abstand von der geometrischen Oberfläche (entsprechend einigen 1000 bis 100 Atomlagen). Unmittelbare Folgeerscheinungen erstrecken sich in Tiefen bis zu etwa 10 µm; sie stehen mit den Primärvorgängen in engen genetischen, energetischen und stofflichen Beziehungen. Als Wirkungspartner betrachten wir hier vorwiegend Festkörper, z. B. bei Wechselwirkungen zwischen Werkzeug und Werkstück. Prinzipielle Unterschiede gegenüber der Einwirkung von Flüssigkeiten — im besonderen von hoch beschleunigten Flüssigkeitstropfen oder -strahlen — sowie auch von Gasstrahlen und von Laser-Strahlenbündeln sollen indes aus der obigen Beschränkung nicht hergeleitet werden.

Gegenstand der Untersuchungen bilden:

a) die ,,klassische Reibung" in submikroskopisch rauhen Oberflächen der Partner,
b) Kornstrahl-Bearbeitung von Festkörpern (z. B. Sandstrahlen, Strahl-Läppen),
c) Ritzen bzw. flache Eingriffe von spanenden Werkzeugen,
d) thermische Eingriffe hoher Energiedichte (Elektronenstrahlen, Plasmaflammen, Laser-Strahlenbündel)

Die physikalischen Erscheinungen bei solchen Vorgängen sind unter dem Begriff einer ,,Tribophysik" bereits seit längerer Zeit zusammenfassend betrachtet worden. Chemische Wirkungen lassen sich im Rahmen einer ,,Tribochemie" [2] behandeln[1]).

[1]) Von der Bezeichnung „Mechanochemie" [2] wird hier bewußt abgesehen, da diese viele weitergehende Mechanismen einschließen müßte, z. B. Gasreaktionen in Stoßwellen, Druckzündungsvorgänge im Dieselmotor u. dgl.

2. Beispiele bekannter physikalisch-chemischer Erscheinungen bei der Festkörperreibung

F. P. BOWDEN und D. TABOR beobachteten bei der trockenen Festkörperreibung außer integraler starker Erhitzung das Auftreten von besonders heißen Stellen („hot spots"). Sie fanden, daß im Regelfall der Partner mit dem jeweils niedrigsten Schmelzpunkt schmilzt. Dabei finden auch Materialübergänge statt.

Die Abgabe von Elektronen sowie Lumineszenz-Erscheinungen [3] als Folge von Reibungsvorgängen wurde oft beschrieben und untersucht. Eine Reihe von Mechanismen als mögliche Ursachen solcher Emissionen wurde theoretisch und experimentell eingehend untersucht. Soweit bisher zu ersehen ist, sind die molekularen Mechanismen solcher Emissionen [4] recht verschieden.

Chemische Wirkungen bei Reibungsvorgängen wurden oft beobachtet. F. P. BOWDEN und D. TABOR beschrieben den Einfluß von Sauerstoff auf den Ablauf von Reibungs- und Abtragungsvorgängen. Der Mechanismus wurde dabei nicht näher erkundet. Sehr klare Einblicke in solche Vorgänge ergab eine sorgfältige Untersuchung von M. FINK und U. HOFMANN [5] über Reiboxydation von Metallen. Ein besonders bemerkenswertes Ergebnis ist die beobachtete geringe Abhängigkeit dieser Vorgänge von der äußeren Temperatur. Die Geschwindigkeit der Oxydation ist bei den Temperaturen der flüssigen Luft kaum geringer als bei Zimmertemperatur.

Das umfangreiche Gut an Erfahrung über die Wechselwirkung mechanischer und chemischer Vorgänge litt fast überall an einer zu großen Fülle von bestimmenden Einflüssen, die in ihren Wirkungen nur schwer auseinander zu halten waren. Einen grundsätzlichen Fortschritt brachten die Untersuchungen von SMEKAL und seiner Schule. Es gelang ihm, durch theoretisch gut begründete Voraussetzungen und überzeugende Experimente tiefe Einblicke in die submikroskopischen elementaren Vorgänge zu gewinnen, die sich bei Eingriffen in die Oberfläche fester Körper abspielen. Bei diesen Versuchen wurde z. B. eine sehr feine Diamantspitze (Durchmesser etwa 1×10^{-5} cm) unter einer bestimmten Last auf die Oberfläche eines Festkörpers gesetzt und parallel zur Oberfläche verschoben. Bei einer Belastung von $1\ \text{p}/1\ \mu\text{m}^2$ genügt der spezifische Flächendruck dazu, chemische Bindungen zu sprengen und die Gitterkräfte zu überwinden. Der beim langsamen Ziehen des aufliegenden Werkzeuges entstehende Ritz zeigt das Bild einer plastischen Verformung, unabhängig davon, ob das geritzte Material makroskopisch spröde oder makroskopisch plastisch ist.

Diese „Mikroplastizität" ist nach SMEKAL eine allgemeine Eigenschaft fester Körper. Erst bei tieferem Eindringen des Werkzeuges entstehen in makroskopisch sprödem Material kennzeichnende Risse, Sprünge und Ausbrüche. Ähnliche Erscheinungen werden unter den angegebenen Voraussetzungen auch bei geringer Eindringtiefe des Werkzeuges beobachtet. wenn die Geschwindigkeit des Ritzens zunimmt.

SMEKAL [6] erklärt die plastische Verformung beim Ritzen unter hoher spezifischer Last aus einem „athermischen" Schmelzen der mechanisch beanspruchten Gitterbereiche. Die umgesetzte Wärmemenge, eine Art von „Reibungswärme", soll dabei den Betrag der Schmelzwärme erreichen. Nach Abschluß der Beanspruchung bleiben an den Grenzen der Ritzspur wallartige Ränder stehen, deren überschüssige freie Energie von SMEKAL auf etwa die halbe Schmelzwärme geschätzt wird.

Die Verformung ist bei den Versuchen von SMEKAL von chemischen Umsetzungen begleitet. Strenge Beweise dafür brachte K. PETERS [7]. Besonders eindrucksvoll erscheint der Nachweis der tribochemischen Zersetzung von Calciumcarbonat in Calciumoxid und Kohlendioxid. Der Vorgang ist gewissermaßen als „tribochemisches Kalkbrennen" anzusehen. Chemische Reaktionen großer Heftigkeit bei mechanischen Verformungen der Oberflächen wurden in der Zwischenzeit häufig beobachtet, ohne daß auf die Deutung der molekularen Mechanismen besonders eingegangen wurde [8].

Die Vorzüge der experimentellen Methode von SMEKAL gegenüber den bis dahin vorliegenden Untersuchungen liegen in der Schaffung einer physikalisch klaren Fragestellung und in der Reproduzierbarkeit, Einfachheit und Übersichtlichkeit der experimentellen Anordnung. Gefolgert wurde auf:

a) die Mikroplastizität als allgemeine Eigenschaft fester Körper;

b) die Abhängigkeit des Überganges der plastischen Verformung zum Sprödbruch von der Tiefe und dem Querschnitt des Eingriffs;

c) das Auftreten einer hohen überschüssigen freien Energie bei der Mikroverformung;

d) das Einfrieren von Restbeträgen der überschüssigen freien Energie nach abgeschlossener Verformung;

e) erleichterte Anregung chemischer Umsetzung durch Einflüsse nach [5] und [9].

Die Folgerungen von SMEKAL über die Verformungsmechanismen benötigen indes eine Nachprüfung und Erweiterung. Im besonderen zwingen neue Erkenntnisse über die Verformungsmechanismen sowie Beobachtungen über die Art und den Verlauf chemischer Umsetzungen (als Folgen mechanischer Bearbeitung) zur weiteren Untersuchung derartiger Probleme. Vor allem scheint die Vorstellung des „athermischen Schmelzens" sowie die Annahme der Schmelzwärme als obere Grenze der überschüssigen freien Energie weder notwendig noch hinreichend zu sein.

Die sicherste Art der Nachprüfung wäre eine unmittelbare kalorimetrische Messung der Wärme-Umsetzung bei der Mikro- oder Submikrobearbeitung von Oberflächen. Die aufkommenden Energiebeträge sind indes für einen einzelnen Ritzvorgang zu gering zur sicheren Messung. Eine häufige Wiederholung, etwa wie bei einer Teilmaschine, verlangte eine sehr verwickelte Vorrichtung und ergäbe zu große Zeitintervalle zwischen den einzelnen Ritzvorgängen. Außerdem dürften nur die ersten Anfänge des Ritzens ausgenutzt werden. Denn bei der strengen Führung des Werkzeuges staut sich das zuerst losgelöste Material; es schiebt sich zwischen Werkzeug und Werkstück, verfrittet sich wieder und wirkt als eigentliche Werkzeugfront gegen das Werkstück. Dadurch werden energetisch und morphologisch stark veränderte Bedingungen geschaffen. Im besonderen kann der Übergang von der plastischen zur spröden Mikroverformung deshalb bei wesentlich geringeren Vorschubgeschwindigkeiten erfolgen, als sie bei einer „reinen" Front des Werkzeuges eintreten würde.

Es ist ferner experimentell sehr umständlich, die Vorrichtungen der SMEKALschen Art unter streng definierten Bedingungen der stofflichen Umgebung durchzuführen, etwa im hohen Vakuum oder in bestimmten Atmosphären. Die Erfüllbarkeit dieser Bedingungen ist aber notwendig, wenn etwa die wechselseitige stoffliche Beeinflussung von Werkzeug und Werkstück, der Einfluß grenzflächenaktiver Substanzen, adsorbierter Schichten, chemischer Umsetzungen mit der Umgebung u. dergl. systematisch untersucht werden sollen.

Eine allen Ansprüchen gerechte Lösung läßt sich kaum finden. Mit guter Annäherung sollten sich indes diese Forderungen erfüllen lassen durch den Übergang vom streng geführten ritzenden Werkzeug zu einer Reihe einzelner Einstiche oder zum abrollenden Werkzeug mit mikroskopischen oder submikroskopischen Spitzen.

3. Submikroskopische Vorgänge bei der tribomechanischen Verformung von Festkörpern

Einblicke in die molekularen Vorgänge tribomechanischer Verformungen erfolgten u. a. durch Untersuchungen an übersichtlichen Modellsystemen. Als Ausgangssysteme dienen dünne Schichten, möglichst genau definiert nach Stoffart, Struktur und integralem Energiegehalt. Geeignete Objekte sind z. B. submikroskopisch dünne Goldeinkristalle extremer Ungleichgewichtsform (im Sinne des Theorems von GIBBS-CURIE-WULFF [10].

Solche Kristalle sind thermodynamisch nicht stabil. Sie sollten bei Temperaturen des einsetzenden Platzwechsels im Gitter (nach der Regel von G. Tammann bei 0,3 bis 0,4 der absoluten Schmelztemperatur) allmählich in die Gleichgewichtsformen übergehen. Die Abläufe solcher Umlagerungen, welche zum großen Teil durch die Volmer-Diffusion [11] bestimmt sind, werden hier ohne Umwege unmittelbar sichtbar.

Die Umlagerungen müssen jeweils in Bereichen überschüssiger freier Energie beginnen. Bei wenig gestörten Kristallen kommen dafür kristallographisch definierte Zustände, z.B. Gleitlinien, in Betracht. Dünne Blättchen sollten dabei aufreißen und ,,Fjorde" und ,,Fenster" entstehen (Abb. 1).

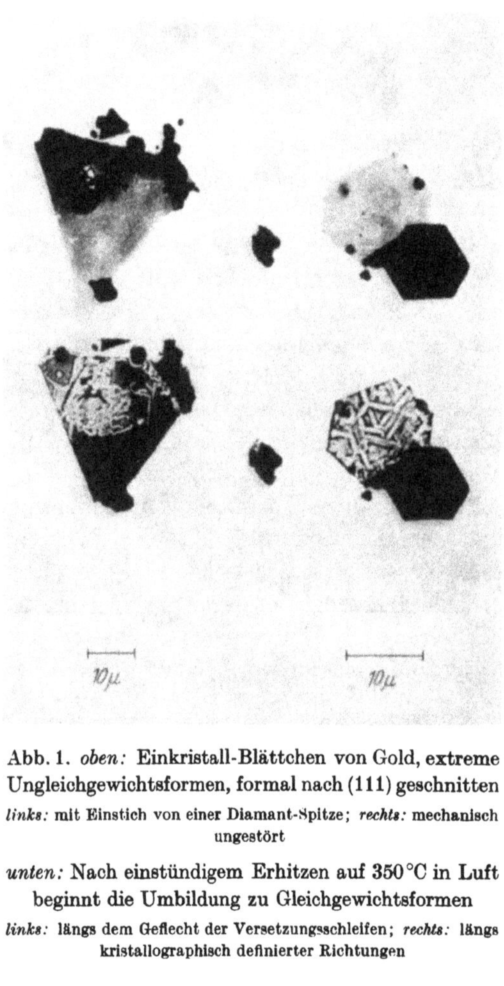

Abb. 1. *oben:* Einkristall-Blättchen von Gold, extreme Ungleichgewichtsformen, formal nach (111) geschnitten
links: mit Einstich von einer Diamant-Spitze; *rechts:* mechanisch ungestört
unten: Nach einstündigem Erhitzen auf 350 °C in Luft beginnt die Umbildung zu Gleichgewichtsformen
links: längs dem Geflecht der Versetzungsschleifen; *rechts:* längs kristallographisch definierter Richtungen

Bei mechanischen Eingriffen, die bei derart dünnen Blättchen als tribomechanische Wirkungen gelten dürfen, sollten ein Geflecht von Versetzungen (Dislokationen) — bzw. ihre in die Oberfläche tretenden Spuren — Stellen des beginnenden Platzwechsels sein. Bei Temperaturen unter gleichen Bedingungen wie bei entsprechenden unbehandelten Goldblättchen sollte dabei das Versetzungsgeflecht ohne weitere Zwischenbehandlung erkennbar werden (Abb. 1).

Entsprechende Vorgänge müßten in Bereichen nahe den Grenzflächen kompakter Kristalle bei entsprechender Vorbehandlung auch nachweisbar sein. Hier sind allerdings besondere Entwicklungsmethoden notwendig, um den Verlauf der Versetzungen zu zeigen (vgl. K. Meyer: ,,Energetisch angeregte Zustände in tribomechanischen Prozessen", S. 39, Abb. 20).

Morphologisch zeigt der mikroskopische oder submikroskopische Verformungsbereich verschiedene, charakteristisch abgrenzbare Bezirke. Eine Zone höchster Energiedichte bei der Stoßbremsung liegt in der Tiefe des ,,Kraters" (Sohle der Stoßbremsstrecke). Seine Wände bilden einen Wall gegenüber der weniger gestörten Umgebung. Die Stoßsohle zeigt eine statistisch unregelmäßige Fehlordnung. Sie würde etwa einem ,,parakristallinen Zustand" entsprechen. An diesen schließt sich eine Zone dichtgepackter Versetzungen an, die allmählich in eine normale Verteilung entsprechend kristallographisch definierter Anordnungen, z. B. von Gleitbändern, übergeht.

Die Laufstrecken der Dislokationen lassen sich ebenso wie die Ausdehnung der Bearbeitungszone vermessen; ebenso läßt sich die Laufgeschwindigkeit der Dislokationen verstehen [12].

Die Ergebnisse sind nicht vereinbar mit einer klassischen Theorie für die Fortpflanzgeschwindigkeit von energetischen Störungen in einem idealen Festkörper; sie sollte nach dieser der Schallgeschwindigkeit in dem betreffenden Material entsprechen. Tatsächlich sind hier gemessene Beträge um zwei bis drei Größenordnungen niedriger als die Schallgeschwindigkeit im Festkörper [13].

4. Vergleich des Versetzungsmechanismus mit dem Smekal-Mechanismus

Die Erfahrung zeigt die grundsätzlich weitreichende Richtigkeit der Feststellungen von A. Smekal über die Mikroplastizität von Festkörpern, auch unter extremen Bedingungen. Die von ihm seinerzeit gegebene Deutung der Mechanismen ist jedoch nicht ausreichend. Die plastische Verformung erfolgt tatsächlich über eine sehr kurzzeitige Auflockerung des Gefüges der Festkörper-Bausteine mit anschließender Bildung und Wanderung von Versetzungen und Stapelfehlern [14]. Abbildung 2 soll die Änderung im Gefüge einer Gitterebene hexagonal dichtester Kugelpackung modellmäßig zeigen. Die Auflockerung und Fehlordnung, welche Abb. 2*b* zeigt, stellt den Zustand unmittelbar nach dem Eingriff dar.

Die Art der Fortpflanzung einer energetischen Störung im realen Diskontinuum ist gegenwärtig weder im theoretischen Ansatz noch in der mathematischen Behandlung über erste Anfänge hinaus erfaßt. Sie müßte etwa einer tragfähigen Theorie zur Deutung einer Verfestigung bei hoher mechanischer Bearbeitung („work hardening") entsprechen. A. H. Cottrell [15] schlägt vor, sich gegenwärtig mit morphologischen Vorstellungen zu begnügen und die „Experimente für sich sprechen zu lassen". Mit hoher Sicherheit läßt sich aussagen, daß ein einfacher Elektron-Phonon-Mechanismus die Fortpflanzung energetischer Störungen nicht ausreichend bestimmt.

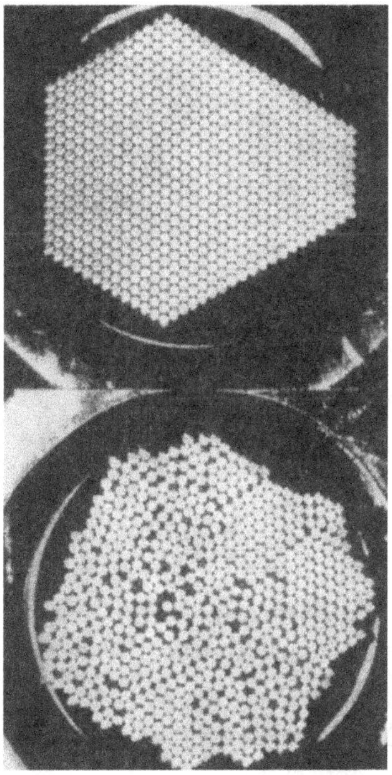
a)
b)

Abb. 2. Modell einer hexagonal dichtesten Kugelpackung.
a) ungestört; *b*) unmittelbar nach einem Einstich
Eine schwach konkave Unterlage der Kugelschicht simuliert die Gitterkohäsion

5. Wärmestau beim ersten Eingriff in das Festkörpergefüge

Die übertragene Energie, die durch die Werkzeugspitze beim Ritzversuch oder durch ein fliegendes gebremstes Korn auf die Oberfläche übertragen wird, läßt sich abschätzen (vgl. K. Meyer: „Energetisch angeregte Zustände in tribomechanischen Prozessen", Abschnitt 3.3.1.2.). Aus der hohen übertragenen Energie und dem experimentell beobachteten geringen Verformungsvolumen ergibt sich ein erheblicher Wärmestau. Die Energie kann nicht in dem Maß abfließen, wie sie an der Eingriffstelle zugeführt wird. Es muß daher mit großen Beträgen an überschüssiger freier Energie im submikroskopischen Verformungsraum gerechnet werden. Zu erwarten sind dabei starke Auflockerungen mit Zerstörungen des Gefüges und das Auftreten hoher Anregungszustände. Aus dem Verhältnis des Bedarfs an Energie für den Start einer Versetzung im ungestörten Gefüge, verglichen mit der Bindungsenergie der Bausteine im Gitter lassen sich Folgen des Energiestaus physikalisch verstehen [16]. In der Nähe der Oberfläche müßten sich besondere Zustände ergeben, die etwa als Submikro-Plasma-Bereiche [17] angesehen werden könnten. Diese Vorstellung hat zu einem Impakt-Verformungs-Schema geführt, das sich im Verlauf unserer Untersuchungen aus der Betrachtung vieler Vorgänge als ein „Mechanismus geringster Widersprüche" angeboten hat. Abbildung 3*a* zeigt als Schema die submikroskopische Eingriffstelle eines gebremsten Korns, das mit hoher kinetischer Energie die Oberfläche trifft, und daneben (Abb. 3*b*) die Spur der submikroskopischen Spitze eines bewegten Stichels am Fußpunkt einer Ritzfurche.

Das stark zerstörte Gefüge im Augenblick der Stoßbremsung läßt sich mit den Begriffen der makroskopischen „Zustände" nicht ohne weiteres beschreiben. Am nächsten käme es morphologisch den fließenden, phasenlosen Übergängen molekularer Anordnungen und Kräftefelder überkritischer Zustände. Wir wollen es hier ein submikroskopisches „Magma" nennen. Das Raumgitter während des Auflockerungs-Vorganges, abgelöste Gitterbausteine, vermischt mit Bestandteilen der jeweiligen Umgebung, in hochdissoziierten, hochangeregten Zuständen, dazu freie Elektronen bilden ein submikroskopisches „Plasma". Das Schema bezeichnen wir als „Magma-Plasma-Modell".

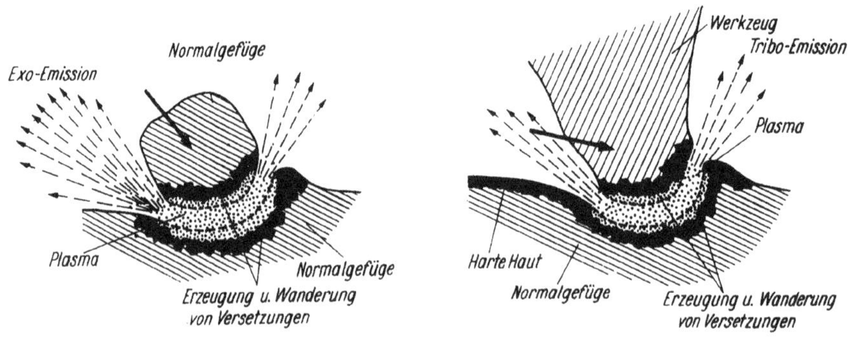

Abb. 3. **Magma-Plasma-Verformungsmodell**

a) Stoßbremsung eines fliegenden Kornes; *b*) Verformungszone an der Stirn einer Ritzfurche, links daneben: Rückbildung des Gefüges nach Abschluß des Impaktes und Einfrieren

6. Verformungsmodell — Triboplasma-„Magma-Plasma-Modell"

Aus einem solchen Verformungsmodell lassen sich bestimmte Eigenschaften eines mikroskopischen Impaktes (Stoßbremsung) voraussagen, die an der Erfahrung zu prüfen sind.

a) Es müßten abgelöste Bausteine in Form von Atomstrahlen nachweisbar sein.

b) Weiterhin müßten Materialübergänge zwischen den beteiligten Partnern in beiden Richtungen auftreten.

c) Es sollten Ladungsübergänge erfolgen und Tribolumineszenzerscheinungen auftreten.

d) Das hochangeregte Plasma müßte energiereiche Elektronen aussenden (Exoemission als Triboemission bei chemischer Asepsis).

e) Auch chemische Reaktionen müßten beobachtbar sein, die im zeitlichen Verlauf mit dem Stoß unmittelbar gekoppelt sind. Es sollten dabei jene Umsetzungen aller Art ausgelöst und stark aktiviert werden, die auch im makroskopischen Raum thermodynamisch erfaßbar sind. Daneben sollten aber auch Produkte von Umsetzungen gefunden werden, die — thermodynamisch unberechtigt — nur aus statistischen Umsetzungen in sehr heißen Plasmaräumen sehr kleiner Abmessungen und sehr kurzer Lebensdauer mit nachfolgendem Einfrieren hervorgegangen sind.

Um jedem Mißverständnis vorzubeugen, sei hier ausdrücklich darauf hingewiesen, daß für die differentiellen tribomechanischen Vorgänge im instationären Nicht-Gleichgewichtsplasma („Stoßplasma") thermodynamische Vorstellungen überhaupt nicht, für die Wände des „Stoßbereiches" nur sehr bedingt benutzt werden. Ebensowenig hat der Begriff der „Temperatur" für solche Submikroräume und die zeitlichen Abläufe einen unmittelbaren Sinn[2]).

[2]) Zum Anschluß an gewohnte Vorstellungen wurde der Begriff der „Äquivalent-Temperatur" eingeführt. Sie bezeichnet die Temperatur, bei der in makroskopischen Räumen und unter stationären Bedingungen entsprechende Umsetzungen erfolgen.

7. Experimentelle Nachweise für Folgerungen aus dem Magma-Plasma-Modell

7.1. Ablösung von Gitterbausteinen

Für die Erzwingung eines Platzwechsels und einer Dislokation im kohärenten Gitter wird das Mehrfache der Sublimationsenergie benötigt. Daraus folgt, daß bei der Stoßverformung Gitterbausteine abgelöst werden sollten. Ein kleiner Anteil von diesen muß als Atomstrahlen austreten. Der experimentelle Nachweis wurde möglich durch eine Art von tribomechanisch erzwungener Molekular-Sublimation (durch Impaktheizung). Durch zeitliche Summierung des Kondensats aus einer großen Zahl von Einzelstößen wurde die Ablösung von Gitterbausteinen unmittelbar nachweisbar. Das Ergebnis entspricht einer Forderung des „Magma-Plasma-Modells".

7.2. Materialübergänge

In einem sehr heißen Plasma kommt alles neben allem vor. Nach der Kondensation beim Abschluß der Lebensdauer des Plasma-Napfes sollten Bestandteile *aller* Partner auf den Oberflächen *jedes* Partners vorhanden sein. Die Übergänge von Metall müssen im Plasma unabhängig von den Schmelzpunkten, Siedepunkten und Härten erfolgen. Diese Parameter bestimmen lediglich die Mengenverhältnisse, hindern aber nicht die Übergänge. Als drastisches Beispiel wurde gezeigt, daß beim einfachen Fall von glatten, harten Stahlkugeln auf Zinn Eisen auf das Zinn übergeht, und zwar symbat mit der Stoßenergie. Diese Beobachtung entspricht einer Forderung des „Magma-Plasma-Modells".

7.3. Kontaktpotentiale, Ladungsübergänge, angeregte Zustände

Bei mechanischen Wechselwirkungen von Festkörpern entstehen zwischen diesen infolge der verschiedenen Kontaktpotentiale Spannungen. Diese führen zu Ladungsübergängen und hohen Potentialsprüngen, abhängig von der Geschwindigkeit des Abreißens der Stoßpartner. Im Verformungsbereich und seiner unmittelbaren Umgebung treten dabei hochangeregte Zustände auf, die unmittelbar meßbar sind (vgl. K. MEYER: „Energetisch angeregte Zustände in tribomechanischen Prozessen"). Sie werden verstärkt durch die Unsymmetrie der Potentialfelder im Stoßbereich der Festkörper während des Ablaufs der Auflockerungsvorgänge. Die Beobachtungen stehen im Einklang mit Forderungen des „Magma-Plasma-Modells".

7.4. Tribolumineszenzen

Leuchterscheinungen begleiten häufig tribomechanische Vorgänge. Sie stehen in vielfachem ursächlichen Zusammenhang mit den Kontaktpotentialen, Auflockerungen des Gitters, Auslösung und Häufungen von Dislokationen, Auftreten energiereicher Elektronen (vgl. 7.5.) und anderen tribomechanischen Prozessen (vgl. 7.6.). Die Untersuchung der Tribolumineszenz im Zusammenhang mit den elementaren tribomechanischen Eingriffen entspricht den Forderungen des Magma-Plasma-Modells (vgl. K. MEYER: „Energetisch angeregte Zustände in tribomechanischen Prozessen").

7.5. Triboelektronenemission

Im Augenblick der stärksten Stoßverformung sollten energiereiche Elektronen emittiert werden (als Co-Emission bei strenger chemischer Asepsis). Die experimentell beobachtete Triboemission von Elektronen entspricht den Forderungen des Magma-Plasma-Modells (vgl. K. MEYER: „Energetisch angeregte Zustände in tribomechanischen Prozessen" [18]).

7.6. Tribochemie

Zur Deutung der Zusammenhänge stofflicher Umsetzungen bei tribomechanischen Vorgängen ist es zweckmäßig, das Magma-Plasma-Modell topographisch zu zergliedern. Es muß dabei unterschieden werden:

zwischen stofflichen Umsetzungen an den Oberflächen des Festkörpers im Zustand starker Verformung oder unmittelbar nach deren Abschluß (Reaktionen an den Kraterwänden)

und

zwischen Umsetzungen, die sich aus den plasmatischen Zuständen herleiten lassen.

Alle thermodynamisch möglichen Reaktionen, darunter auch solche, die bei niederen Temperaturen und Drucken träge verlaufen, sollten unter tribomechanischen Einflüssen stark aktiviert werden und beschleunigt ablaufen. Experimentell wurde dafür eine große Zahl von Beispielen untersucht, die diese Forderung des Magma-Plasma-Modells bestätigen.

Daneben sollten als Plasma-Reaktionen Umsetzungen erfolgen, die infolge hoher freier Reaktionsenthalpien positiven Vorzeichens entsprechend den Regeln der Thermodynamik nicht gutwillig ablaufen sollten. Sie sind als tribochemische Reaktionen zu erwarten als Folge statistisch bestimmter Reaktionsbedingungen. Die experimentelle Erfahrung lehrt, daß tatsächlich Umsetzungen eintreten, die für ein nichtstationäres Plasma, z. B. für einen sehr kurzlebigen, submikroskopischen Plasma-Raum, zu erwarten sind. Das Eintreten dieser Umsetzungen entspricht den Forderungen des Magma-Plasma-Modells (vgl. G. Heinicke: „Physikalisch-chemische Untersuchungen tribochemischer Vorgänge").

Tribomechanische Umsetzungen können weder durch die Avogadrosche Regel noch durch die Thermodynamik ausreichend beschrieben werden. Ebenso verliert der Begriff der „Zustände" und „Temperaturen" für die elementaren Vorgänge bei der tribochemischen Auslösung chemischer Umsetzungen seinen Sinn.

8. Zusammenhänge der physikalisch-chemischen Tribomechanik mit technischen Vorgängen

Das Magma-Plasma-Modell tribomechanischer Vorgänge darf als ein Schema gelten, das viele technisch bekannte Erscheinungen mit einem Minimum von Widersprüchen erklärt. Es ist zu prüfen, ob und wie weit unbekannte Vorgänge sich entweder aus dem Magma-Plasma-Modell voraussagen lassen oder aus diesem herzuleiten sind. Einige Beispiele seien im folgenden erörtert:

Der Beiwert der trockenen Reibung zwischen Festkörpern nimmt bei sehr hoher Schergeschwindigkeit gegenüber langsamem Gleiten ab. Ebenso verringert sich die Abnutzung der Werkzeuge mit Erhöhung der Schnittgeschwindigkeit. Diese Erscheinung wird häufig mit dem Schmelzen des Partners mit der jeweils niedrigeren Schmelztemperatur erklärt. Sicherlich ist dieser Vorgang bei der Reibung in stationären und integralen Zuständen beteiligt. Bei hohen Schergeschwindigkeiten zeigen Zustand und Zusammensetzung der Oberfläche der beteiligten Partner, daß das Gleiten auf einer Schicht sehr hoher Beweglichkeit erfolgen muß, deren „innere Reibung" viel geringer ist als in einer Schmelze. Die hohe Fluidität des Magma-Plasma entspricht diesen Bedingungen.

Die Bildung der sog. Beilby-Schicht [19] bei mechanischem Polieren oder bei Bildung des Laufspiegels beim Einlaufen von Lagern oder Zahnflanken ist bei sehr hohen spezifischen Pressungen aus dem Magma-Plasma-Modell besonders gut erklärbar. Die Deutung der Beilby-Schicht als einer stark verformten Festkörperschicht, die quasistabil sein sollte gegenüber einer kristallinen Unterlage gleichartiger Zusammensetzung, ist unbefriedigend, solange nicht mit dem Einbau von Fremdatomen als Rekristallisationsbremsen gerechnet werden kann [19].

Solche treten bei Stoffübergängen nach dem Magma-Plasma-Modell mit Sicherheit auf und werden ebenso zwangsläufig in die Grenzschichten fest eingebaut.

Nach ähnlichen Mechanismen erklärt sich zwanglos das Auftreten harter Häute nach der mechanischen Bearbeitung von Festkörpern (z. B. beim Feindrehen, Läppen oder Ziehen).

Die Wirkung von Kühl- und Schmiermitteln sollte auf Grund des Magma-Plasma-Modells unter grundsätzlich neuen Gesichtspunkten betrachtet werden. Es lassen sich aus diesen Vorstellungen Bedingungen herleiten, bei denen auch neue Formierungen der Schneiden von Werkzeugen oder der Arbeitsflächen von Ziehdüsen während der Benutzung und gerade durch diese erreicht werden können.

Der Verschleiß von Werkzeugen ist unter solchen Gesichtspunkten nicht so sehr als ein mechanischer als vielmehr in seinen Ursprüngen als ein chemischer Vorgang anzusehen. Dies gilt nicht nur für metallische oder metallkeramische Werkzeuge, sondern sogar für das beständigste Werkzeug, den Diamanten. Es ist seit langem bekannt, daß dieser bei hoher thermischer Belastung in schwarzen Kohlenstoff umgewandelt und teilweise abgetragen werden kann [20].

Besondere Folgerungen lassen sich aus dem Magma-Plasma-Modell auch für die chemische Verfahrenstechnik herleiten. Umsetzungen im Plasma gehören zu neuzeitlichen Richtungen chemischer Verfahrensweisen [21]. Für den Fall der Beteiligung von Festkörpern als Reaktionsteilnehmer oder als Katalysatoren lassen sich Bedingungen herleiten, unter denen eine große Zahl von submikroskopischen Verformungsvorgängen in zeitlich und geometrisch dichter Folge einer stationären Plasmareaktion in der Wirkung gleichkommen[3]). Die äußeren Bedingungen sind dabei besonders einfach realisierbar. Es ist im Grunde nur notwendig, die beteiligten Partner — sei es als unmittelbare Reaktionsteilnehmer, sei es als Katalysatoren — ständig oberflächlichen Kleinstverformungen hoher Intensität auszusetzen, z. B. durch Stöße oder durch Ritzen vorwiegend mittels zugesetzter Hartstoffkörner. Dazu können Rüttel- und Schwingreaktoren dienen, aber auch Anordnungen wie Strahlmühlen. Auch Verfahrenstechniken, die mit Schwebe-, Fließ- oder Wirbelbett arbeiten, lassen sich durch Beifügung von Ritz- und Scheuermitteln hartkörniger Beimengungen als Reaktoren für Umsetzungen unter leicht regulierbaren aktivierenden, sublimierenden, ggf. auch bremsenden Bedingungen gestalten. Es gibt gute Gründe für die Annahme, daß die hier begonnene Entwicklung weitgehende technische Anwendungen verspricht [22].

9. Einige geochemische Folgerungen

In den letzten Jahren sind gelegentlich Zweifel geäußert worden, ob alle Vorkommen von Erdöl und Erdgas biologischen Ursprungs sind. Es wurde dabei u. a. vermutet, daß Kohlenwasserstoffe aus Elementen einer Uratmosphäre in sehr frühen quasiplasmatischen Zuständen unseres Planeten entstanden seien. Diese sollten im Laufe sehr langer Zeiten von der Erdrinde geschluckt und durch geologisch bedingte Wanderungen schließlich an bestimmten Stellen gespeichert worden sein.

Wenn Plasmareaktionen überhaupt als Ursachen für solche Bildungen angesehen werden, dann darf man dabei auch triboplasmatische Umsetzungen nicht ausschließen. Solche müßten in den festen Teilen der Erdrinde bei wechselseitiger mechanischer Beanspruchung zwischen Festkörpersystemen beständig ablaufen. Verbindungen, die Wasserstoff, Kohlenstoff, Sauerstoff und Stickstoff enthalten, sind immer vorhanden. Ihre tribochemische Dissoziation und ihre chemischen Wechselwirkungen sind inzwischen bekannt. Reaktionsreihen tribochemischer Umsetzungen, die — von wasserstoff- und kohlenstoffhaltigen Verbindungen ausgehend —

[3]) Die topologischen Bedingungen vgl. P. A. THIESSEN, Z. Chem. **5** (1965) S. 168 Anm. 5.

in Stufen zur Bildung von Kohlenwasserstoffen bis zu Pentanen führten, wurden in Laboratoriumsversuchen bereits aufgefunden (vgl. G. Heinicke: „Physikalisch-chemische Untersuchungen tribochemischer Vorgänge", S. 125). Mikroseismische Vorgänge in der Erdrinde sind auch bekannt. Daher scheint die Hypothese erlaubt, daß ein Teil des Erdgases und Erdöls in der Erdrinde selbst in geologisch langen Zeiträumen durch mikroseismische Vorgänge tribochemisch entstanden ist und womöglich durch die gleichen Prozesse laufend weiter entsteht.

Wenn man überhaupt eine solche Möglichkeit erörtert, ist es nicht abwegig, auch mit der tribochemischen Bildung der Vorstufen lebender Substanzen zu rechnen. Denn für kosmisch-plasmatische Bedingungen solcher Vorgänge wurden bisher nach einer Hypothese von Oparin und berühmten Modellversuchen von Mueller wesentliche Argumente beigebracht [23]. Es scheint lohnend zu prüfen, ob und wie weit auch Verbindungen, die außer Kohlenstoff und Wasserstoff noch Stickstoff und Sauerstoff enthalten, tribochemisch entstehen können.

10. Die weitere Entwicklung des Magma-Plasma-Modells

Das „Magma-Plasma-Modell" ist aus einer ursprünglich von wenigen Erscheinungen hergeleiteten Arbeitshypothese zu einer praktisch brauchbaren phänomenologischen Theorie geworden. Sie gehört damit in eine Reihe anderer phänomenologischer Vorstellungen, unter denen etwa das Schalenmodell des Atomkernes ein besonders hervorstechendes Beispiel ist. Dieses Modell wurde allerdings mit einem ausgezeichneten mathematischen Apparat ausgestattet.

Dem Magma-Plasma-Modell fehlt gegenwärtig noch diese Ausrüstung. Die Ursache dafür liegt nicht etwa in einer Geringschätzung der mathematischen Behandlungsweise. Eine solche erfuhren die hier behandelten experimentellen Begründungen (vgl. die folgenden Beiträge von K. Meyer, S. 25—101, und G. Heinicke, 103—196), soweit sie tragfähig erschien. Sie ist für das gesamte Magma-Plasma-Modell vorerst nicht möglich; es fehlt z. B. zur Zeit noch an mathematischen Ansätzen, die Fortpflanzung einer energetischen Störung im realen Diskontinuum fester Körper zu behandeln. Die große Zahl der Parameter in ihrer wechselseitigen Abhängigkeit würde allenfalls die Aufstellung eines Schemas nach einem Verfahren der „Probe und Passung" („trial and error") mit Hilfe eines leistungsfähigen Computers [24] zulassen. Sie wird eines Tages erfolgen. Ihr heuristischer Wert wäre unzweifelhaft hoch, auch wenn ihr physikalischer Sinn zunächst problematisch bliebe.

Aber auch ohne einen umfassenden mathematischen Unterbau erscheint die hier gegebene Begründung des Magma-Plasma-Modells durch eine Reihe gezielter Experimente in synoptischer Betrachtung zulässig und tragfähig. (Vgl. Zitat A. H. Cottrell in Abschn. 4, Abs. 2 dieser Arbeit). Diese Methode des Vorgehens ist dem Chemiker von Grund aus geläufig, und sie hat ihn zu großen Erfolgen geführt. Die Aufklärung der Konstitution und die anschließende Synthese verwickelt aufgebauter Moleküle erfolgte und geschieht weiter mit großem Erfolge nach einem Verfahren der „Probe und Passung". Hätte der Chemiker warten müssen, bis die Quantenmechanik und die Quantenfeld-Theorien ihm sein Vorgehen „erlaubten", dann stünde man vermutlich heute noch bei der Aufklärung der Konstitution und der folgenden Synthese etwa eines Paraffin-Moleküls, allenfalls mit einigen einfachen Seitenketten und möglicherweise einigen Stellen, die man doppelter Bindungen verdächtigte.

Es sei hier erlaubt, ohne den Rang der Probleme vergleichen zu wollen, darauf hinzuweisen, daß der Weg von O. Hahn vom Radiothor zur Uranspaltung phänomenologisch über eine Reihe synoptischer gezielter Experimente nach der Art des Chemikers führte[4]).

[4]) Vgl. dazu O. Hahn „Vom Radiothor zur Uranspaltung", Braunschweig, 1962, S. 130: „. . . kommt zum Schluß . . . etwas ganz Neues: der experimentelle Hinweis darauf, daß „Radium-Isotope" in Wirklichkeit . . . Barium sind . . ., ein *allen bisherigen Erfahrungen der Kernphysik widersprechendes Ergebnis*".

Schließlich ist der größte Teil bewährter und anerkannter Ergebnisse der Biologie bis zur Molekularbiologie auch nach solchen Verfahren gewonnen worden [25].

Es ist zu hoffen und zu wünschen, daß sich die „chemische Physik" mit dem ganzen Rüstzeug der theoretischen Physik [26] und der modernen Mathematik des Komplexes aller Probleme des Magma-Plasma-Modells künftig annimmt. Bisher blieben Werbungen bei Physikern und Mathematikern im ganzen erfolglos.

Bei dem bisher erreichten Stande erklärt das Magma-Plasma-Modell eine große Zahl von Beobachtungen aus den Laboratorien und der technischen Praxis. Es erlaubt weiterhin die Voraussagen anderer Erscheinungen und möglicher technischer Anwendungen.

Für das Magma-Plasma-Modell wird nicht in Anspruch genommen, es sei bereits der „Weisheit letzter Schluß". Das Modell wird noch viele Prüfungen zu bestehen haben. Es wird hoffentlich zu weiteren Untersuchungen anregen, die es entweder weiter bestätigen oder verbessern. Dabei werden auch Widersprüche aufgedeckt werden; diese sind notwendig und dann nützlich, wenn sie „lege artis" begründet sind und zu Aussagen führen, die der experimentellen Erfahrung standhalten.

Es bleibt dabei das Ziel, von einem „Modell geringster Widersprüche" ausgehend zu einer verbesserten Vorstellung, womöglich sogar zu einem neuen, mathematisch fest fundierten Modell zu gelangen.

11. Literatur

[1] BOWDEN, F. P., und D. TABOR: *The Friction and Lubrication of Solids*, Part II, Oxford 1964 (vgl. besonders S. 29, BOWDEN, F. P., in B. B. C. Broadkast 1950);
DERJAGUIN, B. V., V. E. PUSCH und D. M. TOLSTOI: Conference on Lubrication and Wear. Instn. Mech. Engrs. Paper 13 (1957);
LICHTMANN, W. I., P. A. REHBINDER und G. W. KARPENKO: *Der Einfluß grenzflächenaktiver Stoffe auf die Deformation von Metallen*, Akademie-Verlag, Berlin, 1964.

[2] Den ersten Hinweis auf die Bezeichnung „Tribochemie“ verdankt der Verfasser einem Brief von G. SALOMON, Delft, vom August 1963; vgl. P. A. THIESSEN, Z. Chem. **5**, 162–171 (1965).

[3] MEYER, K.: Elektrische Anregungszustände unter den Bedingungen der mechanischen Bearbeitung (mit ausführlichen Literaturangaben), Z. physik. Chem., im Druck.

[4] KRAMER, J.: Der metallische Zustand, Göttingen 1950;
HAXEL, O., F. G. HOUTERMANS und K. SEEGER: Z. Physik **130**, 109 (1951);
LOHFF, J.: Z. Physik **146**, 436 (1956);
PAPROTH, H., W. RATHJE und I. N. STRANSKI: Z. Elektrochem., Ber. Bunsenges. physik. Chem. **56**, 409 (1952);
BOHUN, A.: Physica status solidi (Berlin) **3**, 779 (1963).

[5] FINK, M., und U. HOFMANN: Z. anorg. allg. Chem. **210**, 100 (1933); vgl. ferner:
HEINICKE, G., R. RIEDEL und H. HARENZ: Z. physik. Chem. **227**, 62 (1964).

[6] SMEKAL, A.: Naturwissenschaften **30**, 224 (1942); Proc. int. Sympos. Reactivity Solids, Gothenburg 1952, 152.

[7] PETERS, K.: Anz. österr. Akad. Wiss., math.-naturwiss. Kl. (1953) 191;
Chem. Ing. Techn. **30**, 533 (1958);
Mechanochemische Reaktionen, Symposium Zerkleinern, S. 78, Verlag Chemie, Weinheim/Bergstr. 1962;
PETERS, K., und Sv. PAJAKOFF: Mikrochim. Acta (Wien) 429 (1964).

[8] NAESER, G., und W. SCHOLZ: Kolloid-Z. **156**, 8 (1957).

[9] ECKELL, J.: Z. Elektrochem. angew. physik. Chem. **39**, (1933), 433;
RIENÄCKER, G.: Z. Elektrochem. angew. physik. Chem. **116**, (1940), 369.

[10] VOLMER, M.: *Kinetik der Phasenbildung*, Akademische Verlagsgesellschaft Geest & Portig, Leipzig, 1939, S. 90, 91;
KNACKE, O., und I. N. STRANSKI: Die Theorie des Kristallwachstums in: Ergebnisse d. exact. Naturwissenschaften, XXVI, 383 (1952);
HONIGMANN, B.: *Gleichgewichts- und Wachstumsformen von Kristallen*, Dr. Dietrich Steinkopff Verlag, Darmstadt, 1958.

[11] VOLMER, M., und I. ESTERMANN: Z. Physik **7**, 13 (1921);
VOLMER, M.: *Kinetik der Phasenbildung*, Akademische Verlagsgesellschaft Geest & Portig, Leipzig, 1939, S. 30.

[12] MEYER, K., und E. GRAGERT: Physica status solidi (Berlin) **3**, 2012 (1963).

[13] VAN BUEREN, H. G.: *Imperfections in Crystals*, 2. Auflage, North-Holland Publ. Co., Amsterdam, 1961, Chapt. III, § 5, S. 71.

[14] KLEBER, W.: *Angewandte Gitterphysik*, 3. Auflage, Walter de Gruyter & Co., Berlin, 1960;
COTTRELL, A. H.: *Dislocations and Plastic Flow in Crystals*, Oxford 1961; vgl. auch [13].

[15] COTTRELL, A. H.: *Dislocations and Plastic Flow in Crystals*, Oxford 1961, V. 14,1 Work Hardening Introduction, S. 151.

[16] SEITZ, F., und I. KOEHLER: *Solid state Physics*, New York 1956, **2**, 307;
WAWILOW, W. S.: *Einwirkung von Strahlen auf Halbleiter* (russ.), Moskau 1963, S. 178;
HAUSER, O.: Die Wirkung von Strahlen auf Festkörper, Habilitationsschrift der Math.-Nat. Fakultät der Humboldt-Universität zu Berlin, 1963, S. 14.

[17] THIESSEN, P. A.: *Probleme der physikalisch-chemischen Grenzflächenmechanik*, Ber. II. Internat. Pulvermetallurgie-Tagung, Eisenach 1961, S. 23, Akademie-Verlag, Berlin, 1962.

[18] THIESSEN, P. A., E. FRANKE und W. SIEGLING: Mber. Dt. Akad. Wiss., **7**, Heft 5/6, 365–370 (1965).

[19] BEILBY, G.: Aggregation and Flow of Solids, Macmillan 1921;
THIESSEN, P. A.: Diskussionsbemerkung über: MOLIÈRE, K.: Z. Elektrochem., Ber. Bunsenges. physik. Chem. **46**, 514 (1940);
KRANERT, W., und H. RAETHER: Ann. Physik (5) **43**, 581 (1943);
PINSKER, S. T.: *Beugung von Elektronen* (russ.), Moskau, 1949, S. 349;
KISTJAKOWSKI, W. A.: J. russ. physik. chem. Ges. (russ.) **40**, 1782 (1908).

[20] CROOKES, W.: Philos. Trans. Roy. Soc. (London) **2**, 162, 658 (1879);
Chem. News **74**, 74 (1896);
BOEHM, H. P., E. DIEHL, W. HECK und R. SAPPOK: Angew. Chem. **76**, 742 (1964).

[21] BEGUIN, C. P., A. S. KANAAN und I. C. MARGRAVE: Plasma Chemie, Endeavour XXIII 55, (1964);
SENNEWALD, K., E. SCHALLUS und F. POHL: *Forschung in Höchst*, Jubiläumsjahr 1963, S. 246, Verlag Chemie, Weinheim/Bergstr.;
HAMISCH, H., G. HEYMER und E. SCHALLUS: ebenda, S. 256.

[22] SCHIRMER, W.: Über die Anwendbarkeit thermodynamischer Funktionen auf die Berechnung von Gleichgewichten und stationären Zuständen in Hochtemperaturreaktionen, S.-B. Akad. Wiss. Berlin, Kl. Chem., Geol., Biol. 1965, Nr. 1.

[23] OPARIN, A. I., und I. B. S. HALDAM: *Entstehung vorbiologischer Systeme*, Symposium Moskau 1957, Konferenz Wakulla Springs, Florida, USA 1963, vgl. OPARIN, A. I.: Wissenschaftliche Welt, VIII, 39 (1964).

[24] DETTMAR, H.-K.: „*Mathematische Modelle zur Lösung von Problemen mit Rechenmaschinen in der Chemie*", Umschau in Wissenschaft und Technik, 65, **3** (1965), 75.

[25] MOTHES, K.: „*Chemische Muster und Entwicklung in der Pflanzenwelt*", Vortrag auf der 103. Versammlung der Gesellschaft Deutscher Naturforscher und Ärzte am 8. 10. 1964 in Weimar; Naturwissenschaften, Heft 21 (1965).

[26] PINES, D.: „*The Many-Body-Problem*". A lecture note and reprint vol. New York 1962, 196;
LENK, R.: „*Stabilität von Vielteilchensystemen bei äußeren Störungen*", Z. Naturforsch. **21a** (1966) 1556; 1562.

Energetisch angeregte Zustände in tribomechanischen Prozessen

von

KLAUS MEYER

Inhalt

1. Einleitung

Unter dem Begriff der Tribomechanik sollen die mikroskopischen und submikroskopischen Vorgänge verstanden werden, die beim Eingriff in das Gefüge der Grenzflächen kristalliner Körper ablaufen. Die von der Tribophysik erfaßten Zusammenhänge von mechanischen Wechselwirkungen und physikalischen Erscheinungen zwischen festen Phasengrenzflächen untereinander oder mit ihrer Umgebung sind sehr verschiedenartig und die energetischen Ursachen noch nicht völlig geklärt. Solche Wechselwirkungen bestehen u. a. in einer weitgehenden mechanischen Zerstörung des Kristallgefüges der beteiligten Stoß- oder Reibungspartner, in der plastischen Deformation, Bruchbildung, lokalen Aufschmelzung und Ablösung einzelner Bausteine, in der Emission von Exo-Elektronen und in Ladungsübergängen sowie in einer Erhöhung der chemischen Reaktivität. Die als Folge der Wechselwirkung zwischen Werkstück und Werkzeug energetisch angeregten Zustände, die sich in erster Linie auf strukturelle und elektrische Vorgänge zurückführen lassen, sind Gegenstand dieser Arbeit. Die sich anschließende Arbeit „Tribochemie" wird sich mit den daraus resultierenden chemischen Umsetzungen unter den Bedingungen tribomechanischer Eingriffe befassen.

In der vorliegenden Arbeit werden die kristallographischen und physikalischen Erscheinungen tribomechanischer Prozesse behandelt, die in der Abteilung für elementare Verformungsprozesse des Instituts für Physikalische Chemie der Deutschen Akademie der Wissenschaften zu Berlin in den letzten fünf Jahren erarbeitet wurden. Unter der Anleitung von Professor Dr. Dr. h. c. P. A. THIESSEN, der mit seinen richtungweisenden Ideen zum Verständnis der physikalisch-chemischen Tribomechanik entscheidend beigetragen hat, gelang die Aufklärung einer ganzen Reihe von Erscheinungen, die bisher nur ungenügend gedeutet werden konnten. Nach der Emeritierung von Professor Dr. P. A. THIESSEN im vergangenen Jahr konnten die Arbeiten durch großzügige Unterstützung Professor Dr. W. SCHIRMERS, dem ich viele Ratschläge und Diskussionsbemerkungen verdanke, in vollem Umfange weitergeführt werden.

In den verschiedensten Bereichen von Wissenschaft und Technik begegnet man Vorgängen, bei denen mechanische Energie in andere Energieformen umgewandelt wird. Dabei sind hinsichtlich der Umwandlung zwei grundsätzlich verschiedene Prozesse zu unterscheiden. Im ersten Fall tritt die Umwandlung als unerwünschte Begleiterscheinung auf, und man ist bestrebt, Energieverluste durch geeignete Vorrichtungen weitestgehend auszuschalten. Hierbei sind besondere Energieverluste durch auftretende Reibungswärme bewegter Maschinenteile und bei Zerspanungsprozessen zu nennen, wo man durch Verwendung von Schmiermitteln zwischen den gleitenden Flächen bzw. durch Verwendung von Kühlmitteln bei der Zerspanung diese Energieverluste auszuschalten sucht. Andererseits gibt es eine Vielzahl von Prozessen, bei denen eine intensive Wechselwirkung zwischen bewegten Teilen und eine Umwandlung in andere Energieformen angestrebt wird. Zu dieser Gruppe gehört das weitverzweigte Gebiet der tribomechanischen Aktivierung von Festkörpern zur Erhöhung der chemischen Reaktionsbereitschaft.

Ziel dieser Arbeit ist es, durch systematische Untersuchungen von mikro- und submikromechanischen Bearbeitungsprozessen an Kristalloberflächen Aussagen zu machen über die morphologischen Veränderungen in Abhängigkeit von verschiedenen äußeren Parametern, z. B.

kinetische Energie der Werkzeugkörner, Verformungsgeschwindigkeit, Materialkombinationen, über energetische Umsetzungen und über den zeitlichen Verlauf angeregter Zustände, wobei den Erscheinungen, die mit Elektronenübergängen (Gasentladungen, Elektronenemission, Lumineszenz) als Folge des mechanischen Eingriffs in den Festkörper verbunden sind, besondere Bedeutung zukommt. Als Ergebnis dieser Untersuchungen ergeben sich wesentliche Gesichtspunkte für das Verständnis tribochemischer Vorgänge.

Neben der Beschreibung der experimentellen Anordnungen zur Submikro- und Mikrobearbeitung, läßt sich die Arbeit somit in zwei Hauptabschnitte gliedern. Im ersten Abschnitt werden die elementaren Vorgänge tribomechanischer Verformungen behandelt. Dabei sind die klassischen Ritzversuche Smekals und seiner Mitarbeiter Ausgangspunkt der Betrachtungen. Unter Einbeziehung der neuen Erkenntnisse über Entstehung, Bewegung und Nachweis von Versetzungen, die von den bekannten Gitterbaufehlern bei tribomechanischen Prozessen die größte Bedeutung haben, werden die Smekalschen Vorstellungen vom athermischen Schmelzen in submikroskopischen Verformungszonen erweitert. Hierbei liegt die Aufgabe darin, Einblicke in die elementaren Mechanismen tribomechanischer Prozesse zu gewinnen. Um die durch mechanische Eingriffe erzwungenen Versetzungsbewegungen und -reaktionen nachzuweisen, bieten sich Ätzverfahren sowie physikalische und chemische Dekorationsmethoden an. Gerade das letzte Verfahren läßt gleichzeitig den engen Zusammenhang zwischen der Erhöhung des Energieinhaltes verformter Kristallbereiche und der gesteigerten chemischen Aktivität erkennen. Die Anwendung geeigneter Methoden für den Nachweis von Gitterbaufehlern ermöglicht kinetische Untersuchungen des Verformungsprozesses bei dynamischen Stoßversuchen und statischer punktförmiger Belastung.

Indem durch die Verformungszone eines Kristalls nach einer besonderen Methode Horizontal- und Vertikalschnitte zur Sichtbarmachung der Versetzungsstruktur gelegt werden, gelingt nicht nur der Nachweis der Gleitstrukturen auf der Kristalloberfläche, sondern auch die quantitative Bestimmung des Verformungsvolumens und der Mikrorisse im Kristallinnern. Die Erhöhung der Versetzungskonzentration in der Verformungszone führt infolge des erhöhten Unordnungsgrades zur Entropievermehrung. Dadurch geht der Kristall in einen instabilen Zustand über, der nach Abschluß der mechanischen Bearbeitung eingefroren wird. Durch nachfolgende Temperung und die damit verbundene erhöhte Beweglichkeit der Gitterbausteine kommt es zu einem Ausheilen der Gitterstörungen. Dieser Übergang in den stabilen Zustand durch Erholungs-, Rekristallisations- und Verdampfungsprozesse läßt sich in den einzelnen Stadien mikroskopisch verfolgen.

Während die Untersuchung der Strukturveränderungen nach Abschluß des mechanischen Eingriffs erfolgt, wurden die im zweiten Abschnitt behandelten elektrischen Vorgänge synchron bzw. mit geringer zeitlicher Verzögerung mit dem mechanischen Impakt gemessen. Damit ergibt sich die Möglichkeit, Aussagen über energetische Umsetzungen während des mechanischen Eingriffes zu machen. Als Folge tribomechanischer Eingriffe kommt es zur Emission von Exo-Elektronen, zur Aufladung der beteiligten Stoß- oder Reibungspartner durch Kontaktpotentiale und Bewegung geladener Versetzungen. Bei genügend hohen Ladungsdichten werden ohne Anlegen eines äußeren Feldes unter geeigneten Druckbedingungen Gasentladungen, die zur Ionisierung der Gasatmosphäre in mikroskopischen Räumen führen, beobachtet. Die als Folge mechanischer Eingriffe in einem Festkörper auftretende Lichtemission wird als Tribolumineszenz bezeichnet. Durch die Beobachtung der Lichtemission als angeregter Zustand synchron mit dem mechanischen Impakt wird die Zuordnung definierter struktureller Veränderungen zu einzelnen Lichtimpulsen erstmals möglich.

2. Experimentelle Anordnungen für Mikro- und Submikrobearbeitung

Für die Untersuchung der elementaren Vorgänge hinsichtlich struktureller Veränderungen und physikalischer Erscheinungen während und nach Abschluß mechanischer Eingriffe war es notwendig, geeignete Bearbeitungsverfahren auszuwählen. Von den verschiedenen Bearbeitungsmöglichkeiten erwies sich die impulsförmige Stoßbearbeitung als besonders günstig, da sie gegenüber anderen Verfahren für die Lösung der dargelegten Fragestellungen wesentliche Vorteile bietet. Während der Wirkung des Impulses steht kurzzeitig eine sehr hohe Energie in einem engbegrenzten Raum zur Verfügung. Entsprechend den elastischen Eigenschaften beider Stoßpartner, der Kugelgröße und der Auftreffgeschwindigkeit ergibt sich die Kontaktdauer, die in der Größenordnung von 10^{-5} s liegt. Um den Einfluß der Deformationsgeschwindigkeit auf Form und Größe der Verformungszone näher zu untersuchen, werden die dynamischen Beanspruchungen, die beim Stoß einer bewegten Kugel oder eines Kornes gegen eine ruhende Kristallfläche auftreten, durch statische Belastungsversuche ergänzt. Auf diese Weise konnte der Einfluß verschiedener Kontaktzeiten über mehrere Größenordnungen ($\approx 10^{-5}$ s bis 10 s) untersucht werden.

Das Verfahren der Stoßbearbeitung besteht darin, daß ein mit definierter Geschwindigkeit bewegtes Teilchen (Werkzeug) auf eine feststehende Kristalloberfläche (Werkstück) trifft. Dabei ist es bei entsprechender Wahl der Versuchsbedingungen möglich, Aussagen über elementare kristallographische und physikalische Vorgänge zu machen, die bei vielen bisher geübten Methoden der Untersuchung durch Überlagerung von zahlreichen zeitlich und örtlich dicht überlagerten Einzelvorgängen in unkontrollierbarer Weise beeinflußt werden. Da bei geeigneter Wahl der Werkzeugkörner sehr kleine Kontaktflächen erreichbar sind (die experimentell realisierten Kontaktflächen liegen in der Größenordnung 10^{-8} bis 10^{-2} cm^2), können die morphologischen Veränderungen bei der Bearbeitung von Einkristalloberflächen innerhalb idealer Gitterbereiche untersucht werden, so daß der Einfluß von Klein- und Großwinkelkorngrenzen zu vernachlässigen ist.

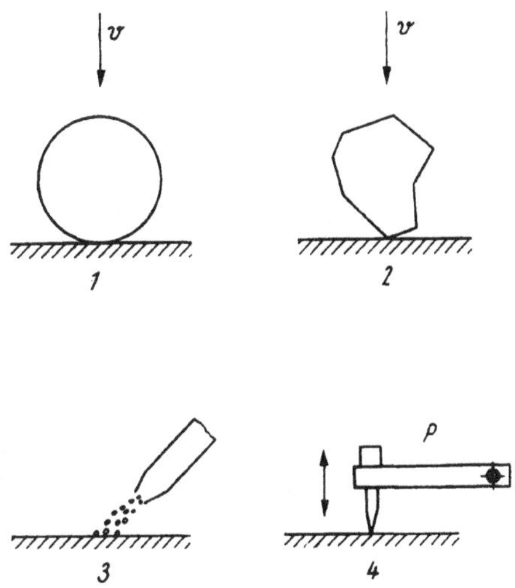

Abb. 1. Prinzip der Bearbeitung:

1. Aufprall einer Kugel mit der Geschwindigkeit v; 2. Aufprall eines unregelmäßig geformten Kornes; 3. Beschuß einer Oberfläche mit körnigem Werkzeug; 4. Eindruck einer mit dem Gewicht P belasteten Spitze

Gegenüber dem von verschiedenen Autoren, wie z. B. Smekal [1—3], Ryschkewitz [4] und Brüche [5] benutzten Verfahren des Ritzens von Kristalloberflächen mit Diamant-, Stahl- oder anderen Hartstoffspitzen, bietet das Verfahren der Impaktbearbeitung mit kleinen Kontaktflächen einige Vorteile. Der entscheidende Nachteil bei der ritzenden Bearbeitungsart liegt darin, daß sich nur die ersten Anfänge des Eingriffes klar und übersichtlich gestalten, da sich bei der strengen Führung des Werkzeuges das zuerst gelöste Material staut, sich zwischen Werkzeug und Werkstück schiebt, wieder verfrittet und damit als eigentliche Werkzeugfront gegen das Werkstück wirkt. Somit erfolgt im stationären Zustand der mechanische Eingriff durch das eigene Material und nicht, wie beabsichtigt, durch einen zweiten Probekörper, wodurch energetisch und morphologisch stark veränderte Bedingungen geschaffen werden. Bei energetischen Betrachtungen ergeben sich theoretisch schlecht auswertbare Bedingungen. Deshalb wurde von der Methode des streng geführten Werkzeuges abgegangen und in der Mehrzahl der Versuche durch das Verfahren der mechanischen Stoßbearbeitung ersetzt. In der Abb. 1

sind die Prinzipien der mechanischen Bearbeitung dargestellt. Die Stoßversuche wurden ergänzt durch verschieden lange Belastung einer Kugel, um den Einfluß der Verformungsgeschwindigkeit zu untersuchen.

Mit Hilfe dieser unterschiedlichen Bearbeitungsprinzipien ist die Wahl sehr verschiedener Bearbeitungsbedingungen entsprechend der Fragestellung gegeben. Einige Möglichkeiten bestehen in der leichten Wiederholbarkeit und Summierung der Einzelvorgänge, in der beliebigen Wahl des Materials von Werkstück und Werkzeug, Änderung der geometrischen Form, Härte und Geschwindigkeit der Werkzeugkörner, Berücksichtigung der Anisotropie einkristalliner Proben (Bearbeitungsrichtung und -winkel) sowie in der leichten Bestimmbarkeit der Umgebung (Vakuum, verschiedene Gasatmosphären und -drucke). In Verbindung mit geeigneten Beobachtungsmethoden sind die Strukturveränderungen erfaßbar und die Beteiligung elektronischer Vorgänge, wie Ladungsübergänge und Lumineszenz während des mechanischen Eingriffes möglich.

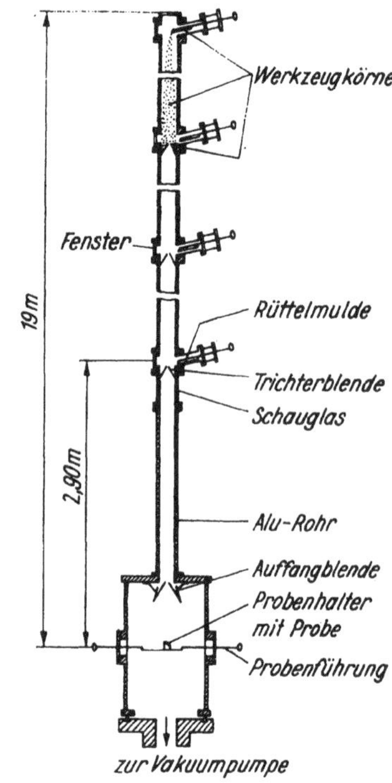

Abb. 2. Schematische Darstellung des Fallrohres

Die praktische Ausführung der beschriebenen Bearbeitungsprinzipien ist in den folgenden Abb. 2 bis 4 dargestellt. Für die Untersuchung struktureller und elektronischer Vorgänge hat sich das Fallrohr in verschiedenen Spezialausführungen bewährt (Abb. 2). Es besteht aus einem senkrecht stehenden und bis auf 10^{-4} Torr evakuierbaren Rohr verschiedener Länge. Es besitzt in verschiedenen Abständen von der Probe Bunkervorrichtungen für die Aufnahme des körnigen Werkzeuges und Sichtscheiben für die Beobachtung. Ein eingebautes Blendensystem ermöglicht den freien Fall der Körner. Im Rezipienten, der eigentlichen Meßkammer, erfolgt die Bearbeitung und die Messung der Vorgänge. Der innere Aufbau der Meßkammer wird entsprechend der Aufgabenstellung jeweils

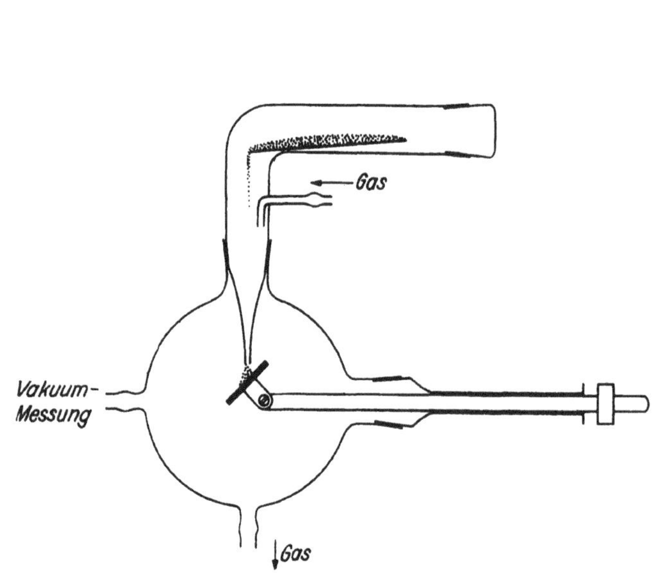

Abb. 3. Vakuum-Kornstrahl-Apparatur

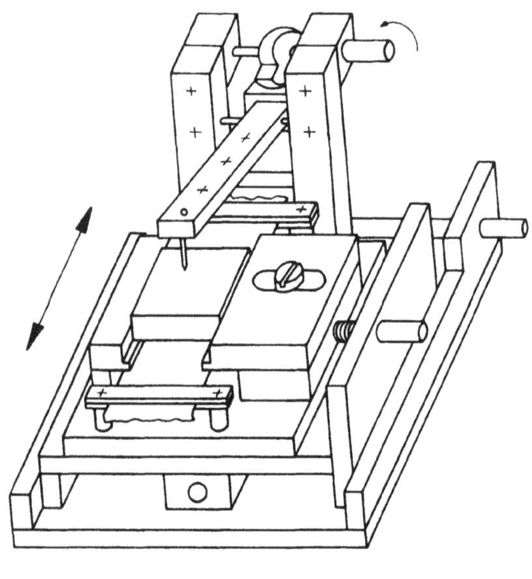
Abb. 4. Prinzip der Einschlagvorrichtung

verändert. Auf diese Weise lassen sich Geschwindigkeiten der fliegenden Werkzeugkörner bis etwa $2 \cdot 10^3$ cm/s erzielen.

Für Untersuchungen mit höheren Geschwindigkeiten hat sich das Vakuum-Kornstrahlgebläse bewährt (Abb. 3). Verwandt mit dem technisch bekannten Sandstrahlgebläse, bietet es gegenüber diesem einige Vorteile. So ergeben sich übersichtliche Randbedingungen, wie z. B. Fortfall des aerodynamischen Staus. Das Vakuum-Kornstrahlgebläse besteht im Prinzip aus einem Kolben, der mit einer Vakuumpumpe verbunden wird, die das Gas absaugt. Läßt man durch eine Düse Gas nachströmen, kommt es zur Ausbildung eines stationären Zustands und zu einer meßbaren Druckdifferenz zwischen dem Raum in der Düse und dem Raum im Kolben. Oberhalb der Düse befindet sich eine mit Pulver gefüllte Rinne, aus der es herunterrieselt und gemeinsam mit dem Gas durch die Düse auf die Probe trifft. Durch Änderung des Druckgefälles lassen sich die Schergeschwindigkeiten variieren. Bei genügender Länge der Düse sind unter den gegebenen Bedingungen etwa 2/3 der Schallgeschwindigkeit erreichbar, wobei die Geschwindigkeit des Gasstromes einige 10^4 cm/s erreichen kann [6, 7].

Für Untersuchungen der Triboluminеszenz hat sich die in Abb. 4 dargestellte Eindruckvorrichtung bewährt. Sie besteht aus einem drehbaren Balken, an dem Kristallspitzen mit verschiedenen Eigenschaften befestigt werden können, die durch Gewichte bis zu einigen Gramm belastbar sind. Durch Ausbildung der Probenauflage als Kreuztisch ist die Justierung der Probe und die beliebige Verschiebung auch im Vakuum mit Simmerring-Durchführungen von außen möglich. Ein Heizblech ermöglicht verschiedene Temperatureinstellungen.

3. Mechanische Aktivierung von Kristallen

Wesentlicher Bestandteil tribophysikalischer Erscheinungen sind die strukturellen Veränderungen an Werkzeug und Werkstück, da aus ihnen wertvolle Rückschlüsse auf andere Vorgänge gezogen werden können. Im folgenden Kap. werden die beobachteten Verformungserscheinungen beschrieben und auf der Grundlage der Versetzungsentstehung, -bewegung und -reaktionen gedeutet. Auf diese Weise lassen sich die SMEKALschen Vorstellungen vom athermischen Schmelzen in Submikrobereichen mechanisch beanspruchter Kristalle weiterentwickeln.

Zunächst werden die plastischen Verformungserscheinungen in der Kristalloberfläche bzw. in oberflächennahen Bereichen behandelt. Durch Anwendung einer speziellen Technik gelingt die Sichtbarmachung der räumlichen Versetzungsstruktur und damit die Bestimmung des Verformungsvolumens. Gerade die Bestimmung des Verformungsvolumens als eine wichtige Größe für die Ausbreitung einer energetischen Störung hat sich als sehr fruchtbar erwiesen. Bei genügend hohen kinetischen Energien treten im Bereich der Verformungszone Risse auf, die sich z. T. durch Versetzungsreaktionen deuten lassen. Im einzelnen werden folgende Parameter in ihrem Einfluß auf die morphologischen Veränderungen von Kristalloberflächen untersucht: Geometrie der Werkzeuge (Kugel, Korn), Bearbeitungsrichtung und -winkel, Verformungsgeschwindigkeit, kinetische Energie und Temperatur. Die überwiegende Zahl von Versuchen wurde an Ionenkristallen durchgeführt, da die Bearbeitung dieser Materialien einige Vorteile bietet. Einkristalle sind einfach und in großer Menge herstellbar, zahlreiche Ätzverfahren zur Sichtbarmachung der Versetzungsbewegung wurden beschrieben und verschiedene mechanische Eigenschaften in anderem Zusammenhang untersucht.

3.1. Mikroplastizität als allgemeine Eigenschaft fester Körper und Bedingungen für den Übergang zum Sprödbruch

Die mechanische Bearbeitung von Kristalloberflächen in submikroskopischen Bereichen führt zu einem mikroplastischen Fließen des Materials auch bei makroskopisch spröden Kör-

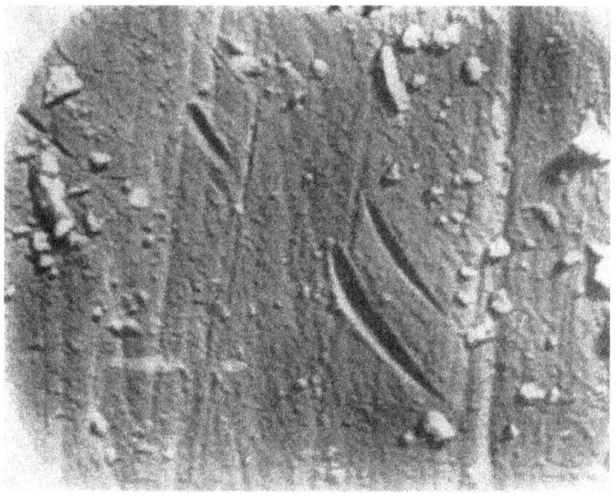

Abb. 5. Ritzspuren auf Eisen (Armco, polykristallin, poliert)

Apparatur: Vakuum-Kornstrahl-Gebläse; *Auftreffwinkel:* 5°; *Werkzeug:* SiC (Durchmesser 20 µm); *Vergr.:* 3500 ×

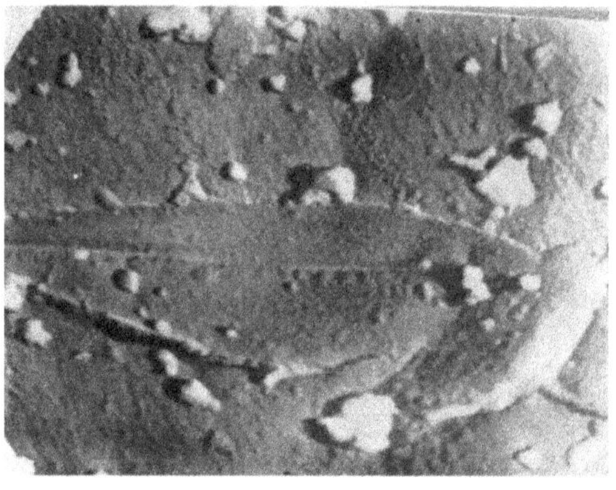

Abb. 6. Ritzfurche auf Eisen (Bearbeitung wie bei Abb. 5)

Vergr.: 10550 ×

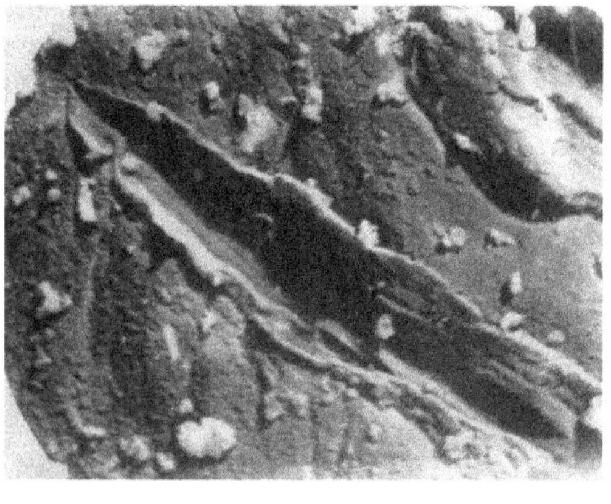

Abb. 7. Ritzfurche auf Eisen (Bearbeitung wie bei Abb. 5)

Vergr.: 10550 ×

pern, wie z. B. SiC, Diamant und Quarz. Die grundlegenden und systematischen Untersuchungen über die Mikroplastizität wurden von SMEKAL und seiner Schule ausgeführt [1, 8 bis 11]. In neuerer Zeit wurden zahlreiche Versuche der Mikrobearbeitung spröder Einkristalle, z. B. Korund, Diamant, BaF_2 und MgO ausgeführt [z. B. 12 bis 16]. Infolge der auftretenden hohen Energiedichten kommt es zu einer mechanischen Überwindung chemischer Bindekräfte und zur Ausbildung bruchfreier Ritzspuren. Von SMEKAL wurde gezeigt, daß die Mikroplastizität als allgemeine Eigenschaft fester Körper anzusehen ist und daß der Übergang von der plastischen Verformung zum Sprödbruch von der Tiefe und dem Querschnitt des Eingriffs abhängt.

Klar und übersichtlich gestalten sich die Verformungsprozesse bei der Stoßbearbeitung unter Verwendung scharfkantiger Werkzeugkörner [17]. Die Abb. 5—7 zeigen den Einfluß der Eindringtiefe etwa 20 µm großer SiC-Körner auf die Morphologie der entstandenen Ritzfurchen auf Armco-Eisen-Oberflächen. Die Bearbeitung erfolgte im Vakuum-Kornstrahlgebläse unter einem Auftreffwinkel von 5° bei einer Druckdifferenz von 730 mm Hg. Während bei geringen Eindringtiefen keine Stoffverschiebungen außerhalb der Ritzfurche erkennbar sind, erfolgt mit zunehmender Eindringtiefe eine Vergrößerung der seitlichen wallartigen Stoffanhäufungen, die im letzten Stadium (Abb. 7) schließlich zu einem Aufreißen des Wulstes an verschiedenen Stellen führen. Dabei stellt das letzte Stadium bereits die Vorstufe der Ablösung eines „Urspanes" dar.

Nicht nur der Beschuß von Metalloberflächen mit sprödem SiC führt zu beträchtlichen Oberflächenschädigungen, sondern auch die Bearbeitung mit mikroskopischen Kugeln plastischen Materials, deren Härte mit der des Werkstückes vergleichbar oder sogar geringer ist. Dabei ergibt sich eine andere Form der submikroskopischen Eingriffe. Während bei Verwendung harter und scharfkantiger Körner die Bearbeitungsspuren tief und langgestreckt sind, sind diese bei Verwendung kugeligen Materials bei senkrechter Bearbeitung rund und bei tangentialen Eingriffen flach (Abb. 8 und 9). Bei tangentialer Bearbeitung ist die ausgeprägte einseitige Materialverschiebung des Nickels durch die Bearbeitungsrichtung gegeben.

Sogar bei Bearbeitung sehr harter Werkstoffe, wie etwa Stellit (Hartmetall mit hohem Anteil von Karbiden) treten bei Bearbeitung mit reinen Weicheisenkugeln intensive Oberflächenschädigungen auf, da infolge des Aufpralls der Kugeln bei der Impulsbremsung eine Verfestigung der Werkzeugkörner durch Kaltbearbeitung eintritt.

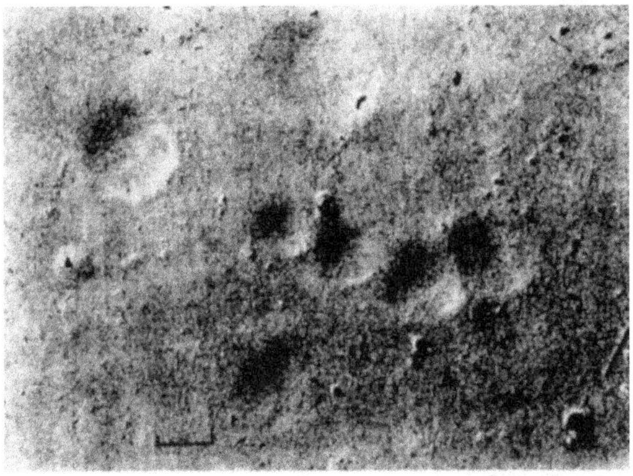

Abb. 8. Kontaktflächen auf Ni (polykristallin, poliert)
Apparatur: Vakuum-Kornstrahl-Gebläse; *Auftreffwinkel:* 90°; *Werkzeug:* Fe-Kugeln (Durchmesser: 2 – 3 µm); *Vergr.:* 7200 ×

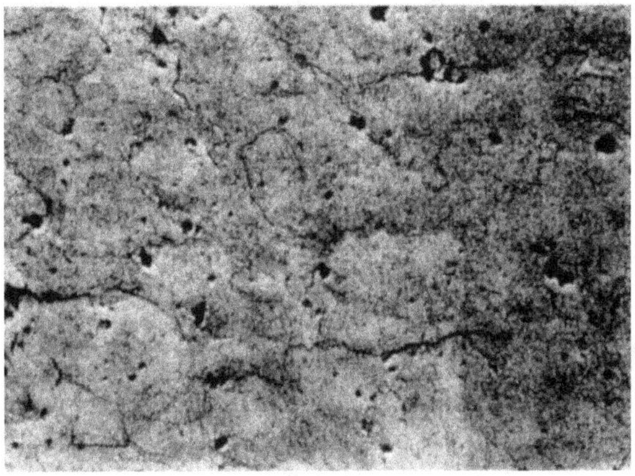

Abb. 9. Tangentiale Bearbeitungsspuren auf Ni (polykristallin, poliert)
Apparatur: Vakuum-Kornstrahl-Gebläse; *Auftreffwinkel:* 2°; *Werkzeug:* Fe-Kugeln (Durchmesser: 2 – 3 µm); *Vergr.:* 7000 ×

Wesentlich komplizierter und in den Erscheinungsformen vielfältiger gestalten sich die Verformungsprozesse bei Bearbeitung von makroskopisch spröden Körpern, wie etwa Alkali- und Erdalkalihalogeniden. Bei diesen Stoffgruppen geht das submikro-plastische Fließen unter geeigneten Bearbeitungsbedingungen in Brüche über. Die Grenze des Überganges ist abhängig von der Größe des mechanischen Impulses, der Bearbeitungsrichtung und der geometrischen Form der Bearbeitungskörner [18]. Diesen Übergang von der rein plastischen Verformung zum Sprödbruch an bearbeiteten CaF_2-Kristallen demonstrieren die nächsten Abb. 10—12. Die Bearbeitung der (111)-CaF_2-Spaltflächen erfolgte durch Beschuß mit Borcarbid bei Veränderung des Auftreffwinkels unter sonst gleichen Bedingungen. Im ersten Stadium erfolgt die erzwungene Stoffwanderung ohne nachweisbaren Richtungseinfluß kristallophischer Gleitelemente [19]. Bei größeren Bearbeitungswinkeln kommt es zum Abgleiten von Schichtpaketen. Bei senkrechter Bearbeitung ist das Auftreten von Sprödbruch erkennbar, wobei das Ausbrechen von Kristallbereichen mit dreiseitigen Begrenzungen entsprechend kristallographisch ausgezeichneten Richtungen beobachtet wird. Ähnliche Übergänge im Festigkeitsverhalten makroskopisch spröder Kristalle ergeben sich auch bei anderen Stoffklassen und wurden bereits eingehend untersucht und beschrieben [17].

Gemeinsam ist allen diesen Bearbeitungsvorgängen das Auftreten bruchfreier Stoffverschiebungen bei hinreichend kleinen mechanischen Eingriffen, das Fehlen von Rekristallisationsstrukturen in der Sohle des Einschlages und der Übergang zum Bruch bei makroskopisch spröden Stoffen in Richtung stärkerer Eingriffe. Dabei sind die erzwungenen Stoffwanderungen bei der Stoßbearbeitung in der Sohle des Einschlags ohne nachweisbaren Richtungseinfluß bezüglich der Anisotropie der Kristalleigenschaften. Erst wenn sich Bruchvorgänge bemerkbar machen, erfolgen diese anisotrop (Abb. 13).

Ähnliche, von SMEKAL und Mitarbeitern beim Ritzen von Kristalloberflächen gemachte

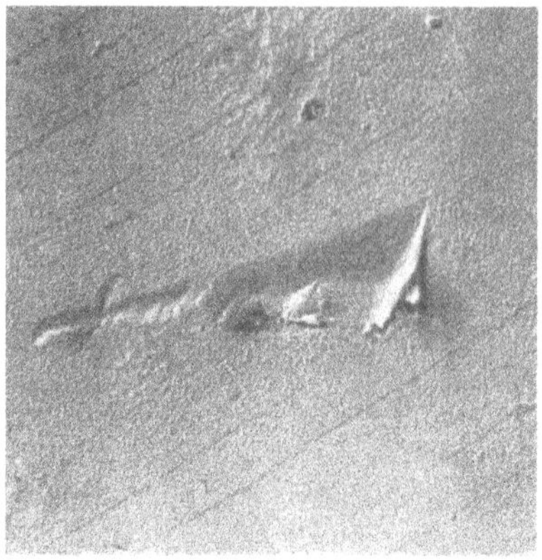

Abb. 10. Plastische Verformung auf (111)-CaF_2

Apparatur: Vakuum-Kornstrahl-Gebläse; *Werkzeug:* Borcarbid (Durchmesser: 20 µm); *Auftreffwinkel:* 15°; *Vergr.:* 7000 ×

Abb. 13. Übergang von plastischer Verformung zum Sprödbruch auf (100)-LiF

Apparatur: Vakuum-Kornstrahl-Gebläse; *Werkzeug:* SiC (Durchmesser: 20 µm); *Auftreffwinkel:* 20°; *Vergr.:* 7000 ×

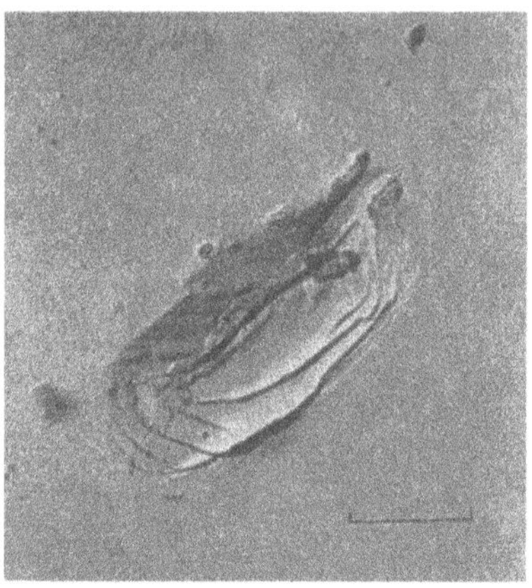

Abb. 11. „Gleitpakete" auf (111)-CaF_2 (Bearbeitung wie bei Abb. 10)

Auftreffwinkel: 90°; *Vergr.:* 12700 ×

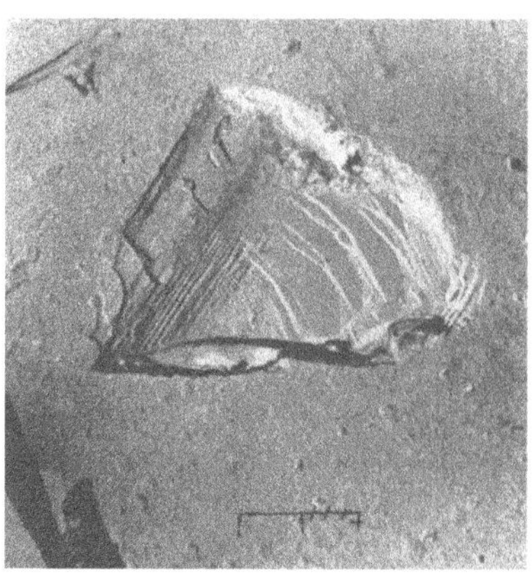

Abb. 12. Sprödbruch auf (111)-CaF_2 (Bearbeitung wie bei Abb. 10)

Auftreffwinkel: 90°; *Vergr.:* 7000 ×

Beobachtungen über die Entstehung der Mikroplastizität durch bruchfreie Stoffverschiebungen, wurden als „athermischer" Schmelzvorgang gedeutet [2, 10], ohne die atomistischen Vorgänge des mechanischen Eingriffs befriedigend zu erklären. In den folgenden Abschnitten werden unter Berücksichtigung der durch den Bearbeitungsvorgang erzeugten Versetzungen, ihrer Bewegung und Verteilung die elementaren Schritte der Verformung behandelt.

3.2. Morphologie mechanisch bearbeiteter Kristalloberflächen

Die Frage nach dem Mechanismus der Entstehung der Mikroplastizität und nach dem Betrag von Energieumsetzungen bei der Stoßbearbeitung ist auf das engste verbunden mit der Erzeugung und der Bewegung von Versetzungen im Kristall. Deshalb ist die mikroskopische Betrachtung der Bearbeitungsorte allein unzureichend und muß durch verfeinerte Beobachtungsmethoden ergänzt werden. Hierbei bieten sich das Ätzverfahren [z. B. 20, 21] und für die Untersuchung elementarer Vorgänge der Bewegung von Versetzungen das Gold-Dekorationsverfahren [22, 23] an. Es wird über Bearbeitungsversuche an NaCl, CaF_2 und Sb berichtet. Ätzlösungen zum Nachweis von Versetzungen wurden für NaCl [24, 25, 26], CaF_2 [27, 28] und Sb [29] beschrieben.

Beim Zusammenstoß einer Kugel mit einem Kristall erfolgt während des ersten Stadiums im Berührungsgebiet die Deformation elastisch ohne zurückbleibende Formänderung. Die auftretenden Drucke, Kontaktflächen und Kontaktzeiten lassen sich in diesem Bereich durch die

Hertzsche Stoßtheorie [30, 31] beschreiben. Bei Erhöhung der Stoßenergie setzt bei einem kritischen Druck die plastische Verformung im Kristall ein, und bei weiterer Energiezuführung geht die Deformation in den vollkommen plastischen Zustand über, wobei die Hertzschen Gleichungen keine strenge Gültigkeit mehr besitzen. Als Ergebnis dieses Stoßprozesses bildet sich unterhalb der Kontaktfläche im Innern des Kristalls eine plastische Zone aus, deren Volumen und geometrische Anordnung bei Einkristallen wesentlich durch die Gleitelemente des Kristalls bestimmt werden und von der Größe der zugeführten kinetischen Energie abhängen.

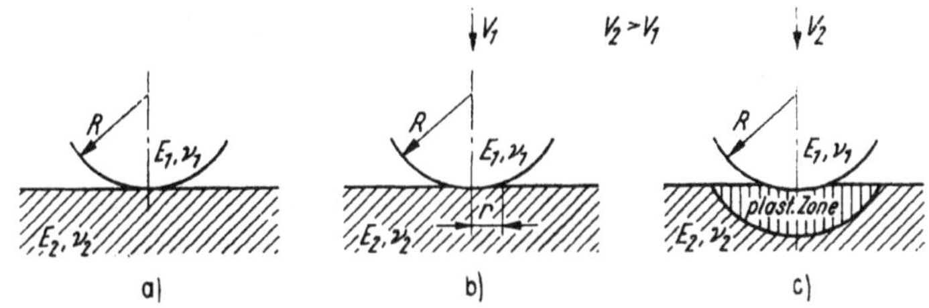

Abb. 14. Kontakt einer Kugel mit einer ebenen Oberfläche

a) Kontakt unter Nullast. Punktförmige Berührung; *b)* Elastische Deformation bei geringer Geschwindigkeit; *c)* Plastische Deformation bei höherer Geschwindigkeit

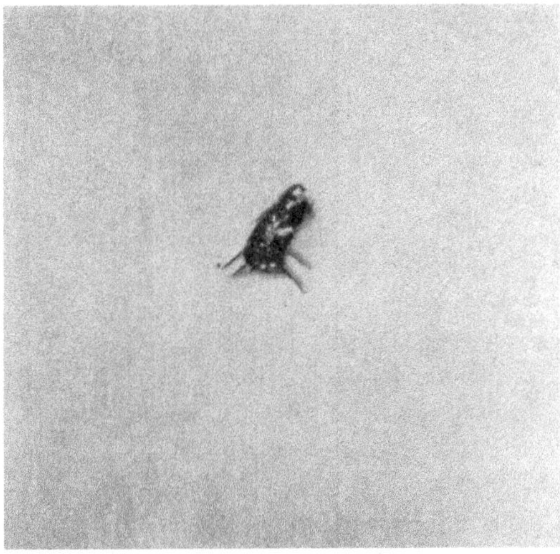

Abb. 15. Trefferstelle auf (100)-NaCl

Werkzeug: SiC (Durchmesser 315 – 400 µm); *Fallhöhe:* 6,35 m; *Auftreffwinkel:* 15°; *Vergr.:* 250 ×

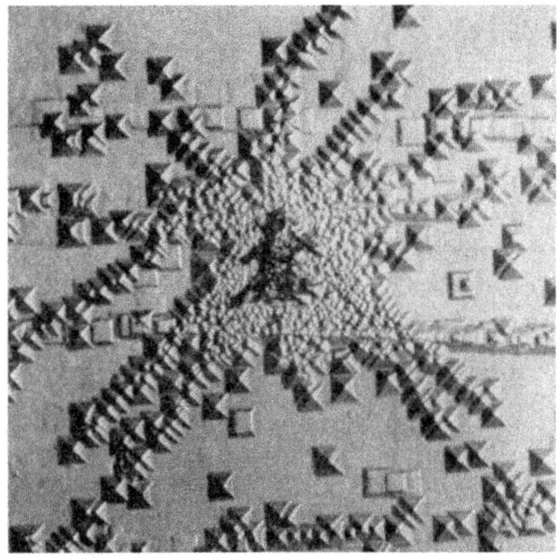

Abb. 16. Versetzungen in der Umgebung der Kontaktstelle. Gleicher Einschlag wie in Abb. 15, geätzt

Schematisch sind die Zusammenhänge über den Verlauf des Deformationsprozesses in Abb. 14 dargestellt. Hierin bedeuten E_1 und E_2 die Elastizitätsmoduli von Kugel und Kristall, ν die Poissonsche Konstante, v die Geschwindigkeit der Kugel, R den Kugelradius und r den Radius der Kontaktfläche bei elastischer Verformung.

Die Impaktbearbeitung von (001)-NaCl-Oberflächen mit körnigen oder kugeligen Werkzeugen führt zur Entstehung von Versetzungen, wobei ihre Bewegung außerhalb der Trefferstelle überwiegend entlang den Gleitebenen erfolgt. Beim NaCl ist es die Dodekaedergleitung [44], die infolge der Symmetrieverhältnisse auf der (001)-Oberfläche bei mechanischer Impulsbearbeitung eine Rosettenstruktur erzeugt. Sie kommt zustande durch Schnitt der 6 Gleitebenen mit der Würfelfläche. In den folgenden Abb. 15 bis 18 sind die bei der Stoßbearbeitung erzeugten Strukturveränderungen und Versetzungen außerhalb des Trefferortes unter verschiedenen Bearbeitungsbedingungen sichtbar gemacht.

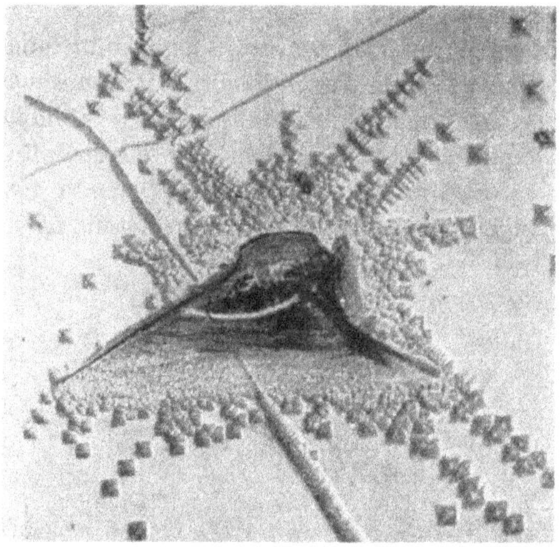

Abb. 17. Trefferstelle mit Rißbildungen auf (100)-NaCl
Bedingungen wie bei Abb. 15, jedoch
Auftreffwinkel: 45°; *Vergr.:* 250 ×

Gegenüber den Alkalihalogeniden sind die plastischen Eigenschaften der Erdalkalihalogenide bei Raumtemperatur wesentlich schwächer ausgeprägt. Sie neigen daher stärker zur Bruchbildung [18]. So ergeben sich bei kleinen mechanischen Eingriffen, z.B. beim CaF_2, ausschließlich plastische Stoffverschiebungen (linker Einschlag der Abb. 19). Entsprechend der Symmetrie der (111)-Bearbeitungsfläche und der Gleitelemente [19] weisen die Gleitlinien 3-zählige Symmetrie auf. Beim Auftreten von Brucherscheinungen wird ein großer Teil der kinetischen Energie zur Trennung der Bruchflächen benötigt, so daß sich einzelne Kristallsplitter ablösen, ohne daß die Umgebung plastisch verformt wird, was an dem Fehlen von Ätzgruben sichtbar wird (Abb. 19, rechter oberer Einschlag).

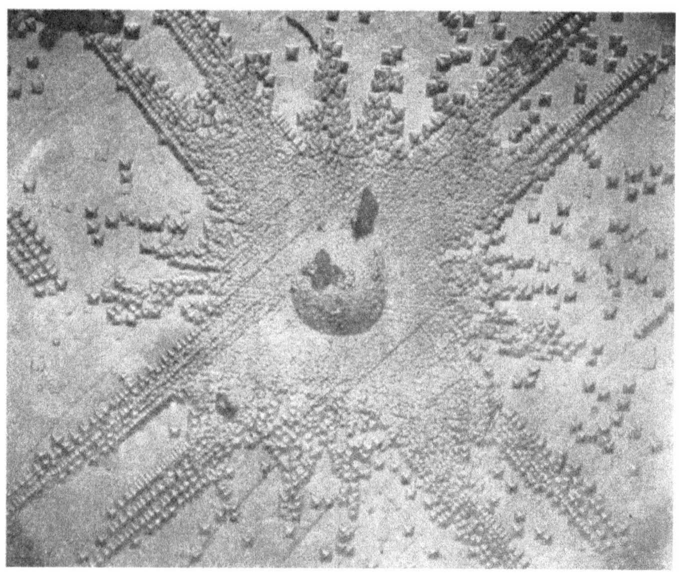

Abb. 18. Rosettenstruktur auf (100)-NaCl
Material: Stahlkugel (Durchmesser 0,8 mm); *Fallhöhe:* 65 cm;
Auftreffwinkel: 90°; geätzt in Eisessig; *Vergr.:* 125 ×

Weitergehende Rückschlüsse über die Struktur der primären Kontaktzone bei der Stoßbearbeitung und über die elementaren Gleitprozesse in der Umgebung lassen sich durch Anwendung der Golddekorationsmethode mit ihrem hohen vertikalen Auflösungsvermögen gewinnen [32, 23]. Es besteht darin, daß Gold auf die zu untersuchende Oberfläche in geringen Mengen aufgedampft wird, so daß sich submikroskopische Kügelchen bilden, die sich an Stufen atomarer Höhe anlagern. Anschließend wird ein Kohlefilm nach Bradley aufgedampft [33]. Die nach dieser Methode untersuchten elementaren Gleitstrukturen wurden in [34] beschrieben. Dabei müssen die Bearbeitung und alle anschließenden Manipulationen im Vakuum vorgenommen werden.

Die Ergebnisse zeigen, daß an der unmittelbaren Berührungsstelle eines mikroskopischen Kornes mit der Kristalloberfläche stark gestörtes Gefüge entsteht. Dieser submikroskopische Bereich der äußersten Schichten der Kristalloberfläche hinterläßt nach Abschluß der mechanischen Stoßbearbeitung am Trefferort eingefrorene, stark gestörte Gitterbereiche. Der Trefferort mit umgebendem System von Gleitlinien, entstanden durch Bewegung einzelner Versetzungen, ist in Abb. 20 dargestellt. Der stark gestörte Trefferbereich mit quasi-amorpher Struktur läßt sich aus der völlig statistischen Verteilung der Goldkugeln folgern (Abb. 21). Bei dem

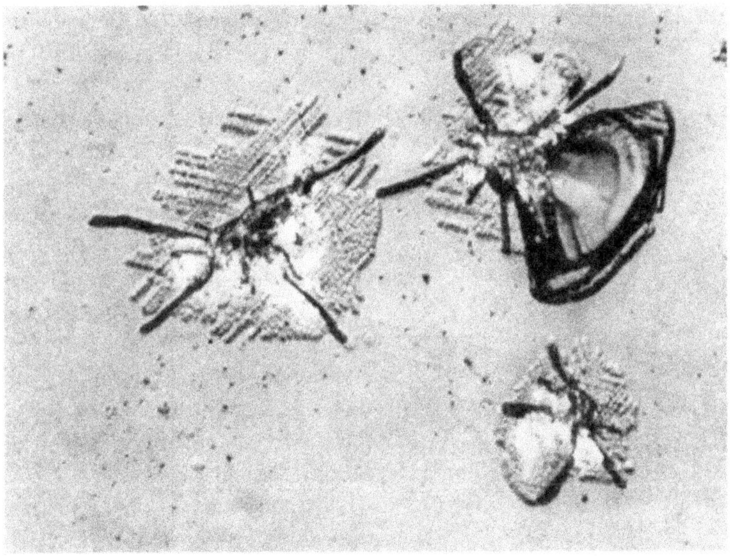

Abb. 19. Symmetrische Verteilung der Ätzgrübchen um plastisch verformte Einschläge auf (111)-CaF_2 und das Fehlen bei muscheligen Ausbrüchen

Werkzeug: SiC (Durchmesser 310–400 μm); *Fallhöhe:* 2,90 m; *Ätzmittel:* HNO_3; *Vergr.:* 500 ×

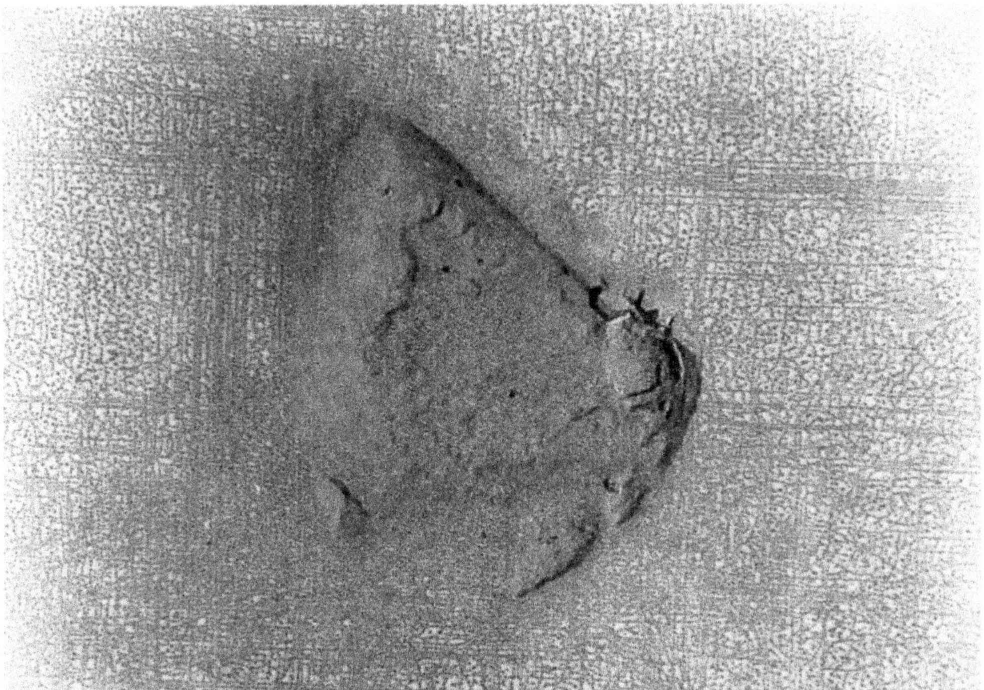

Abb. 20. Trefferstelle mit umgebendem Versetzungssystem

Werkzeug: Edelkorund (Durchmesser 0,071–0,08 mm); *Fallhöhe:* 20 cm; *Auftreffwinkel:* 45°; Golddekoration; *Vergr.:* 20000 ×

gegebenen Auflösungsvermögen sind keinerlei kristallographische Begrenzungselemente oder geordnete Submikrobereiche zu erkennen. Die von den Trefferstellen ausgehenden Versetzungen sind den Gleitebenen zuzuordnen, die die (100)-Fläche unter 45° schneiden [34]. Die systematische Verfolgung der Spur einzelner bewegter Versetzungen läßt erkennen, daß der Gleitprozeß nicht immer auf eine Gleitebene beschränkt bleibt, sondern häufig ein Auswandern der Versetzungen aus ursprünglichen Gleitebenen beobachtet wird (Abb. 22). Die von der Trefferstelle ausgehenden Gleitspuren zeigen häufig Quergleitung, wobei ein Überspringen in andere Gleitebenen erfolgt. Der Richtungswechsel ist durch den eingezeichneten Kreis angedeutet. Oft geht nach einer Quergleitung die Versetzung nach Wechsel der Gleitebene und -richtung wieder in die ursprüngliche Gleitebene zurück (Kurvenzug ABC der Abb. 22).

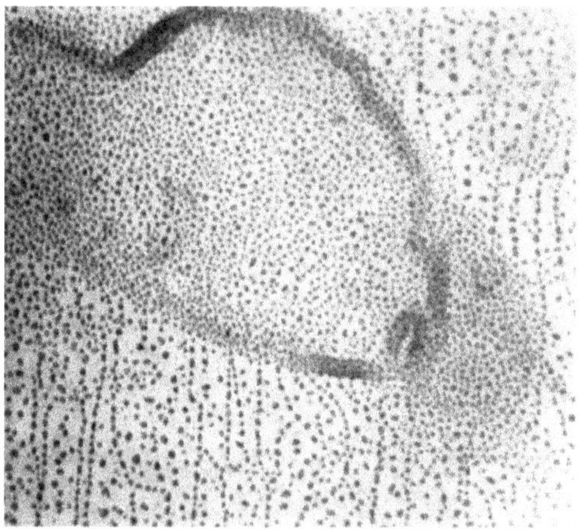

Abb. 21. Quasi-amorphe Struktur der Kontaktstelle (statistische Au-Verteilung)
Bearbeitung wie bei Abb. 20, jedoch
Fallhöhe: 17 cm; *Vergr.:* 45000 ×

Für die Erzeugung und Bewegung der Versetzungen ist ein mechanischer Impuls bestimmter Mindestgröße bei gegebener spezifi-

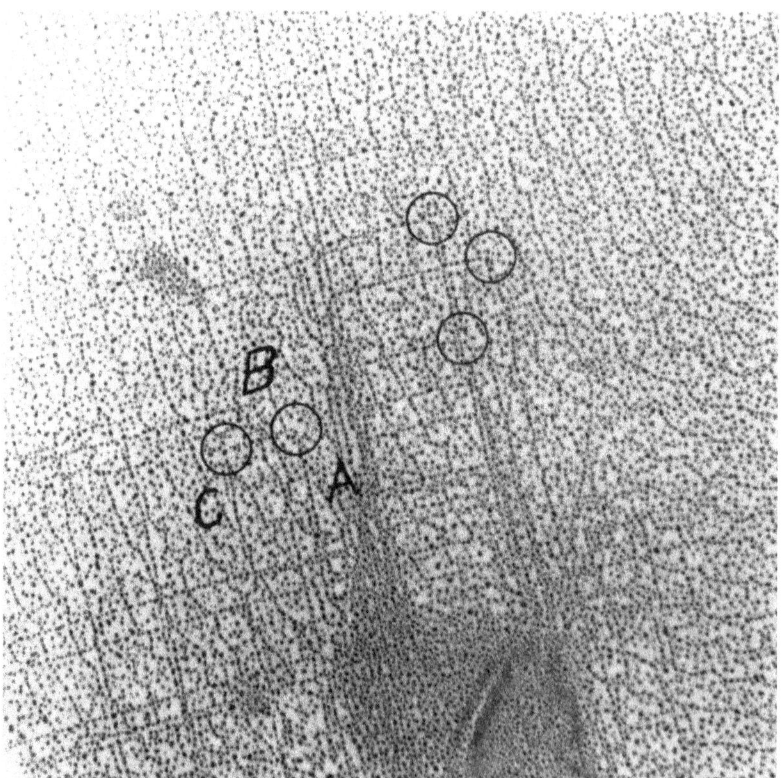

Abb. 22. Von der Trefferstelle ausgehende Versetzungsspuren mit Quergleitung
Werkzeug: Edelkorund (Durchmesser: 0,071 – 0,08 mm); *Fallhöhe:* 17 cm; Golddekoration; *Vergr.:* 30000 ×

scher Flächenbelastung notwendig. Bleibt der Impuls unterhalb einer bestimmten Mindestgröße, so bleibt die beobachtete Gefügestörung auf einen engen Raum beschränkt, ohne daß von diesem Zentrum Versetzungen auswandern. Ein Beispiel dafür zeigt Abb. 23, in der diese Bereiche durch eingezeichnete Kreise hervorgehoben werden. Die Einschläge erfolgten durch Bruchstücke von Korund, die im Laufe des Bearbeitungsprozesses entstehen.

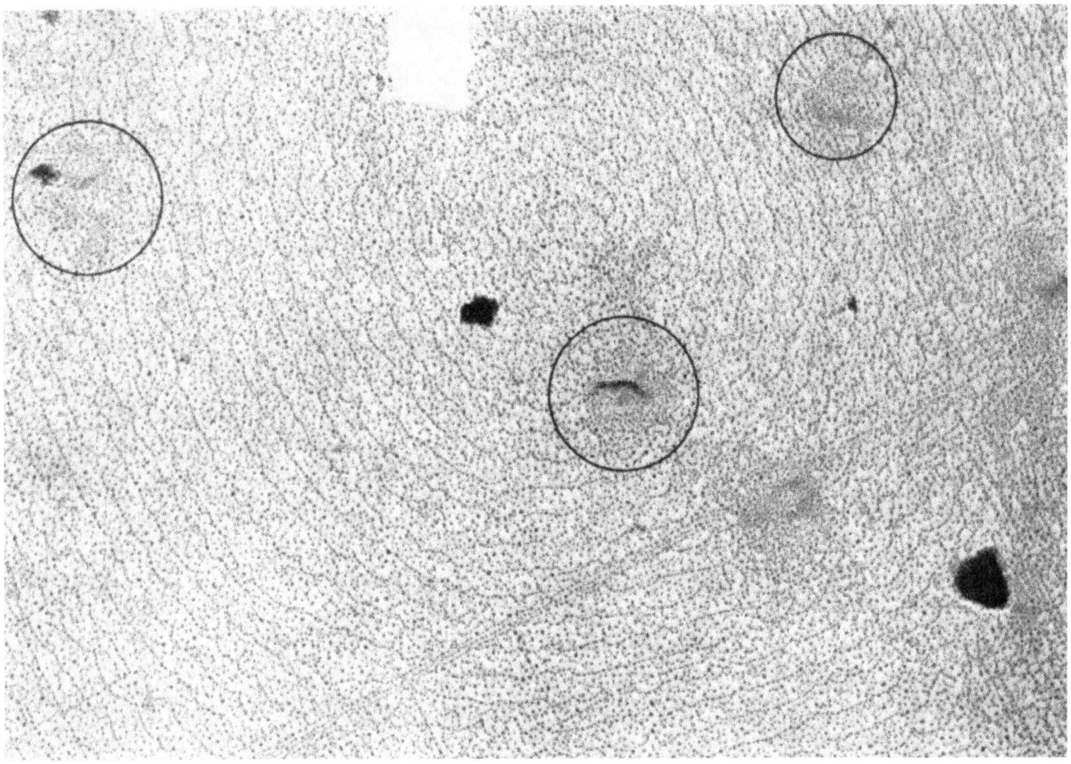

Abb. 23. Bei geringen Impulsbeanspruchungen bleibt die Störzone auf engem Raum beschränkt, ohne daß Versetzungen von diesem Zentrum auswandern. (Bearbeitung wie bei Abb. 22)

Vergr.: 24750 ×

3.3. Kinetik des Verformungsprozesses im Kristallinnern und quantitative Bestimmung des Verformungsvolumens

Die bisherigen Betrachtungen erstreckten sich auf die Untersuchungen der Veränderungen in der Oberfläche bei mechanischen Eingriffen. Für energetische Auswertungen, wie etwa Abschätzung der auftretenden Energiedichte und Ausbreitung einer energetischen Störung im realen Diskontinuum, ist die Bestimmung des Verformungsvolumens notwendig. Darüber hinaus bietet die Bestimmung der räumlichen Verteilung der Versetzungsdichte in der Umgebung des Trefferortes weitere Möglichkeiten für die Deutung der elementaren Verformungsvorgänge. Die experimentelle Bestimmung des Verformungsvolumens kann auf zwei Wegen erfolgen:

1. können Vertikalschnitte durch den Bearbeitungsort gelegt werden, etwa durch nachträgliches Spalten senkrecht zur Bearbeitungsfläche und

2. Horizontalschnitte, z. B. durch stufenweises Abtragen von Oberflächenschichten, ohne daß die Bearbeitungsstrukturen dadurch beeinflußt werden.

Beide Methoden wurden benutzt [35].

3.3.1. Untersuchungen an NaCl

Bei der punktförmigen Stoßbeanspruchung oder bei statischen Belastungsversuchen auf (001)-Spaltflächen von NaCl entstehen charakteristische Rosettenstrukturen [36 bis 40]. Eigene experimentelle Untersuchungen zur Bestimmung des Verformungsvolumens und zur Deutung der Versetzungsstrukturen wurden in [41 bis 43] mitgeteilt.

Bei der Übertragung der Stoßenergie werden auf der (001)-NaCl-Oberfläche Rosettenstrukturen nach Art der Abb. 24*a* erzeugt, die durch Bewegung der durch den Stoßvorgang erzeugten Versetzungen innerhalb der Gleitebene zustandekommen. Die die Oberfläche durchstoßenden Versetzungslinien geben bei dem anschließenden Ätzvorgang Anlaß zur Entstehung von Grübchen. Grundsätzlich sind zwei verschiedene Arten von Gleitbändern zu unterscheiden:

a) Gleitbänder verlaufen parallel den Würfelkanten (parallel den [100]-Richtungen) und
b) Gleitbänder verlaufen parallel den Flächendiagonalen (parallel den [110]-Richtungen).

Zur Orientierung der Rosette innerhalb der Würfelfläche können die pyramidenförmigen Ätzgrübchen dienen, bei denen die Kanten der Grundfläche parallel [100] bzw. [010] verlaufen. Bei dem sukzessiven Abtragen durch chemisches Polieren läßt sich der Verlauf der Versetzungen im Innern des Kristalls verfolgen und die räumliche Anordnung bestimmen.

Das erste Stadium nach 20 min Polierdauer, was einer Abtragungstiefe von etwa 20 µm entspricht, zeigt Abb. 24*b*. Die zunächst annähernd runde Einschlagsohle wird flacher und zeigt eine quadratische Grundfläche, wobei Parallelität zu den Würfelkanten des NaCl-Kristalles besteht. Die unmittelbare Berührungsfläche der Kugel mit der Kristalloberfläche läßt keinerlei Strukturelemente erkennen. In unmittelbarer Umgebung der Kontaktfläche erstreckt sich ein Gebiet hoher Versetzungsdichte, die mit wachsender Entfernung vom Zentrum abnimmt, erkennbar durch die bessere Auflösung der einzelnen Ätzgruben. Im dritten Stadium (45 min Polierdauer) ist die Kontaktfläche weitgehend abgetragen (Abb. 24*c*) und bereits die parallele Anordnung der Ätzgruben entlang ausgezeichneten kristallographischen Richtungen erkennbar.

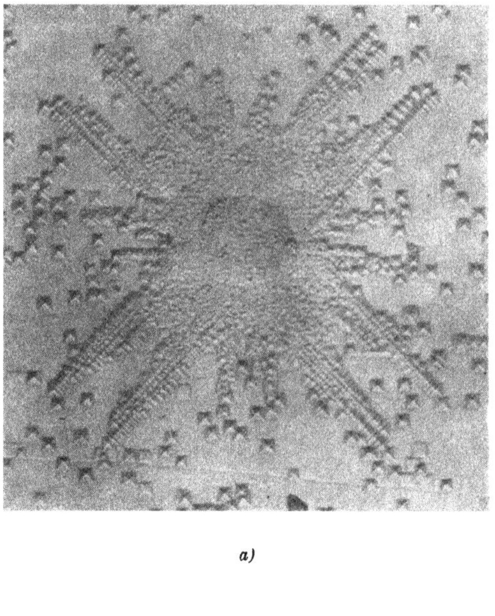

a)

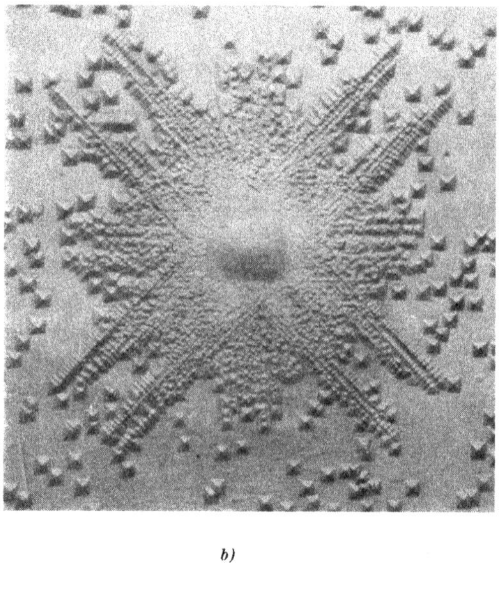

b)

c)

d)

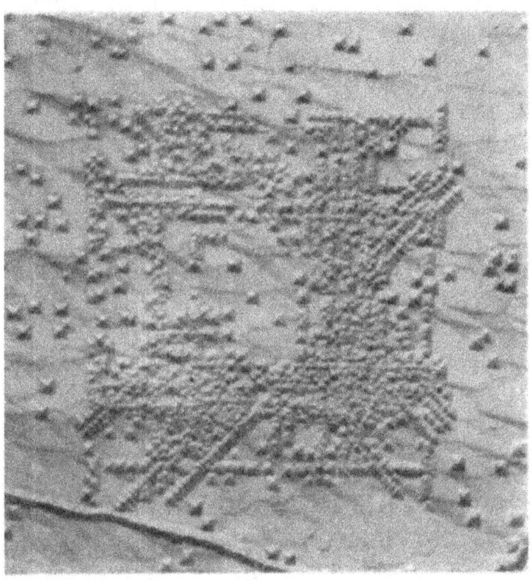

e)

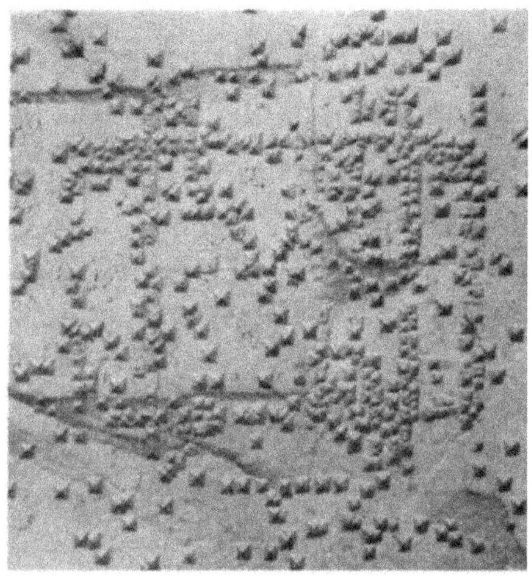

f)

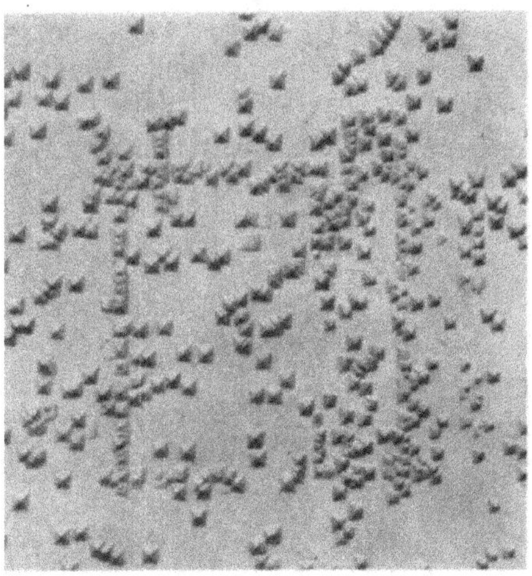

g)

Abb. 24. Verschiedene Stadien der Abtragung durch chemisches Polieren

Bearbeitung: Stahlkugel (Durchmesser: 0,8 mm); *Fallhöhe:* 15 cm;
a) geätzt;
b) 20 min Polierdauer, geätzt;
c) 45 min Polierdauer, geätzt;
d) 115 min Polierdauer, geätzt;
e) 150 min Polierdauer, geätzt;
f) 165 min Polierdauer, geätzt;
g) 180 min Polierdauer, geätzt;
Vergr.: 160 ×

Die parallel den Würfelkanten verlaufenden Gleitbänder nehmen zahlenmäßig und längenmäßig zu. Der weitere Verlauf des Abtragungsprozesses wird maßgebend durch die Versetzungsschleifen bestimmt, die in den zu den Würfelkanten parallel verlaufenden Gleitbändern enthalten sind. Dabei treten die Diagonalgleitbänder immer mehr zurück (Abb. 24*d*). Im Zentrum der Rosette bildet sich ein Gebiet niedriger Versetzungsdichte gegenüber der Umgebung aus. Die nächste Figur (Abb. 24*e*) läßt nur noch Relikte von [110]-Gleitbändern erkennen, und die Verformungszone wird überwiegend durch die [100]-Gleitbänder bestimmt. Im Zentrum hat sich die versetzungsfreie Fläche vergrößert. Die weitere Abtragung führt zu einer Abnahme der Versetzungen innerhalb der plastisch verformten Zone, bis nur noch einzelne Gleitlinien sichtbar sind und die maximale Störtiefe anzeigen (Abb. 24*f* und *g*). In diesem Stadium geht die Versetzungsdichte der plastisch verformten Zone in die mittlere Versetzungsdichte des Kristalles über, die im wesentlichen durch die Herstellungsbedingungen bestimmt ist.

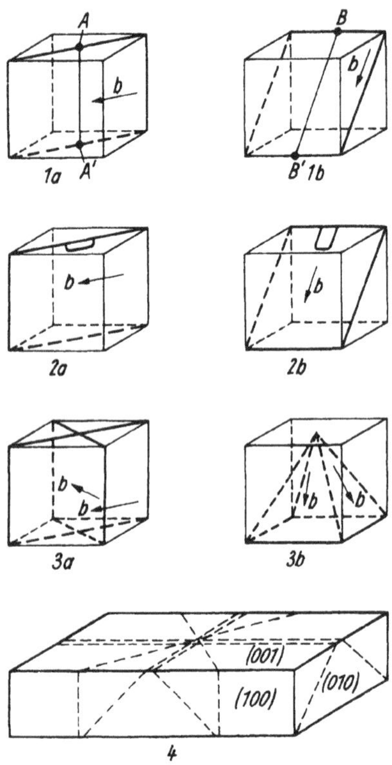

Abb. 25. Gleitvorgänge in NaCl

1*a*. Versetzungslinie AA' verläuft parallel [001], Stufenversetzung;
1*b*. Versetzungslinie BB' verläuft parallel [101], Schraubenversetzung;
2*a*. Versetzungsschleife durchstößt die (001)-Fläche und liegt in der (110)-Ebene;
2*b*. Versetzungsschleife durchstößt die (001)-Fläche und liegt in der (101)-Ebene;
3*a*. 2 Gleitebenen schneiden die (001)-Fläche diagonal;
3*b*. 4 Gleitebenen schneiden die (001)-Fläche parallel zu den Würfelkanten;
4. Schnitt der 6 Gleitebenen mit (001) führt zur „Rosettenstruktur".

Als Folge der übertragenen Stoßenergie ergeben sich Form und Volumen der plastisch verformten Zone im NaCl-Kristall aus Größe und Richtung des übertragenen Impulses, den Gleitelementen der Struktur und aus der unterschiedlichen Beweglichkeit von Stufen- und Schraubenversetzungen. Gleitelemente sind die (110)-Ebene (Dodekaedergleitung) und [110]-Richtung [44]. Daraus ergibt sich, daß vier Gleitebenen die (001)-Bearbeitungsfläche unter 45° schneiden, während die beiden anderen diese senkrecht durchstoßen. Die Bewegung der Versetzungen innerhalb dieser Gleitebenen wird durch den Burgersvektor bestimmt. Untersuchungen von Johnston und Gilman [45, 46] über die Bewegungen von Versetzungen in LiF-Kristallen, die grundsätzliche Gültigkeit für alle Alkalihalogenide mit NaCl-Struktur besitzen, haben ergeben, daß Schraubenversetzungen die Oberfläche unter einem Winkel von 45° durchstoßen, wobei sie sich auf der (001)-Oberfläche in Linien anordnen, die parallel den Würfelkanten ([100]-Richtungen) verlaufen („Schraubengleitbänder"). Demgegenüber sind Reihen von Stufenversetzungen diagonal dazu, d. h. parallel [110] bzw. [1$\bar{1}$0], angeordnet („Stufengleitbänder"). Schematisch sind die Gleitvorgänge in Abb. 25 dargestellt. Abb. 25 (1*a* und 1*b*) zeigen die Durchstoßpunkte von Schrauben- und Stufenversetzungslinien mit eingezeichnetem Burgersvektor und Abb. 25 (2*a* und 2*b*) die entsprechenden Verhältnisse für Versetzungsschleifen.

Für die Deutung der unterschiedlichen Länge der experimentell bestimmten Stufen- und Schraubengleitbänder auf der (001)-Fläche muß die verschiedene Beweglichkeit von Stufen- und Schraubenversetzungen berücksichtigt werden. Nach [46] ist für die Bewegung der Stufenkomponente einer Versetzung eine geringere Scherspannung als für die entsprechende Schraubenkomponente notwendig, bzw. die Geshwindigkeit der Stufenkomponente bei einer bestimmten Scherspannung ist größer als die entsprechende der Schraubenkomponente. Das gleichzeitige Auftreten von 6 Gleitbändern auf der Bearbeitungsfläche läßt sich unter Berücksichtigung der speziellen Bearbeitungsbedingungen deuten. Bezüglich des übertragenen mechanischen Impulses sind die sechs Gleitebenen nicht gleichberechtigt. Es sind zwei Gruppen von Gleitebenen zu unterscheiden, die in Abb. 25 (3*a* und 3*b*) dargestellt sind. Durch Schnitt aller sechs Gleitebenen mit der (001)-Fläche kommt die Rosettenstruktur zustande, Abb. 25 (4). Hinsichtlich der Betätigung der Gleitelemente durch den gebremsten mechanischen Impuls ist die Anordnung 3*b* gegenüber 3*a* in Abb. 25 ausgezeichnet, da bei der ersteren eine größere Kraftkomponente in Richtung des Burgersvektors wirksam ist, während im letzten Fall der Burgersvektor senkrecht zur Richtung des übertragenen Impulses verläuft. Obwohl also die Bewegung von Versetzungen mit Stufencharakter energetisch begünstigt ist, kommt es unter den gegebenen speziellen Bearbeitungsbedingungen auch zur Bewegung von Versetzungen mit Schraubencharakter, wodurch auf der Oberfläche Gleitlinien entstehen, die parallel [100] verlaufen. Durch die größere Beweglichkeit der Stufenkomponente weisen auch die diagonal verlaufenden Gleitbänder eine größere Länge auf. Diese bilden sich aber nur, wenn es infolge des intensiven Energiestaues in der Kontaktfläche zur Erzeugung einer großen Zahl von Versetzungen kommt, die sich nicht mehr innerhalb der geneigten Gleitebenen fortpflanzen können und in einer anderen Richtung ausweichen müssen. Bei der Übertragung kleiner Stoßenergien erfolgt die Gleitung ausschließlich innerhalb der unter 45° verlaufenden Gleitebenen.

Der versetzungsfreie Bereich im Innern des Kristalles unterhalb des Trefferortes kommt dadurch zustande, daß beim ersten Kontakt der Kugel mit der Kristalloberfläche eine große Anzahl von Versetzungen entsteht, die ins Innere des Kristalles wandern, beim Zusammentreffen einander in der Fortbewegung behindern und eine Verfestigung des Materials bewirken. Alles in allem stellen sie eine Barriere für die Bewegung der nachfolgenden Versetzungen dar. Härtemessungen mit einem Mikrohärteprüfer nach Hanemann [47] in der Sohle des Einschlages und in einiger Entfernung vom Trefferort haben ergeben, daß die Kontaktfläche und die umgebende Störzone gegenüber dem unbearbeiteten Material eine erhöhte Härte aufweisen und die Kaltverfestigung durch mechanische Bearbeitung deutlich machen. In Abb. 26 und 27 sind die Eindruckpyramiden vor und nach der Ätzung erkennbar. Bildet man die Mittelwerte der einzelnen Eindrücke, die auf Kreisen um die Kontaktfläche angeordnet sind, so ergibt sich für die Kontaktfläche eine Härte von 31,3 kp/mm^2 und in der unmittelbaren Umgebung 26,8 kp/mm^2, bis

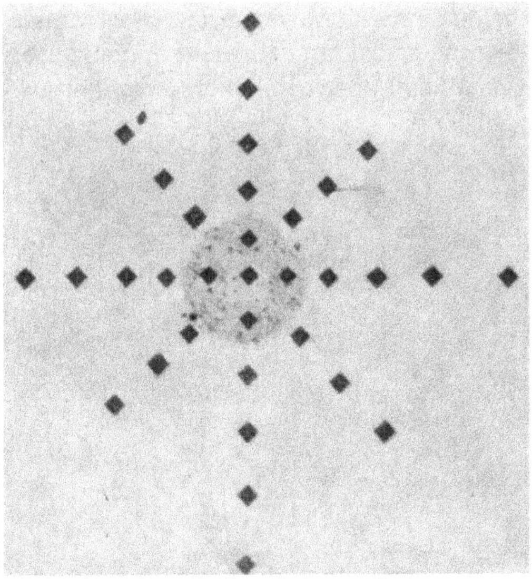

Abb. 26. Mikrohärteeindrücke in der Kontaktfläche und der Umgebung
Belastung: 2,5 g; *Vergr.:* 200 ×

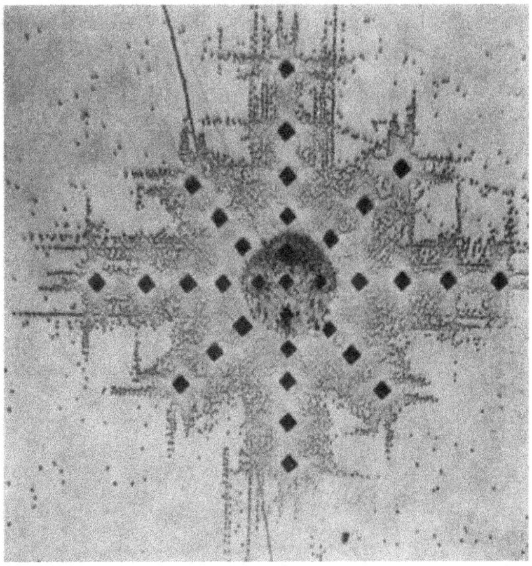

Abb. 27. wie Abb. 26, geätzt
Vergr.: 160 ×

die normale Härte des NaCl in größerer Entfernung von 25 kp/mm² erreicht wird. Die systematische Untersuchung des Einflusses der Energie, der Verformungstemperatur und der Verformungsgeschwindigkeit hat gezeigt, daß die Verformungsstrukturen dadurch wesentlich verändert werden. In Richtung tieferer Temperaturen verkleinert sich das Verformungsvolumen infolge der verringerten Beweglichkeit von Versetzungen, und die Erscheinungsformen in den beobachteten Versetzungssystemen vereinfachen sich. Gleichzeitig nimmt auch die Neigung zur Rißbildung zu. Während bei der Stoßbearbeitung infolge geringer Kontaktzeiten der Einfluß der Temperatur nur eine untergeordnete Bedeutung spielt, ist bei statischen Belastungsversuchen der Temperatureinfluß sehr ausgeprägt.

3.3.1.1. Untersuchungen der Stoßbearbeitung bei tiefen Temperaturen

Entsprechend der zugeführten kinetischen Energie ergeben sich verschiedene Stufen der plastischen Verformung und der Rißbildung. Die Untersuchungen wurden bei —130 °C durchgeführt.

Während bei kleinen Stoßenergien die Zerstörungen in der Kristalloberfläche auf die unmittelbare Kontaktfläche beschränkt bleiben, führt die Erhöhung der Energie zur Bildung von Versetzungen, die sich entsprechend dem Gleitsystem vom Trefferzentrum fortbewegen. Bei der Energie einer Stahlkugel von 2 mm Durchmesser und ungefähr 4 cm Fallhöhe bilden sich fast ausschließlich Schraubengleitbänder. Diese liegen in (110)-Gleitebenen, die zu einer (001)-Oberfläche unter einem Winkel von 45° liegen (Abb. 28). Die Abtragung der deformierten Schichten zeigt mit größerer Entfernung von der Oberfläche eine abnehmende Versetzungsdichte, die sich im Zentrum zuerst verringert, bis in einer Tiefe von etwa 130 µm nur noch einzelne Gleitlinien erkennbar sind.

Erhöhung der kinetischen Energie führt zur Erzeugung und Bewegung von Stufenversetzungen, die in Gleitbändern angeordnet sind, welche die (001)-Oberfläche unter 90° schneiden. Die Gleitbänder verlaufen daher auf der Oberfläche in [101]-Richtungen. Die weitere Steigerung der Fallhöhe bzw. Kugelgröße führt zu in der Kristalloberfläche sichtbaren Rissen parallel [110]. Die Abtragungsversuche zeigen, daß die Risse räumliche Ausdehnung besitzen und auf (110)-Ebenen liegen (Abb. 29*a*). Außerdem werden bei schwachen Abtragungen weitere Risse sichtbar, die in der Oberfläche ein Quadrat bilden, dessen Fläche mit steigender Tiefe kleiner wird (Abb. 29*b* und *c*). Die Auswertung einer großen Zahl von Versuchen hat ergeben, daß sich

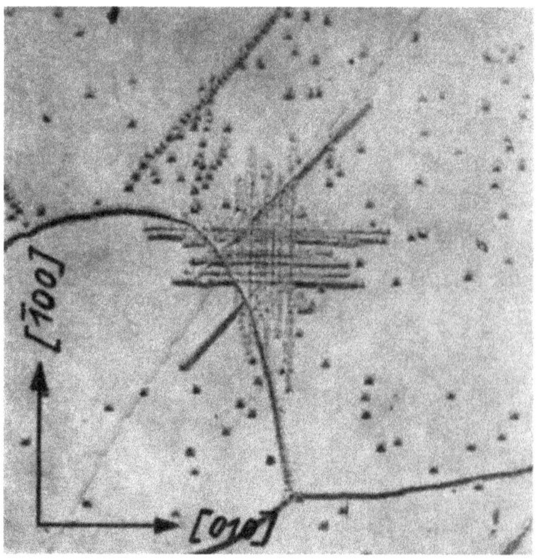

a)

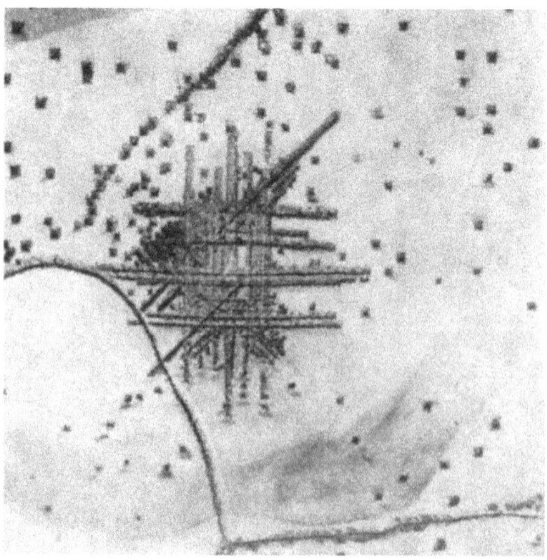

b)

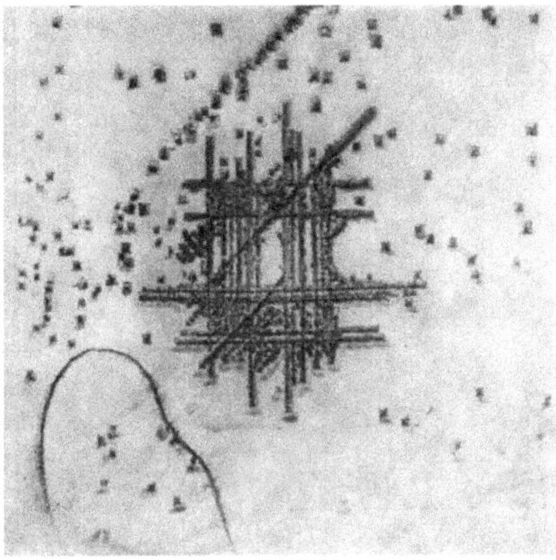

c)

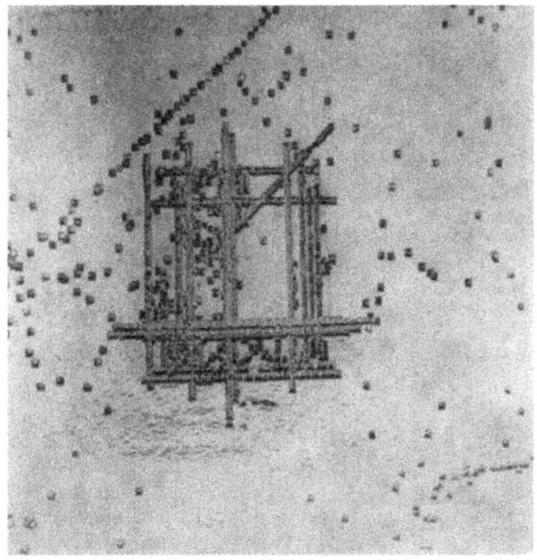

d)

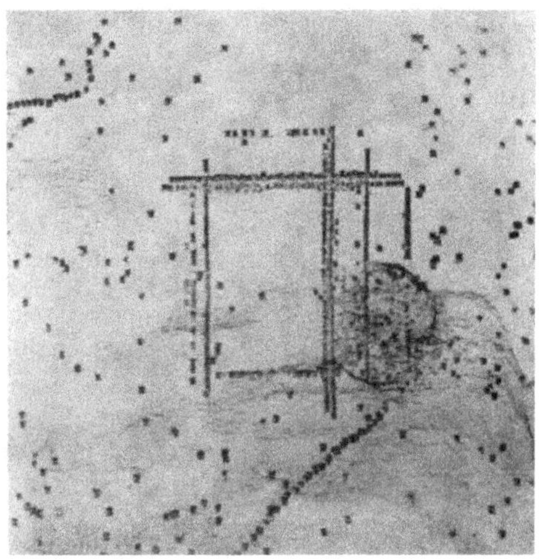

e)

Abb. 28. Entstehung von Schraubengleitbändern bei der Übertragung kleiner Stoßenergien. Verschiedene Abtragungsstufen

a) Oberfläche, geätzt;
b) ca. 21 µm abgetragen, geätzt;
c) ca. 41 µm abgetragen, geätzt;
d) ca. 82 µm abgetragen, geätzt;
e) ca. 123 µm abgetragen, geätzt;

Mechanische Bedingungen: Stahlkugel; *Durchmesser:* 2 mm; *Fallhöhe:* 4 cm; *Temperatur:* −130 °C; *Vergr.:* 77 ×

die Risse in der Tiefe auf (110)-Ebenen bewegen. In einer bestimmten Entfernung von der Oberfläche hat das durch die Risse begrenzte Quadrat die geringste Kantenlänge, um sich bei weiterer Abtragung wieder zu vergrößern (Abb. 29*d*). Dabei verlaufen die Kanten zunächst annähernd parallel den [100]-Richtungen. Bei weiterer Abtragung werden die Kanten immer stärker verrundet (Abb. 29*e*), um schließlich in einen Kreis überzugehen. In diesem Stadium enden bereits die zuerst sichtbar gewordenen Diagonalrisse. Bei einer großen Zahl von Trefferstellen vergrößert sich bei weiterer Abtragung der Kreis, um in größerer Tiefe auszulaufen. Häufig wird auch ein Übergang in eine quadratische Form beobachtet (Abb. 29*f*), wobei die Kanten gegenüber dem in Stadium *c* oder *d* der Abb. 29 sichtbaren Quadrat um 45° verdreht sind. Somit werden die vor der Einschnürung durch Risse begrenzten Kristallbereiche durch einen Pyramidenstumpf, die unterhalb der Einschnürung liegenden Bereiche durch einen Kegelstumpf begrenzt.

Der Übergang vom Kreis in ein Quadrat geht auch aus den Abb. 30*a* bis *c* hervor. Die weitere Abtragung zeigt das Ende der Rißfront, so daß im Stadium *d* nur noch das aus Stufen- und Schraubengleitbändern aufgebaute Gleitsystem verbleibt. Der weitere Abbau der plastisch verformten Zone erfolgt in der bereits oben beschriebenen Weise.

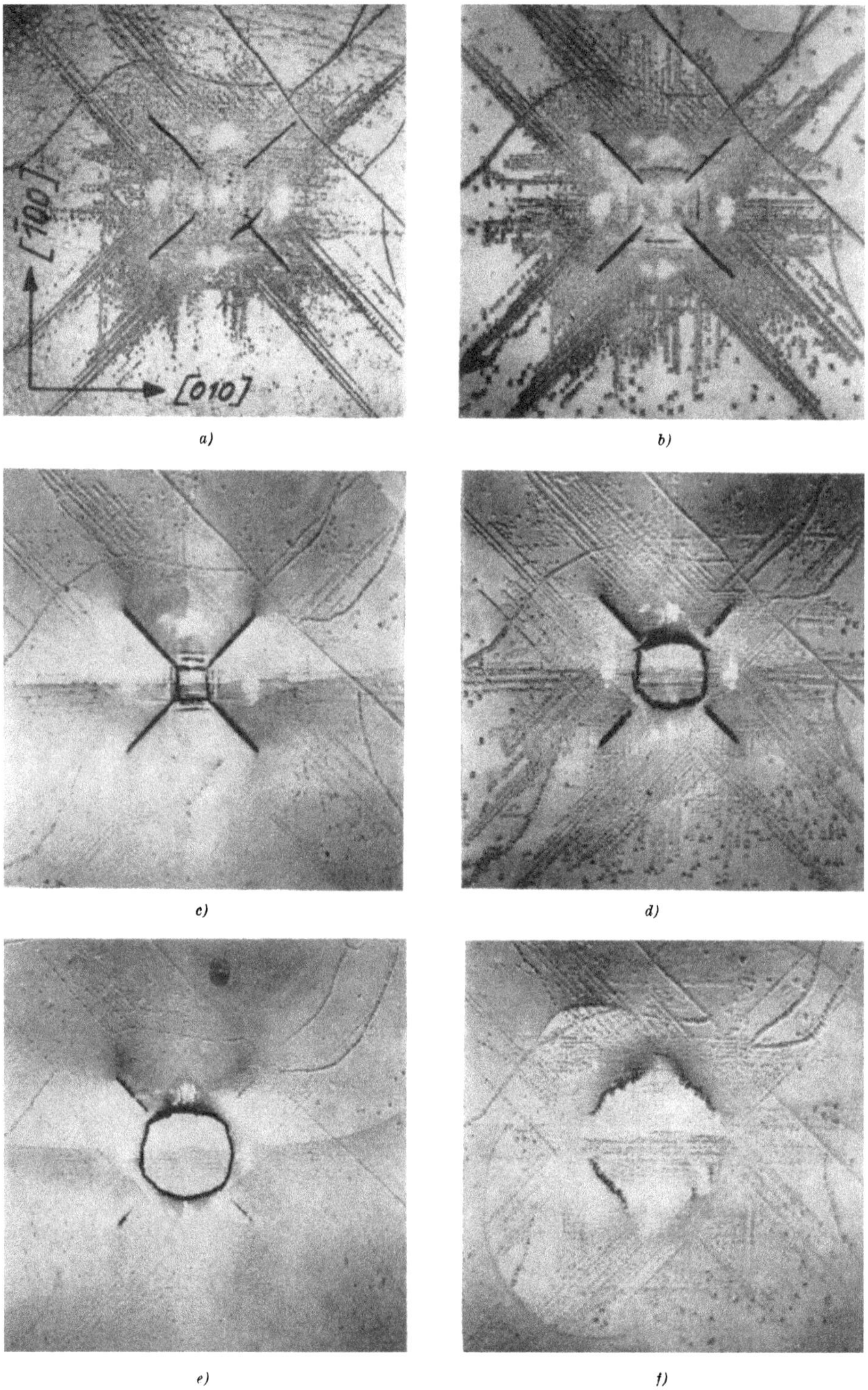

Abb. 29. Verschiedene Stadien der Abtragung. Schrauben- und Stufengleitbänder sowie Rißbildungen

a) Oberfläche, geätzt;
b) 5 min abgetragen, geätzt;
c) 13 min abgetragen, geätzt;
d) 18 min abgetragen, geätzt;
e) 23 min abgetragen, geätzt;
f) 30 min abgetragen, geätzt;

Mechanische Bedingungen: Stahlkugel; *Durchmesser:* 2,5 mm; *Fallhöhe:* 11,5 cm; *Temperatur:* −130 °C; *Vergr.:* 64 ×

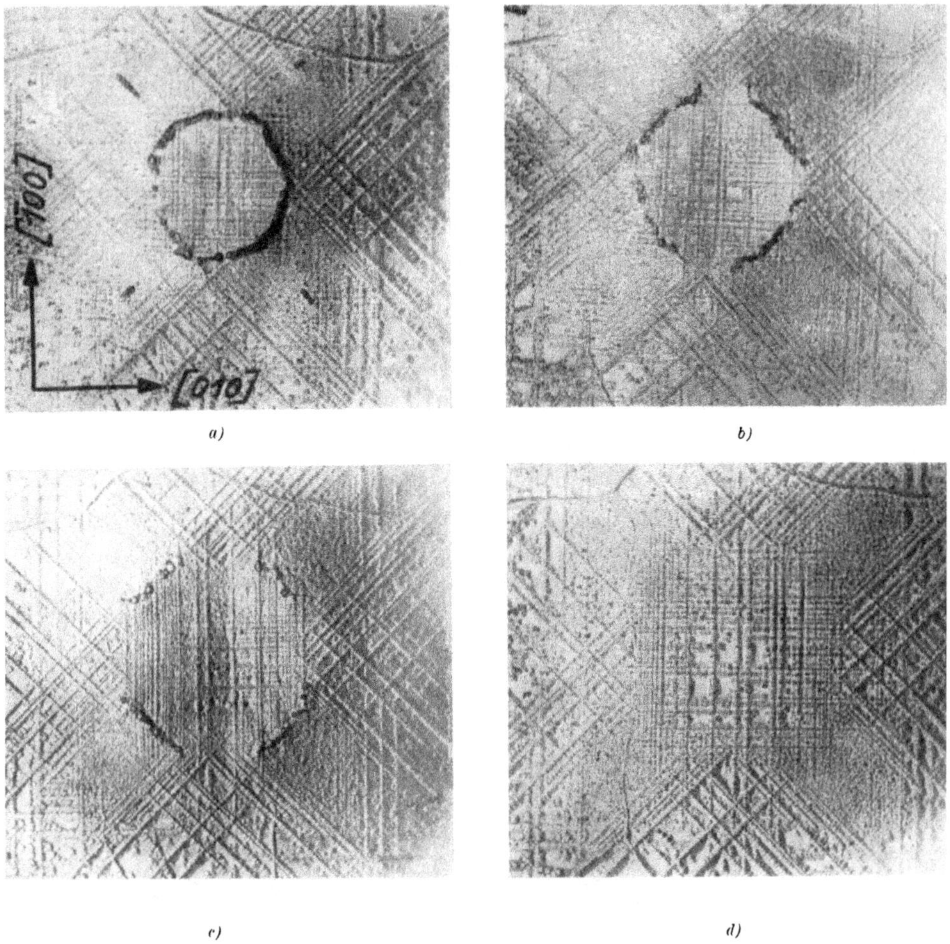

Abb. 30. Übergang von der kreisförmigen Rißfigur in die quadratische Form in größerer Tiefe

a) 50 min abgetragen, geätzt; *c)* 65 min abgetragen, geätzt;
b) 55 min abgetragen, geätzt; *d)* 75 min abgetragen, geätzt;
Bedingungen wie bei Abb. 29, jedoch *Fallhöhe:* 15 cm; *Vergr.:* 64

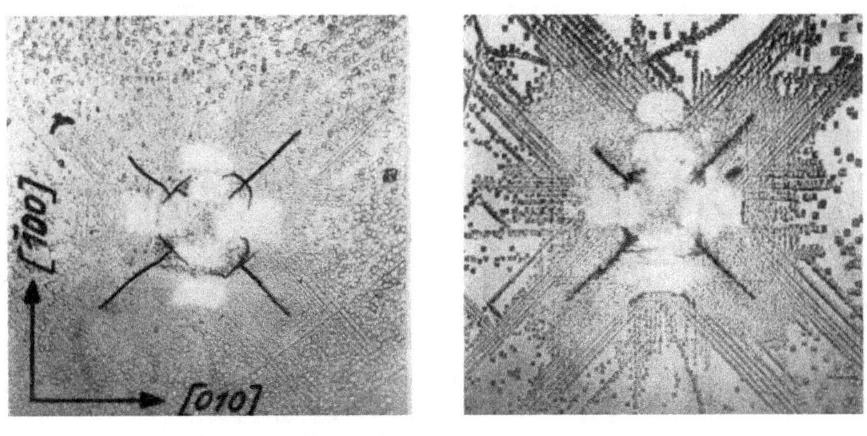

31a) *31b)*

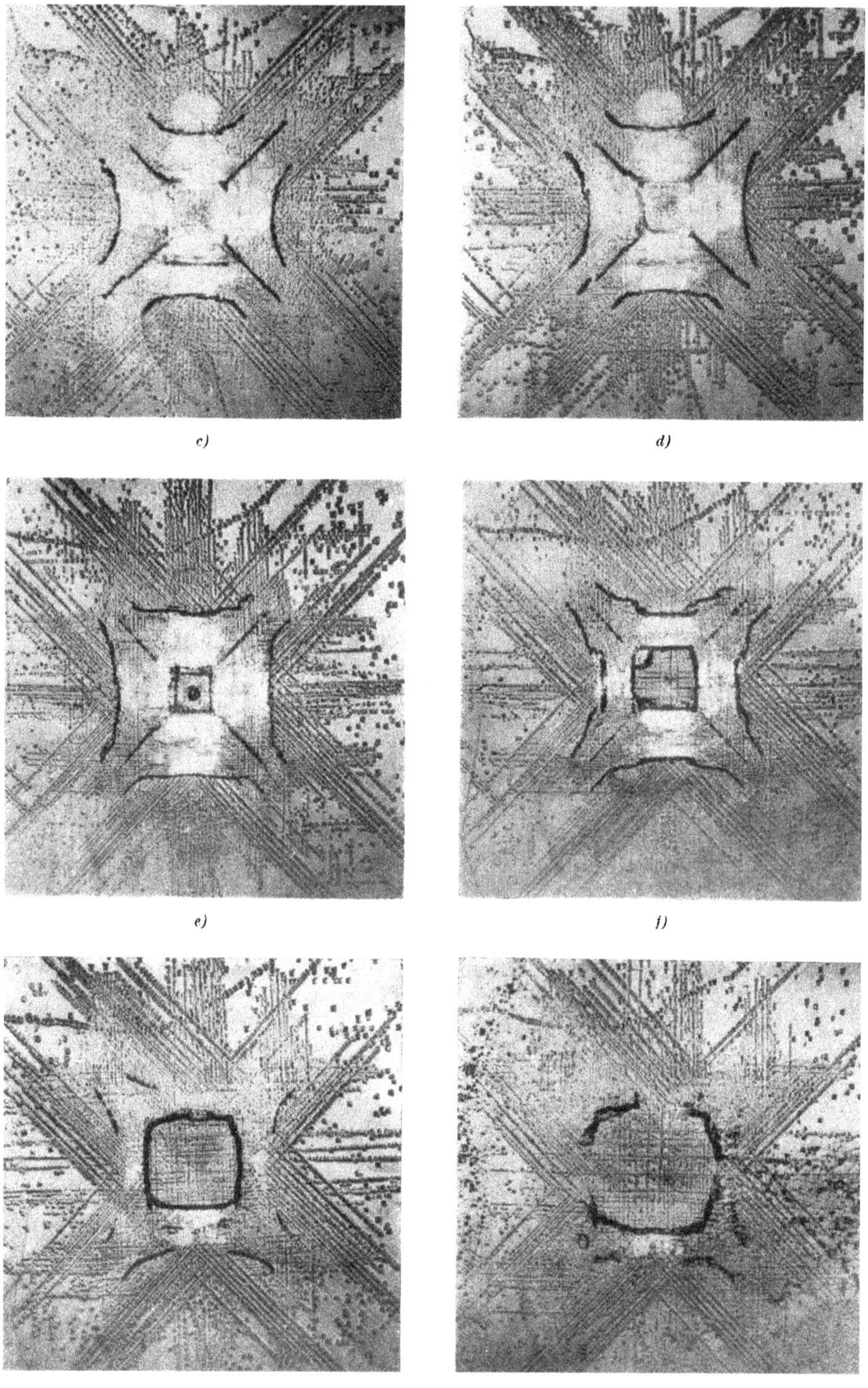

Abb. 31. Verschiedene Typen von Rissen

a) Oberfläche, geätzt;
b) 5 min abgetragen, geätzt;
c) 10 min abgetragen, geätzt;
d) 13 min abgetragen, geätzt;
e) 26 min abgetragen, geätzt;
f) 33 min abgetragen, geätzt;
g) 43 min abgetragen, geätzt;
h) 53 min abgetragen, geätzt;

Mechanische Bedingungen wie bei Abb. 30; *Vergr.*: 64 ×

Bei Erhöhung der kinetischen Energie der Kugeln wird ein weiterer Typ von Rissen beobachtet, die erst unterhalb der bearbeiteten Oberfläche ihren Ursprung haben und ins Kristallinnere verlaufen (Abb. 31 mit folgenden Stadien). Sie sind z.T. gekrümmt und prinzipiell aufgebaut aus einer Kombination von parallel [100] und [110] verlaufenden Rissen. Die starke Krümmung dürfte durch das unterschiedliche Gleitvermögen in den verschiedenen Richtungen verursacht werden, das in [110] am stärksten und [100] am geringsten ist.

Die beobachteten Deformations- und Rißstrukturen in der Oberfläche und ihre räumliche Verteilung im Kristall als Funktion der kinetischen Energie lassen sich schematisch durch die in Abb. 32 und 33 dargestellten Figuren beschreiben. Die schwach ausgezogenen Linien der Abb. 32 symbolisieren die Gleitlinien, die stark gezeichneten Linien die Risse. In Abb. 33 sind die drei Grundtypen von Rissen in ihrer Orientierung zum Spaltwürfel dargestellt. Bei größeren Energien treten die drei Grundtypen gemeinsam auf.

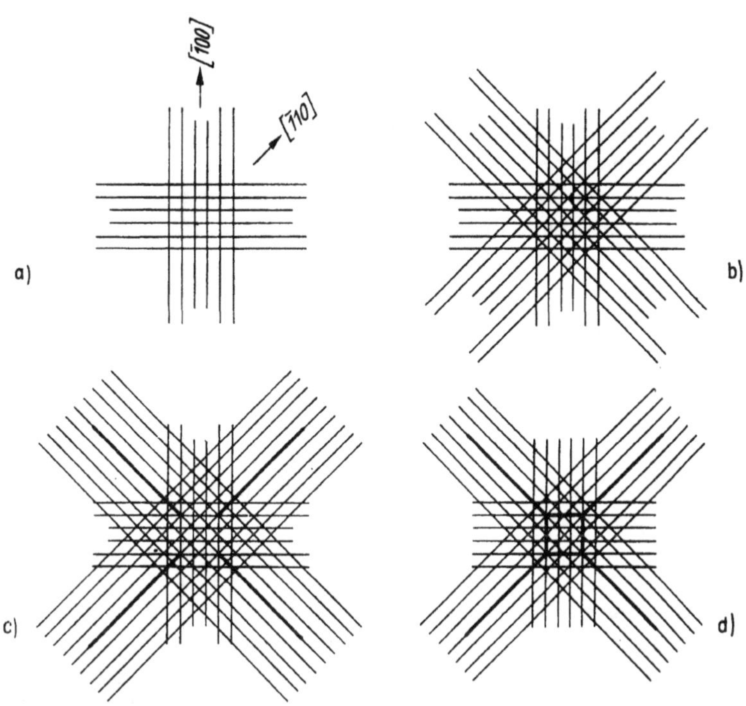

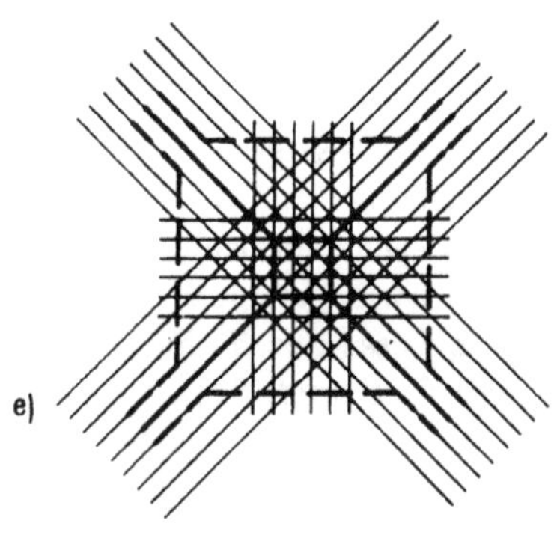

Abb. 32. Schematische Darstellung der Gleit- und Rißstrukturen auf der (001)-Oberfläche bei der Stoßbearbeitung. Die verschiedenen Stadien treten mit zunehmender kinetischer Energie auf

a) Schraubengleitbänder;
b) Schrauben- und Stufengleitbänder;
c) Plastische Deformation und Risse nach [110];
d) Plastische Deformation und Risse nach [110] und [100];
e) Plastische Deformation und gekrümmte Rißlinien, die sich auf eine Kombination aus [100]- und [110]-Rissen zurückführen lassen und nicht bis zur Oberfläche durchstoßen

Es kann heute als gesichert angenommen werden, daß sich der Usrprung eines Risses und seine Ausbreitung auf die Bewegung von Versetzungen im Kristall zurückführen lassen [48, 49].

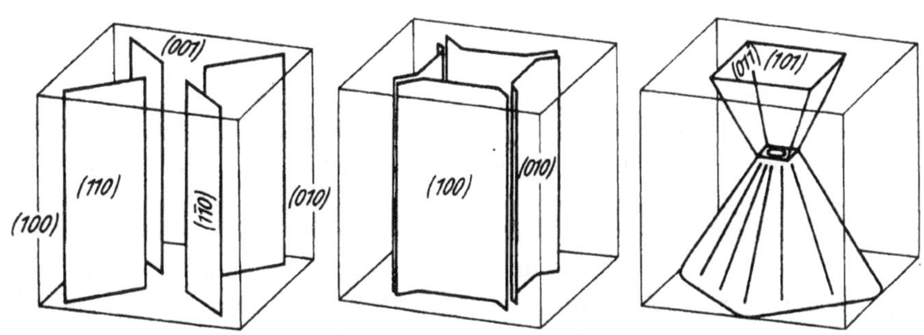

Abb. 33. Schematische Darstellung der räumlichen Verteilung der Rißstrukturen und ihre Zuordnung zum Spaltwürfe

Durch das Vorhandensein einer äußeren Schubspannung kann eine große Zahl von Versetzungen gegen eine Barriere, z. B. gegen eine zweite Versetzungsgruppe eines anderen Gleitbandes auflaufen, so daß die Dichte der Versetzung stark anwächst. Bei genügend hoher Versetzungsdichte erreicht die Normalspannung Werte, die zur Überwindung des Zusammenhaltes im Gitter führen, wodurch es aufreißt. Die dabei freiwerdende Energie des Spannungsfeldes der Versetzungen tritt als Oberflächenenergie des Risses wieder in Erscheinung.

Für die Erklärung der beobachteten Rißstrukturen nach [110] und [100] muß man die Spannungskonzentrationen verantwortlich machen, die durch Blockierung von Versetzungen in Gebieten auftreten, die so stark heterogen deformiert und verfestigt sind („work hardening"), daß die Versetzungsbewegung in den Gleitsystemen praktisch nicht mehr möglich ist.

Für die Deutung der in (110)-Ebenen beobachteten Risse ist der Mechanismus einer Versetzungsreaktion anwendbar, wie er von Keh et al. [50] für MgO entwickelt und von Washburn et al. [51] elektronenmikroskopisch beobachtet wurde. Die aus den Gleitebenen (011) und (101) zusammentreffenden Versetzungen mit den Gleitvektoren $\mathfrak{a}/2\ [0\bar{1}1]$ reagieren miteinander (Abb. 34) unter Abgabe der Hälfte der elastischen Energie und bilden eine neue Versetzung mit dem Burgersvektor $\mathfrak{a}/2\ [1\bar{1}0]$:

$$\mathfrak{a}/2\ [0\bar{1}1] + \mathfrak{a}/2\ [10\bar{1}] = \mathfrak{a}/2\ [1\bar{1}0].$$

Die resultierende Versetzungslinie liegt in der (112)-Ebene und ist infolge der größeren Peierls-Nabarro-Spannung gegenüber derjenigen in der (110)-Ebene unbeweglich. Daher laufen die in den sich schneidenden Gleitebenen (011) und (101) erzeugten Versetzungen gegen diese unbewegliche Versetzung auf und erzeugen einen Riß in der $(1\bar{1}0)$-Ebene. Rißbildungen dieser Art sind in NaCl-Strukturen sehr häufig und werden bei den hier beschriebenen Versuchen bereits bei kleinen Stoßenergien beobachtet. Die bei der Versetzungsreaktion freiwerdende elastische Energie macht diesen Mechanismus sehr wahrscheinlich. Auch bei der Erzeugung von Druck- und Schlagspuren auf der Würfelfläche von NaCl-Kristallen werden Risse entsprechend den Richtungen der zur Würfelfläche senkrecht verlaufenden Dodekaederflächen beobachtet.

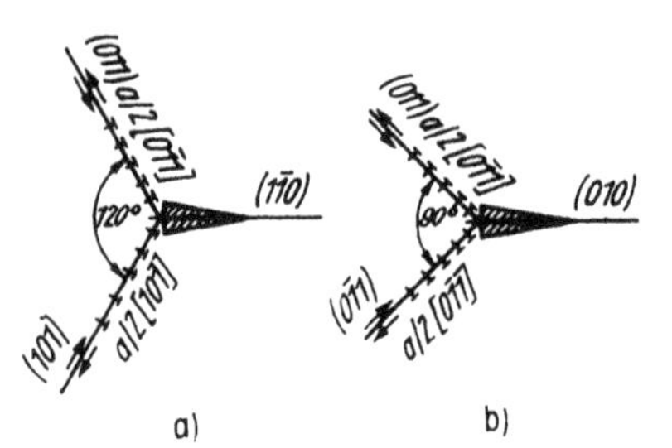

Abb. 34. Zwei Gruppen von aufgelaufenen Versetzungen in (110)-Ebenen bilden einen Riß in der $(1\bar{1}0)$-Ebene (*a*) und in der (010)-Ebene (*b*)

(*a*) Modell einer Versetzungsreaktion nach KEH et al. [50]; (*b*) Modell einer Versetzungsreaktion nach COTTRELL [52]

Schwieriger sind die in der Spaltebene (100) verlaufenden Risse durch eine Versetzungsreaktion zu deuten. Der von Cottrell [52] angegebene Mechanismus läßt sich durch folgende Vektor-Gleichung beschreiben:

$$\mathfrak{a}/2\ [0\bar{1}1] + \mathfrak{a}/2\ [0\bar{1}\bar{1}] = \mathfrak{a}\ [0\bar{1}0],$$

d. h. zwei Gruppen von aufgelaufenen Versetzungen in den (011)- und $(0\bar{1}1)$-Ebenen mit den Burgersvektoren $\mathfrak{a}/2\ [0\bar{1}1]$ und $\mathfrak{a}/2\ [0\bar{1}\bar{1}]$ bilden einen Riß in der (010)-Ebene (Abb. 34*b*).

Der von Cottrell für kubisch basiszentrierte Strukturen entwickelte Mechanismus ist jedoch im NaCl-Gitter nicht mit einem Wechsel der elastischen Energie verbunden und daher weniger wahrscheinlich als die zuerst beschriebene Reaktion. In Übereinstimmung damit sind die experimentellen Beobachtungen, wonach Rißbildungen nach (110) dominieren.

Für die Deutung der sich in den Würfelebenen ausbreitenden Risse muß auch ein anderer Mechanismus berücksichtigt werden, der sich aus der veränderten Lage der Ionen bei der plastischen Deformation ergibt. In Bereichen hoher Druckspannung können die Gitterbausteine derart verschoben werden, daß sich gleichsinnig geladene Ionen gegenüberstehen und somit das Gitter von innen heraus sprengen. Diese Sprengwirkung ist beim NaCl für die Würfelfläche stärker als für (110). Für diesen Mechanismus würde die Beobachtung sprechen, daß Rißbildungen nach (100) im allgemeinen erst bei höheren Stoßenergien auftreten und nicht in der

Oberfläche beobachtet werden, sondern auf die tieferen Bezirke beschränkt bleiben. Möglicherweise verhindert die hohe Versetzungsdichte in der Kristalloberfläche und die damit verbundene Verfestigung die Fortpflanzung bis zur Oberfläche.

WIEDERHORN [53] hat auf Grund von Untersuchungen über die Spannungsdoppelbrechung in LiF-Kristallen beim Eindrücken von scharfkantigen Versuchskörpern die Entstehung von Rissen und Brüchen in (110)- und (100)-Ebenen diskutiert. Danach entstehen Brüche nach (110) grundsätzlich parallel den beobachteten Spannungsdoppelbrechungsbändern, wobei die damit verbundenen elastischen Spannungen die Rißfortpflanzung behindern oder fördern können, je nachdem, ob es sich um Druck- oder Zugspannungen handelt. Der von KEH vorgeschlagene Mechanismus, daß Risse nach (110) durch aufgestaute Versetzungen zustandekommen, würde unter diesem Gesichtspunkt nicht völlig verständlich sein. Beim gleichzeitigen Auftreten von Rissen in verschiedenen Ebenen muß man mit einer gegenseitigen Beeinflussung der Spannungsfelder rechnen, die sich abstoßen oder anziehen können. Über diese Elementarprozesse, insbesondere über den zeitlichen Verlauf der Entstehung örtlich verschiedener Druck- und Zugspannungen im Kristallinnern, ist bisher zu wenig bekannt, um die wirklichen Ursachen des Rißverlaufs in verschiedenen Ebenen vollständig zu verstehen.

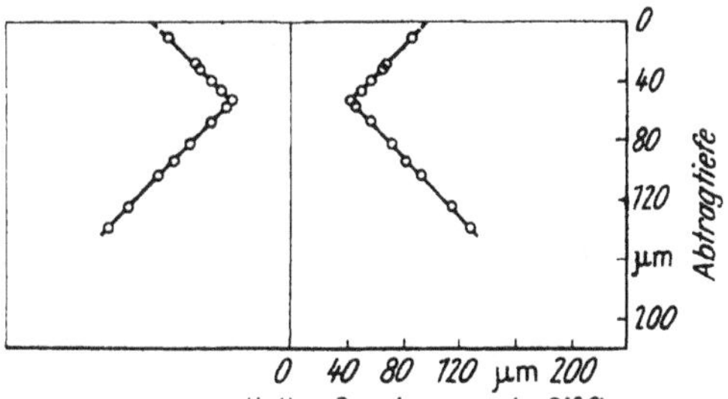

Abb. 35. Räumlicher Verlauf der Rißfigur, konstruiert aus Abtragungsversuchen

Eine quantitative Beziehung zwischen den beobachteten Rißstrukturen und der Stoßenergie läßt sich nur schwer angeben, da trotz strenger Einhaltung äußerlich gleichartiger kinetischer Stoßbedingungen die beobachteten Verformungserscheinungen in weiten Grenzen schwanken. Geringe Restspannungen im Kristall, Verunreinigungen oder andere Inhomogenitäten dürften dafür verantwortlich sein. Daher wurden die einzelnen Abtragungsversuche systematisch ausgewertet und die Rißfiguren für die verschiedenen Stoßbedingungen graphisch aufgetragen. Das Ergebnis einer Auswertung ist in Abb. 35 zusammengestellt. Das Diagramm stellt einen Schnitt senkrecht zur Bearbeitungsfläche dar und entspricht dem in Abb. 33 dargestellten Rißtyp. Die Auswertung einer großen Zahl von Versuchen bei verschiedenen Energien hat ergeben, daß der

Tabelle 1

Zusammenhang zwischen dem Kontaktdurchmesser und dem Abstand des kleinsten Durchmessers der Rißfigur von der Oberfläche

Einschlag Nr.	Kristall	Durchmesser (µm)	Tiefe (µm)
1	A	214	73
2	A	242	55
3	A	229	73
4	A	229	48
5	A	214	55
6	B	243	47
7	B	229	55
8	B	243	58
9	B	237	55
10	B	243	55
		Mittelwert: 232	Mittelwert: 57

Abstand des kleinsten Durchmessers der Rißfigur von der Kristalloberfläche im Zusammenhang mit dem Kontaktradius der Kugel steht.

In der Tab. 1 sind einige Ergebnisse zusammengestellt. Daraus ergibt sich, daß der Kontaktdurchmesser etwa viermal so groß ist wie die Entfernung der Einschnürung von der ursprünglichen Kristalloberfläche. Dabei muß betont werden, daß die Angabe eines Kontaktdurchmessers mit Unsicherheiten behaftet ist, weil er sich mikroskopisch schwierig ausmessen läßt.

Aus der Hertzschen Stoßtheorie [30, 31] folgt, daß das Maximum der Schubspannung beim Stoß einer Kugel gegen einen Kristall in einer Tiefe von $r/2$ unterhalb des Trefferortes auftritt, wobei r den Kontaktradius bedeutet. Berechnet man den Radius nach der Formel

$$r = \left[\left\{\frac{5}{4}\pi^2 \varrho (k_1 + k_2)\right\}^{1/5}\right] v^{2/5} R; \qquad k_i = \frac{1 - \nu_i^2}{\pi \cdot E_i},$$

wobei ϱ die Dichte der Kugel, ν die Poissonsche Zahl, E den Elastizitätsmodul, v die Geschwindigkeit der Kugel und R den Radius der Kugel bedeuten, so gelangt man bei 15 cm Fallhöhe ($v = 171$ cm/s unter Berücksichtigung folgender Werte für $\varrho = 7{,}7$ g/cm^3, $\nu_1 = 0{,}2072$, $\nu_2 = 0{,}30$ $E_1 = 4{,}40 \cdot 10^{11}$ dyn/cm^2, $E_2 = 2{,}13 \cdot 10^{12}$ dyn/cm^2 und $R = 0{,}125$ cm) zu einem Wert $r = 93{,}9$ µm; $r/2$ ist also ≈ 47 µm.

Dieser Wert stimmt erträglich mit dem experimentell bestimmten Radius überein, wenn man berücksichtigt, daß die Stoßübertragung nicht rein elastisch erfolgt. Auch wenn man die Temperaturabhängigkeit des Elastizitätsmoduls [130] mit in Betracht zieht, ergibt sich nur eine unwesentliche Veränderung. Es wird daher angenommen, daß die Einschnürung der räumlichen Rißfigur in einem bestimmten Abstand von der Oberfläche auf das in dieser Tiefe auftretende Schubspannungsmaximum zurückzuführen ist.

Bei der Untersuchung der plastischen Deformationen in MgO-Kristallen bei Beanspruchung durch eine rollende Kugel wurden ebenfalls hohe Versetzungsdichten, verursacht durch Schnitt zweier Gleitebenen, in einer Tiefe gemessen, in der das Maximum der nach der Hertzschen Stoßtheorie berechneten Schubspannung auftritt [54].

3.3.1.2. Untersuchungen der Stoß- und Druckbeanspruchung bei höheren Temperaturen

Im Gegensatz zu den Stoßversuchen nimmt bei statischen Belastungsversuchen das Verformungsvolumen stark mit der Temperatur zu. Unter normalen Temperaturbedingungen werden der Stoßbearbeitung analoge Verformungsstrukturen beobachtet. Bei Erhöhung der Kristalltemperatur dominieren die Schraubengleitbänder (Abb. 36), deren Länge mit steigender Temperatur bis etwa 160 °C kontinuierlich zunimmt, während sich die Stufengleitbänder nicht vergrößern. Dieser Zusammenhang ist in Abb. 37 dargestellt, in der die Gesamtlänge der Stufen- und Schraubengleitbänder nach Auswertung verschiedener Rosetten als Funktion der Temperatur aufgetragen wurde. Eine weitgehende Unabhängigkeit der Länge von Stufengleitbändern von der Temperatur wurde auch von Keh [59] beim MgO beobachtet. In Richtung höherer Temperaturen lassen sich die Rosetten nicht mehr ausmessen, da sie kompliziertere Formen annehmen. Die Schraubengleitbänder sind infolge der Quergleitungsprozesse z. T. stark verbreitert. Parallel dazu treten von etwa 120 °C an einzelne Schraubengleitbänder auf, die nicht vom Zentrum der Eindruckfigur ausgehen, und die sich bei erhöhten Temperaturen zu einem geschlossenenen Rechteck formieren, das den Kontaktbereich umschließt (in Abb. 38 durch Pfeile markiert). Die Gleitbänder sind im Gegensatz zu den durch das Zentrum verlaufenden nicht verbreitert.

Bei weiterer Temperaturerhöhung vergrößert sich die Zahl der Gleitbänder, die sich gleichzeitig verbreitern und schwach gekrümmt sind. Diese Krümmung nimmt mit steigender Temperatur zu, wobei sich die zunächst getrennten Gleitbänder überschneiden (Abb. 39), bis sie

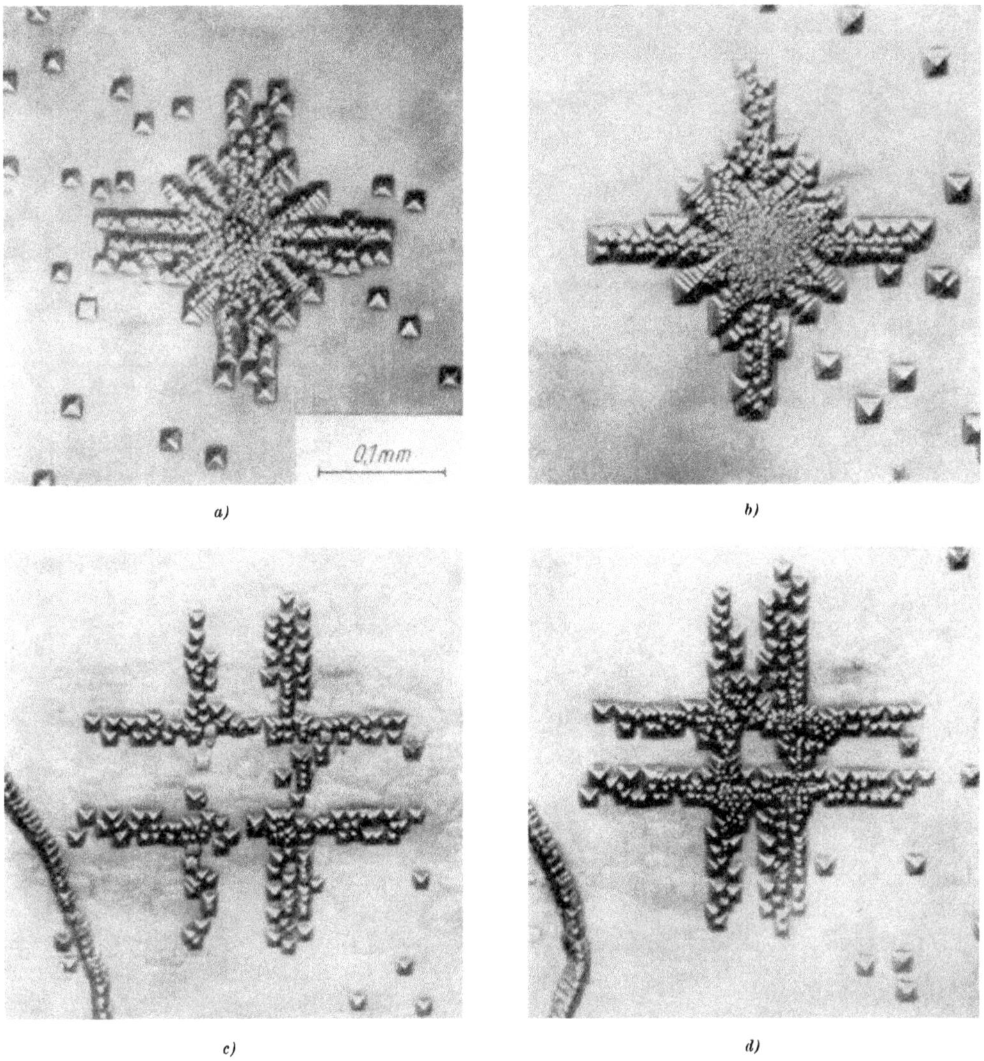

Abb. 36. Verformungszone in NaCl nach Belastung einer (001)-Fläche mit einer Kugel

Bedingungen: *Temperatur:* 60 °C; *Kugeldurchmesser:* 0,8 mm; *Belastung:* 4,66 g

a) Oberfläche, geätzt; *b)* 23 μm abgetragen, geätzt; *c)* 68 μm abgetragen, geätzt; *d)* 90 μm abgetragen, geätzt

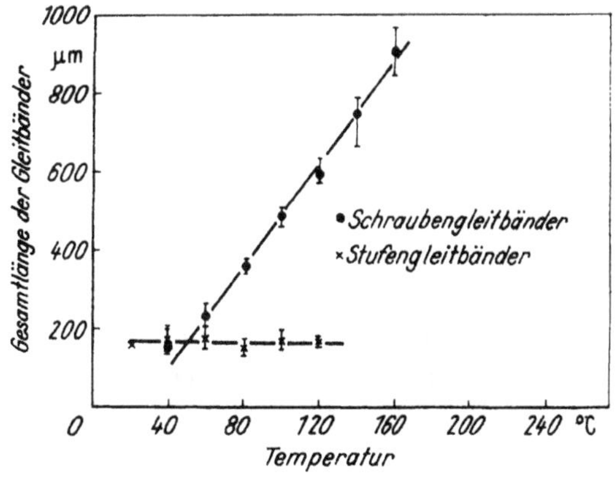

Abb. 37. Verlauf von Stufen- und Schraubengleitbändern in Abhängigkeit von der Temperatur nach Belastung von (001)-NaCl-Oberflächen mit einer 0,8-mm-Stahlkugel

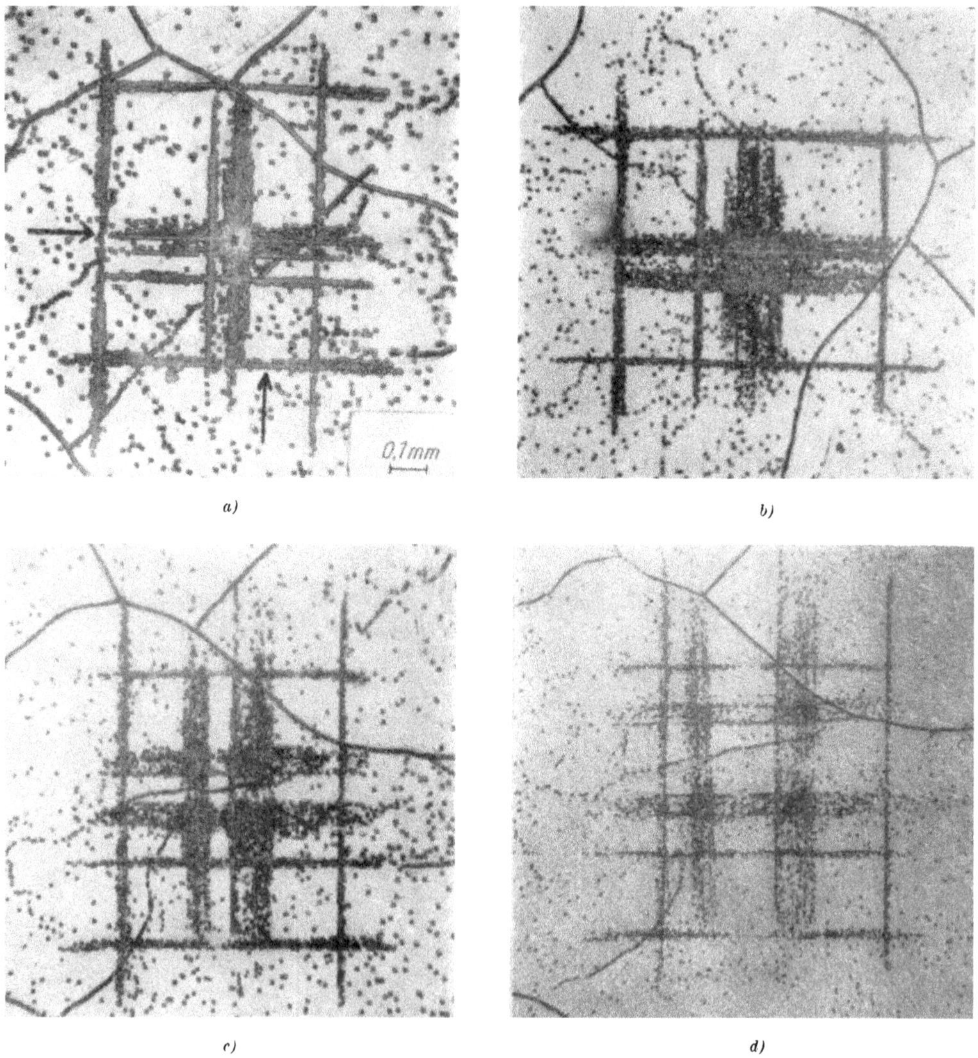

Abb. 38. Verschiedene Abtragungsstadien der plastisch verformten Zone in NaCl

Bedingungen: *Temperatur:* 200 °C; *Kugeldurchmesser:* 0,8 mm; *Belastung:* 4,66 g

a) Oberfläche, geätzt; *c*) 135 μm abgetragen, geätzt;
b) 68 μm abgetragen, geätzt; *d*) 225 μm abgetragen, geätzt

schließlich bei 270 °C vollständig zusammenwachsen (Abb. 40), so daß nur noch die an der Peripherie liegenden Bänder aufgelöst werden können. Schließlich ist bei 300 °C der Kontaktbereich und seine Umgebung aus konzentrischen Gleitlinien aufgebaut (Abb. 41). Parallel zu den im Kontaktbereich beobachteten Gleitprozessen treten ab 270 °C (Abb. 40) in der Umgebung scharfe und sich kreuzende Stufengleitbänder auf, die auf der Oberfläche in [110]-Richtungen und im Innern auf (110)-Ebenen verlaufen. Ihre Zahl nimmt mit steigender Temperatur zu und schließlich werden an jeder der vier Seiten des inneren Störbereiches in [100]-Richtungen sich kreuzende Stufengleitbänder beobachtet (Abb. 41). Schematisch sind die bei punktförmiger Belastung auftretenden Änderungen der Deformationsstrukturen an der Oberfläche mit steigender Bearbeitungstemperatur in Abb. 42 zusammengestellt. Darin ist die Vergrößerung des Störbereichs mit steigender Temperatur nur angedeutet, da der Durchmesser der Deformationsfiguren in Wirklichkeit bei 300 °C etwa den 30fachen Wert der bei —150 °C bearbeiteten Proben besitzt.

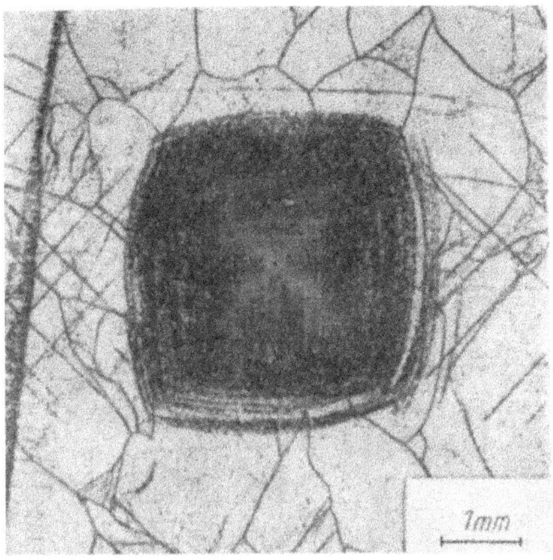

Abb. 39. Versetzungsstruktur auf einer (001)-NaCl-Oberfläche durch Belastung mit einer Kugel

Bedingungen: *Temperatur:* 250 °C; *Kugeldurchmesser:* 0,8 mm; *Belastung:* 4,66 g

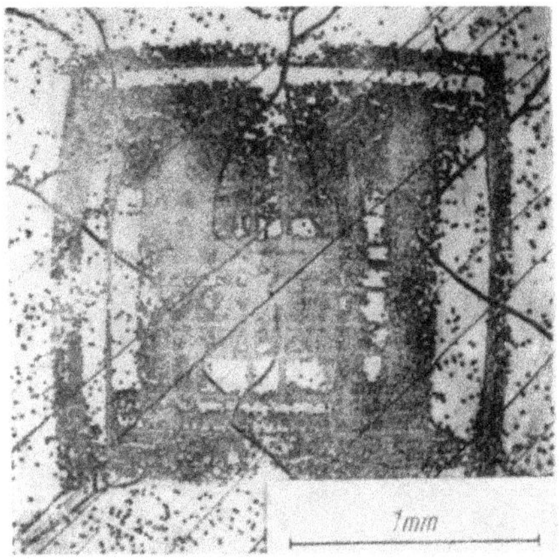

Abb. 40. Störbereich in der Kontaktzone auf einer (001)-NaCl-Oberfläche durch Belastung mit einer Kugel

Bedingungen: *Temperatur:* 270 °C; *Kugeldurchmesser:* 0,8 mm; *Belastung:* 4,66 g

Durch sukzessives Abtragen und Ätzen der deformierten Kristallbereiche läßt sich die räumliche Anordnung der durch die Beanspruchung erzeugten Versetzungen bestimmen. Bei tiefen Temperaturen treten Versetzungsanordnungen auf, die weitgehend mit den bei Stoßversuchen beobachteten übereinstimmen. Die Stufengleitbänder liegen sehr flach, und in größerer Entfernung von der Oberfläche entsteht unterhalb des Eindruckortes ein versetzungsfreier Bereich, der in bestimmter Tiefe ausschließlich durch Schraubengleitbänder begrenzt wird. Die bei Temperaturen von 60° bis 120 °C dominierenden Schraubengleitbänder bestimmen nicht nur das Oberflächenbild, sondern setzen sich auch in der Tiefe fort (Abb. 36*a* bis *d*). Aus den Abtragungsversuchen wird deutlich, daß die Deformationsfiguren durch Schnitt sich kreuzender Gleitebenen unterhalb der Oberfläche zustande kommen (zunächst Verringerung des Abstandes zwischen den Gleitbändern und dann Vergrößerung). Die Schraubengleitbänder verbreitern sich mit steigender Tiefe und Temperatur.

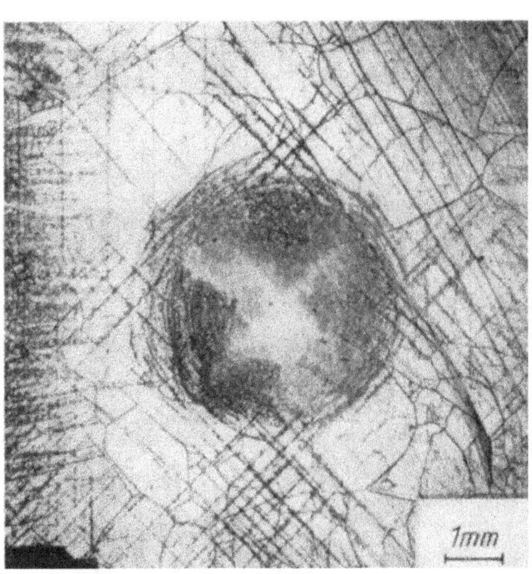

Abb. 41. Störbereich auf einer (001)-NaCl-Oberfläche durch Belastung mit einer Kugel

Bedingungen: *Temperatur:* 300 °C; *Kugeldurchmesser:* 0,8 mm; *Belastung:* 4,66 g

Die bei Temperaturen oberhalb 120 °C auftretenden Schraubengleitbänder, die nicht vom Deformationszentrum ausgehen (Abb. 38*a* bis *d*), schneiden die Oberfläche ebenfalls unter 45°. In diesem Fall liegen die an der Oberfläche parallel zu [100] bzw. [010] verlaufenden Gleitbänder auch im Kristallinnern jeweils auf parallelen Ebenen, so daß der Abstand paralleler Gleitbänder untereinander gleich bleibt und sich nur der Abstand des Bearbeitungszentrums zu den umschließenden Gleitbändern ändert. Dadurch wird zunächst Gleitung auf (100)-Ebenen vorgetäuscht. Bei höheren Temperaturen, insbesondere ab 250 °C, läßt sich der Verlauf einzelner Gleitlinien infolge der hohen Versetzungsdichte nicht mehr verfolgen, jedoch entsteht auch im Zentrum der Verformungsfigur ein versetzungsfreier Bereich. Der Verlauf der Störungen im Kristallinnern läßt sich bei den bei höherer Temperatur bearbeiteten Kristallen nur noch durch Spalten der Kristalle

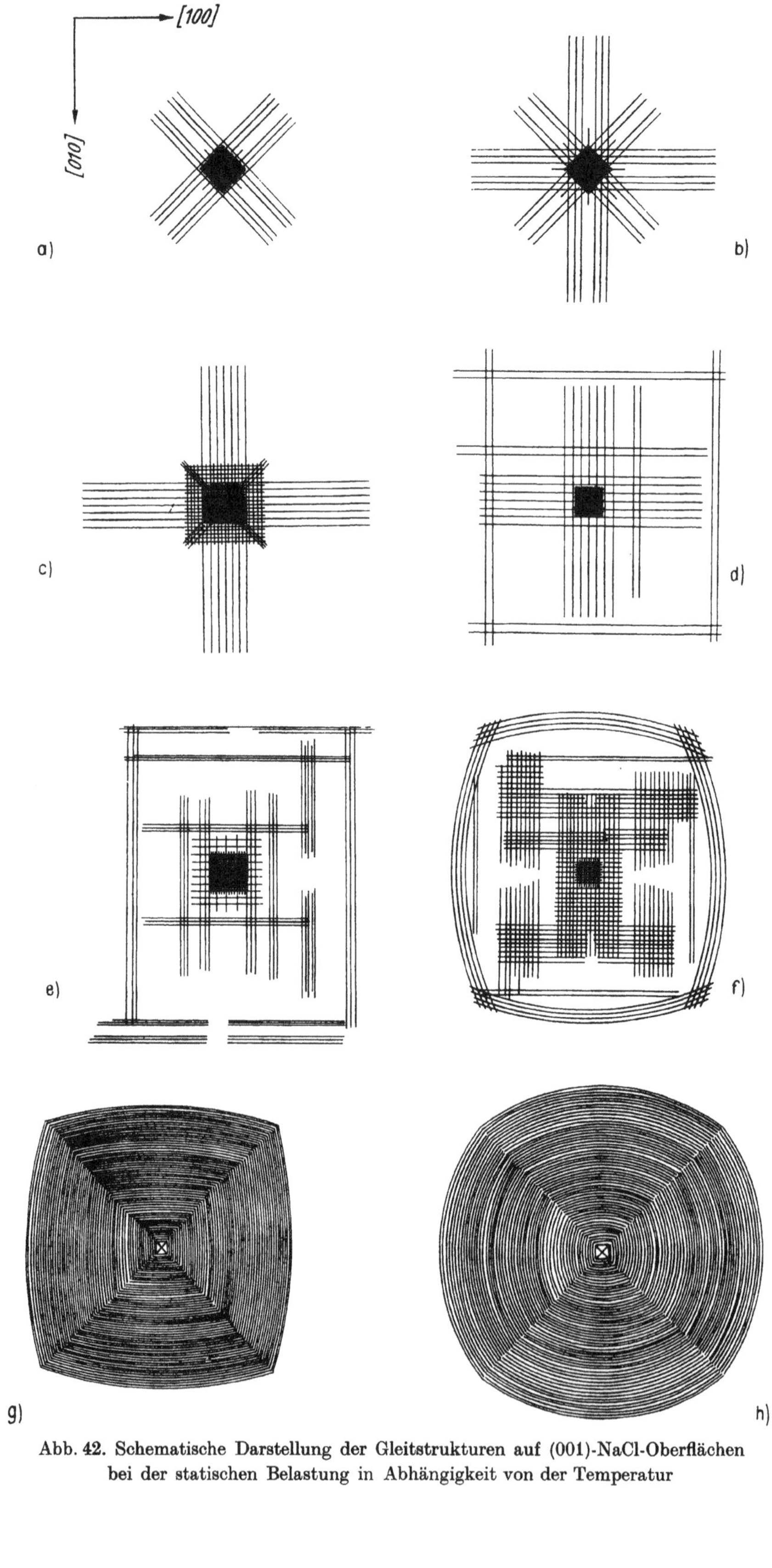

Abb. 42. Schematische Darstellung der Gleitstrukturen auf (001)-NaCl-Oberflächen bei der statischen Belastung in Abhängigkeit von der Temperatur

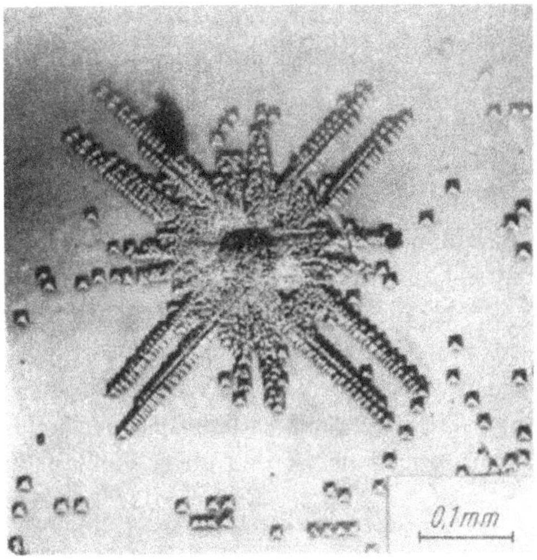

Abb. 43. Rosette auf (001)-NaCl nach Belastung mit einer Kugel

Bedingungen: *Temperatur:* 20°C; *Kugeldurchmesser:* 0,8 mm; *Belastung:* 41,7 g

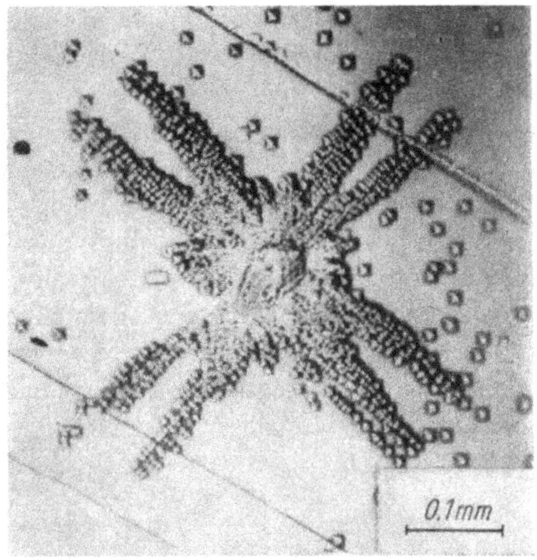

Abb. 44. Rosette auf (001)-NaCl durch Stoß mit einer Kugel

Bedingungen: *Temperatur:* 20°C; *Kugeldurchmesser:* 0,8 mm; *Geschwindigkeit:* 100 cm/sec

senkrecht zur Bearbeitungsfläche bestimmen, da bei Verwendung der Polierlösung infolge der großen Abtragungstiefe die Welligkeit zu groß wird. In größerer Tiefe ist die Versetzungsdichte stark zurückgegangen, und die Ätzgrübchen sind im Zentrum wieder weitgehend auf Gleitlinien angeordnet.

Zur Untersuchung der unterschiedlichen Bearbeitungsstrukturen bei Druck- und Stoßbeanspruchung wurden bei Raumtemperatur Bearbeitungsbedingungen gewählt, die hinsichtlich der Größe und Form der Deformationszone zu vergleichbaren Kontaktflächen führen (Abb. 43 und 44). Nach der HERTZschen Stoßtheorie entspricht der Wirkung einer 0,8 mm-Stahlkugel bei einer Fallhöhe von 5 cm im statischen Fall eine mit 41,7 g belastete Kugel des gleichen Durchmessers.

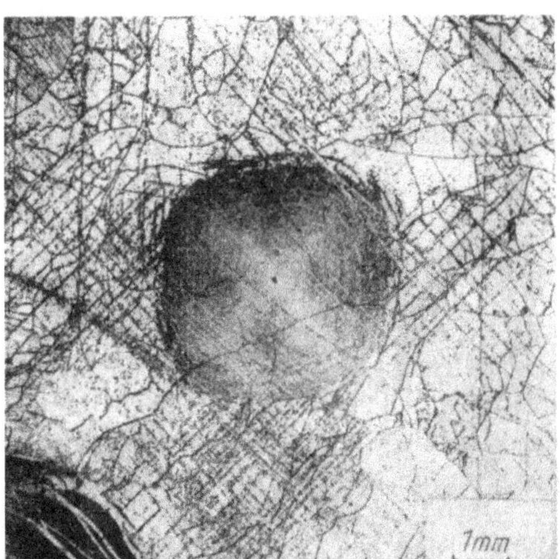

Abb. 45. Störbereich auf (001)-NaCl nach Belastung mit einer Kugel

Bedingungen: *Temperatur:* 300°C; *Kugeldurchmesser:* 0,8 mm; *Belastung:* 41,7 g

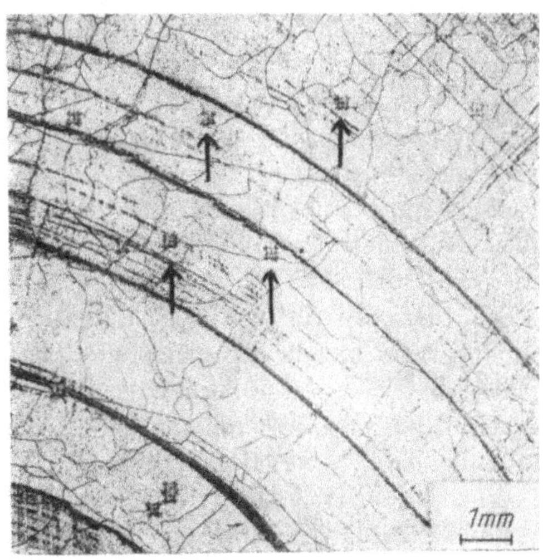

Abb. 46. Winzige Rosetten bei der Stoßbeanspruchung einer (001)-NaCl-Oberfläche

Bedingungen: *Temperatur:* 300°C; *Kugeldurchmesser:* 0,8 mm; *Geschwindigkeit:* 100 cm/sec

Wird die gleiche Bearbeitung bei etwa 300 °C vorgenommen, so unterscheiden sich beide Deformationsstrukturen wesentlich in ihrer Größe und Form (Abb. 45 und 46). Während die durch Eindruckbelastung erzeugte Deformationsfigur etwa 20mal größer ist als die bei Zimmertemperatur erzeugte und eine stark veränderte Form aufweist, haben sich Form und Größe der durch Stoßbearbeitung erzeugten Deformationsfigur nur unwesentlich verändert.

Durch eine geeignete Versuchsanordnung [35] konnte der Einfluß der Bearbeitungsgeschwindigkeit quantitativ auf die Größe der Verformungszone in der Oberfläche untersucht werden. Bei Kontaktzeiten zwischen 10^{-3} und 10 sec wird der in Abb. 47 dargestellte Verlauf beobachtet.

Die Auswertung der statischen Belastungsversuche im untersuchten Temperaturintervall zeigt das bevorzugte Auftreten von diagonal angeordneten Gleitbändern im Kontaktbereich und in unmittelbarer Umgebung bei mittleren Temperaturen. Sie sind aus parallelen Reihen von Stufenversetzungen aufgebaut (Stufengleitbänder) und liegen hauptsächlich in oberflächennahen Bezirken. Die tiefergelegenen Bereiche der Verformungszone werden ausschließlich von

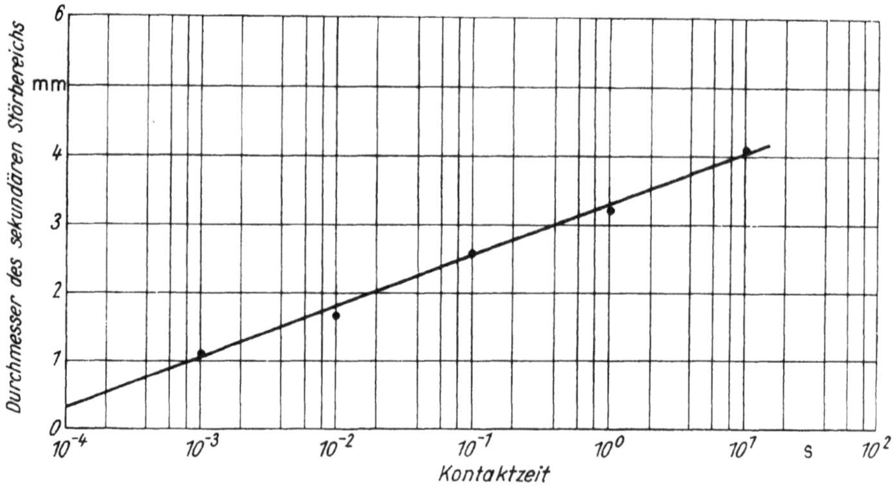

Abb. 47. Abhängigkeit des Durchmessers des sekundären Störbereichs von der Kontaktzeit

Schraubengleitbändern aufgebaut. Sie ordnen sich auf bearbeiteten (001)-Oberflächen in Linien an, die parallel den Würfelkanten verlaufen. Mit steigender Temperatur nimmt ihre Bedeutung zu. Somit konnten unter den gegebenen Bearbeitungsbedingungen nur (110)-[110]-Gleitprozesse beobachtet werden (primäres Gleitsystem).

Das Zustandekommen der Rosettenstruktur bei Raumtemperatur ist auf die größere Beweglichkeit der Stufenversetzungen zurückzuführen, die bei gleicher Scherbeanspruchung größer ist als die der Schraubenversetzungen [46]. Da die Versetzungsgeschwindigkeit auch eine Funktion der wirkenden Kraft sowie der Realstruktur ist [55, 46], kann es infolge der besonderen Spannungsverteilung in der Umgebung des Kontaktbereiches bei Änderung der Temperatur zu einer schnelleren Vergrößerung der Schraubengleitbänder gegenüber den Stufengleitbändern kommen. In [41] wurde bereits nachgewiesen, daß im Falle einer punktförmigen Belastung die Betätigung der die Oberfläche unter einem Winkel von 45° schneidenden Gleitebenen gegenüber den senkrecht zur Oberfläche verlaufenden bevorzugt ist, da bei ihnen eine größere Kraftkomponente in Richtung des Burgersvektors wirksam ist. Somit läßt sich die dominierende Rolle der Schraubengleitbänder bei höheren Temperaturen verstehen, weil unter diesen Bedingungen die gegenseitige Behinderung bewegter Versetzungen, die bei tiefen Temperaturen zur Bildung eines dichten Versetzungsnetzwerkes führt, bei höheren Temperaturen infolge der größeren Geschwindigkeit der Versetzungen abnimmt.

Das Auftreten von zusätzlichen Schraubengleitbändern oberhalb 120 °C und Stufengleitbändern oberhalb 300 °C, die außerhalb des Kontaktbereiches entstehen, wird durch die Wirkung unterschiedlicher Tangential- und Normalspannungen in verschiedenen Temperaturintervallen in der Umgebung des Eindruckortes gedeutet. Sie sind sehr schmal und nicht wie die im Bereich des Bearbeitungszentrums entstandenen Gleitbänder verbreitert (Abb. 38*a* bis *d* und Abb. 40). Die Verbreiterung der inneren Schraubengleitbänder wird auf Quergleitungsprozesse zurückgeführt, die von JOHNSTON et al. [45, 46] und MENDELSON [56, 57] in Alkalihalogeniden experimentell und von LI et al. [58] theoretisch untersucht wurden. Danach führen Quergleitungsprozesse zur Versetzungsmultiplikation und zur Verbreiterung der Gleitbänder, besonders in den Bereichen, wo sich die Spannungsfelder dicht benachbarter Versetzungsanordnungen überschneiden. Die Versetzungsdichte ist aber gerade in den inneren Gleitbändern am größten. Die beobachtete Verbreiterung von Schraubengleitbändern in Richtung höherer Bearbeitungstemperaturen entspricht der Zunahme von Querleitungsprozessen bei höheren Temperaturen.

Die Verformungsfläche nimmt bei den statischen Belastungsversuchen von tiefen zu höheren Temperaturen zu und erreicht bei 300 °C etwa den 30fachen Wert der bei −150 °C bearbeiteten Kristalle. Damit tritt auch eine starke Vergrößerung des Verformungsvolumens bei konstanter Belastung mit steigender Temperatur auf. Ein völlig anderes Verhalten zeigen die Stoßversuche. Hierbei tritt keine nennenswerte Vergrößerung der Verformungszone im Temperaturbereich von 20 °C bis 300 °C auf (siehe Abb. 44 und 46). Es muß angenommen werden, daß die geringen Kontaktzeiten, die in der Größenordnung von 10^{-5} s liegen, nicht zur Vergrößerung des Verformungsvolumens ausreichen. Gerade im Hinblick auf energetische Umsetzungen bei mechanischen Wechselwirkungen ist dieses Ergebnis von besonderer Bedeutung. Die weitgehende Unabhängigkeit des Verformungsvolumens von der Temperatur bei Stoßversuchen läßt erkennen, daß die äußeren Temperaturbedingungen nur von geringem Einfluß auf die Fortpflanzung energetischer Störungen in mikroskopischen Räumen unter den Bedingungen der Impaktbearbeitung sind.

3.3.2. Untersuchungen an Antimon

Während die plastische Verformung der NaCl-Kristalle auf dem Wege über die Bewegung von Versetzungen erfolgt, bestehen in einigen anderen Substanzgruppen mehrere Möglichkeiten der Verformung. So besteht z. B. bei Antimon neben der Verformung durch Translation die Möglichkeit zur Zwillingsgleitung. Der beobachtete Deformationsmechanismus wird dabei wesentlich durch die äußeren Bearbeitungsbedingungen bestimmt. Eine ausführliche Darstellung wurde in [60] gegeben.

Als Untersuchungsmaterial wurden Einkristalle mit einem Sb-Gehalt von 99,999% verwendet, hergestellt durch mehrmaliges Zonenschmelzen. Die Versuche wurden ausschließlich an (0001)-Oberflächen ausgeführt. Die Ausgangskristalle wurden auf die Temperatur des flüssigen Stickstoffs abgekühlt und gespalten. Unter diesen Bedingungen lassen sich Basisflächen mit spiegelnder Oberfläche und genügender Größe herstellen.

Die mechanische Bearbeitung erfolgte durch Aufprall von 2 mm Stahlkugeln aus einer Höhe von 15 cm im Vakuum bzw. in Luft und durch langsames Eindrücken einer Diamantpyramide, wie sie für Härtemessungen benutzt wird. Für den Nachweis der Versetzungen wurde eine von WERNICK et al. [29] angegebene Ätzlösung (CP_4) aus 3 Teilen HF, 5 Teilen HNO_3, 3 Teilen CH_3COOH und 1 Teil Br_2, und für den chemischen Poliergang eine Lösung der Zusammensetzung 1 Teil HF, 3 Teilen HNO_3 und 12 Teilen CH_3COOH (DASH) verwendet.

Von KOSSEWITSCH [61] wurde ebenfalls sichergestellt, daß durch dieses Ätzmittel Gleitlinien und Zwillingsbänder sichtbar gemacht werden. Da die Polier- und in noch größerem Maße die Ätzlösung zur Abtragung beitragen, wurde die abgetragene Schichtdicke in der Weise bestimmt, daß die Kristalle in Intervallen von 10 sec poliert und anschließend 5 sec geätzt wurden. Unter den gegebenen Versuchsbedingungen wurden in dieser Zeit $\approx 23\ \mu m$ abgetragen.

3.3.2.1. Zwillingsgleitung bei der Stoßbearbeitung

Die Anwendung hoher Verformungsgeschwindigkeiten durch Impulsbremsung einer Stahlkugel auf der Basisfläche führt überwiegend zur plastischen Verformung durch Zwillingsgleitung. Die Bildung von Deformationszwillingen ist offenbar die günstigste Art, um dem äußeren Zwang bei hohen Verformungsgeschwindigkeiten auszuweichen, da die Entstehung von Zwillingsbändern einen sehr schnell verlaufenden Prozeß darstellt [62] und als Umklappvorgang aufzufassen ist. Nach [63] erfolgt beim Antimon die Zwillingsbildung nach (01$\bar{1}$2). Entsprechend den Symmetrieverhältnissen beobachtet man beim Stoßprozeß auf (0001) Zwillingslamellen, die sich unter einem Winkel von 60° schneiden (Abb. 48*a*). Die schichtweise Abtragung der

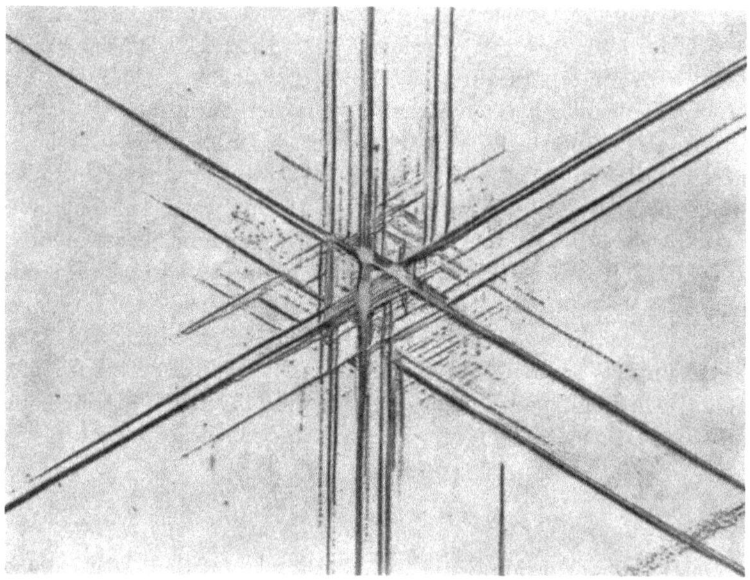

a)

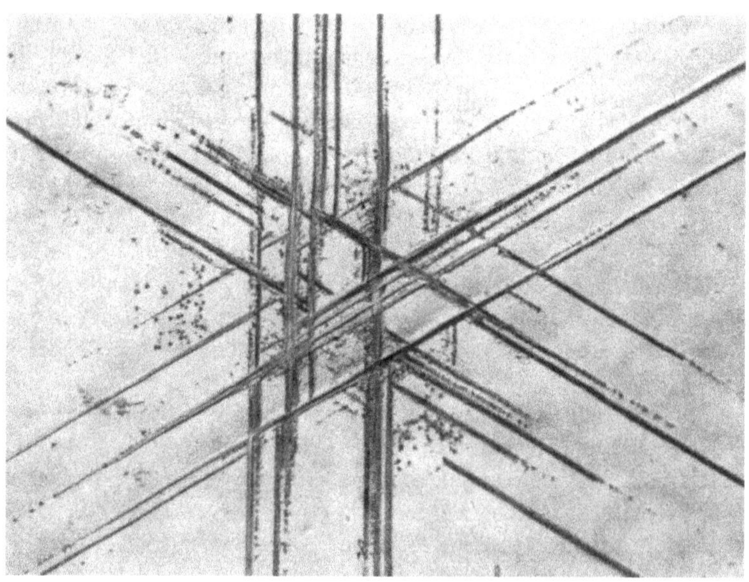

b)

deformierten Bereiche (Abb. 48*b* bis *e*) macht deutlich, daß sich die durch Schnitt des Rhomboeders mit der Basisfläche entstehenden Dreiecke mit steigender Verformungstiefe vergrößern. Somit entsteht unter den gegebenen Bearbeitungsbedingungen ein mit der Spitze zur Bearbeitungsfläche weisendes und durch Zwillingsebenen begrenztes Rhomboeder. Ähnliche Beobachtungen wurden an NaCl-Kristallen gemacht, bei denen der durch Gleitprozesse erzeugte Querschnitt der Verformungszone mit steigender Entfernung von der Kristalloberfläche ebenfalls zunahm.

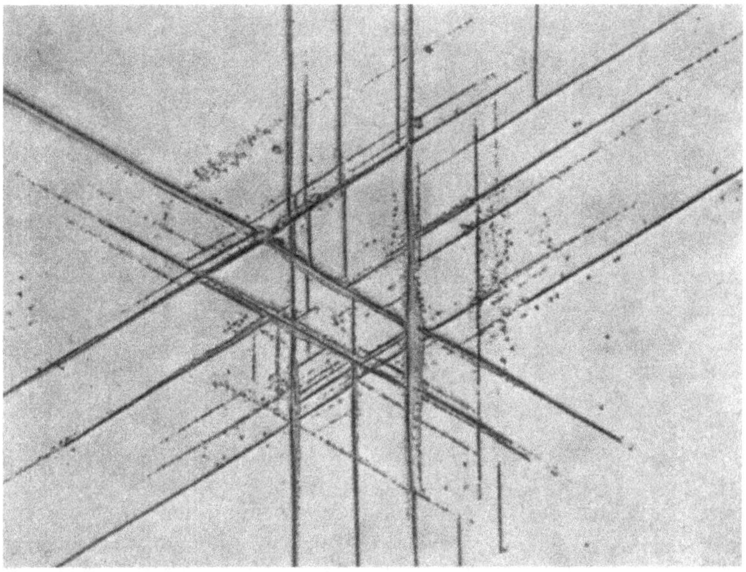

c)

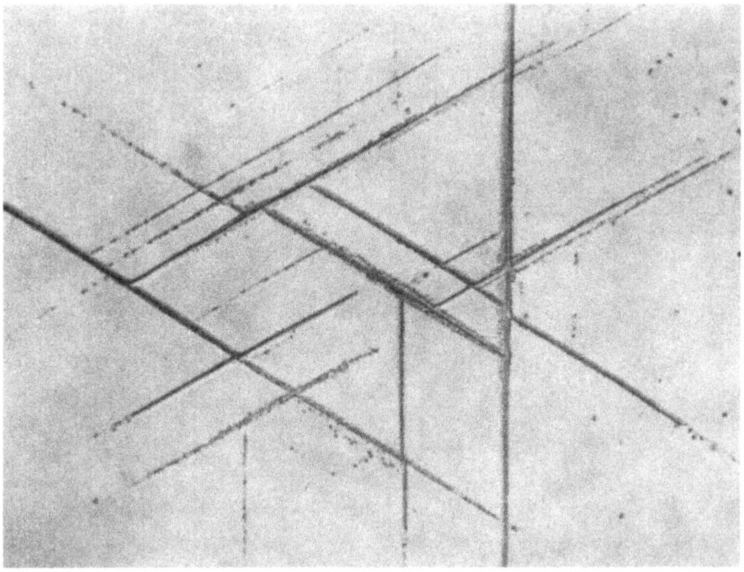

d)

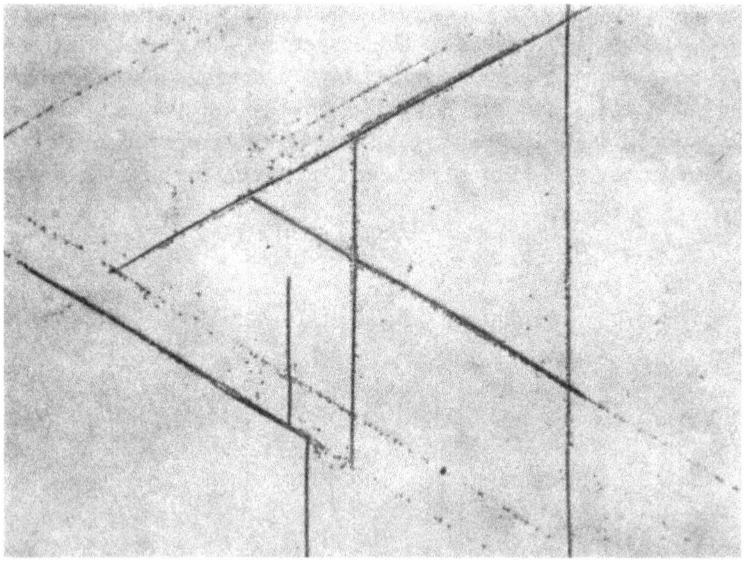

e)

Abb. 48. Räumliche Anordnung der Verformungszone bei der Stoßbearbeitung

a) Oberfläche, 5 sec geätzt; d) 220 sec poliert, 40 sec geätzt;
b) 50 sec poliert, 15 sec geätzt; e) 340 sec poliert, 50 sec geätzt;
c) 120 sec poliert, 25 sec geätzt;

Vergr.: 250 ×

3.3.2.2. Translationsgleitung beim Eindringen einer Diamantpyramide

Ein völlig anderes Verhalten der Deformation zeigt Antimon beim langsamen Eindringen des Versuchskörpers, etwa einer Kugel oder Pyramide. Für diese Versuche wurde eine Diamantpyramide benutzt, wie sie für Mikrohärtemessungen verwendet wird, doch zeigen Kugeleindrücke grundsätzlich vergleichbare Ergebnisse. Hierbei erfolgte neben der Bildung von Gleitzwillings-

49 a)

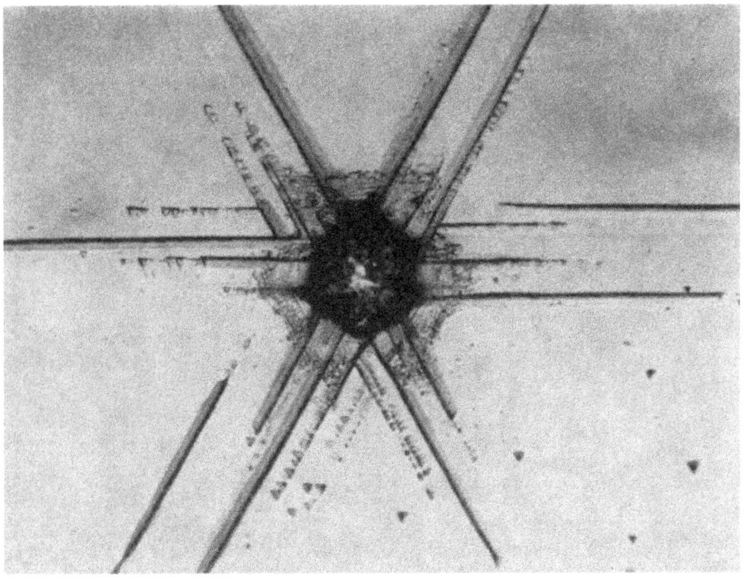

b)

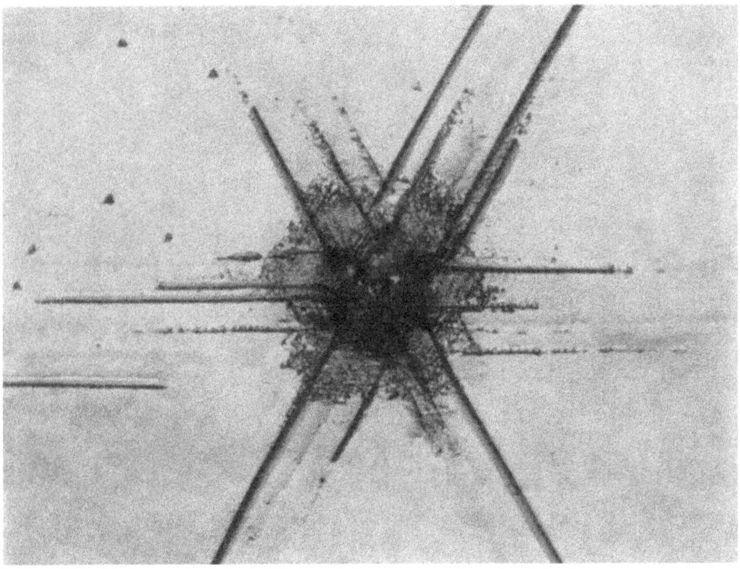

c)

lamellen die plastische Verformung unter wesentlicher Beteiligung der Translation, die bei der Stoßbearbeitung praktisch zu vernachlässigen war. Sie ist erkennbar an der verformten Zone in unmittelbarer Umgebung der Eindruckstelle (Abb. 49). Die Zone hoher Versetzungsdichte hat auf (0001) eine annähernd 6seitige Begrenzung, wobei die durch Ätzen sichtbar gemachten Durchstoßpunkte von Versetzungen entlang von Geraden aufgereiht sind. Die Abtragung des Kristalls macht deutlich (Abb. 49*b* bis *e*), daß sich die verformte Zone als annähernd 6-seitiges Prisma im Kristallinnern fortsetzt. Mit steigender Abtragungstiefe läßt sich eine schwache Vergrößerung der Verformungsfläche erkennen (z. B. Abb. 49*d*). Gleichzeitig wird in der Mitte der verformten Zone ein annähernd versetzungsfreier Bereich sichtbar, der bereits in Abb. 49*c* angedeutet ist und sich in Abb. 49*e* noch vergrößert hat. Auch in dieser Hinsicht bestehen weit-

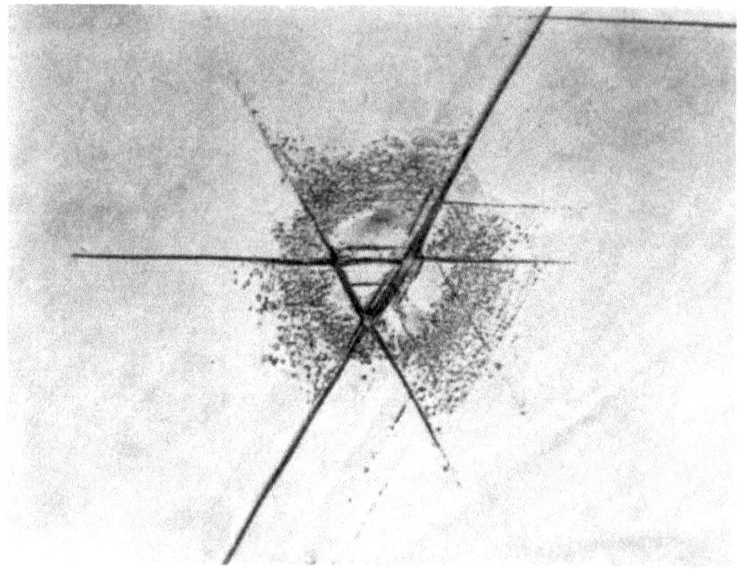

d)

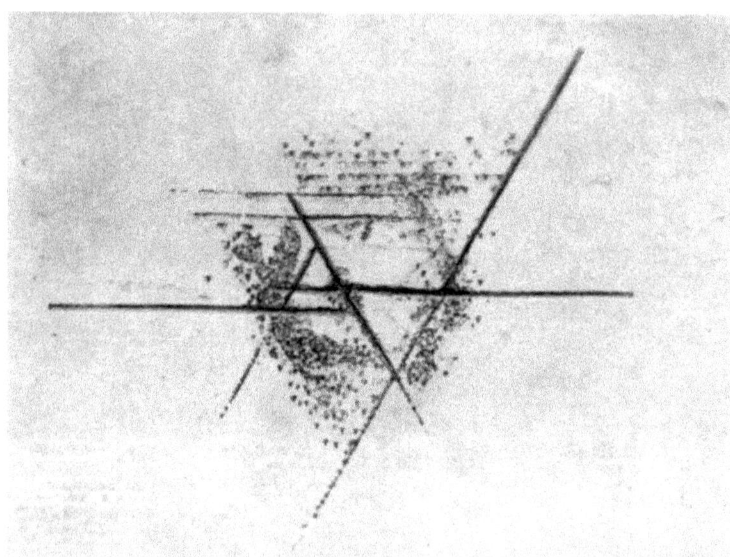

e)

Abb. 49. Räumliche Anordnung der Verformungszone bei statischer Belastung mit einer Diamantpyramide
a) Oberfläche, 5 sec geätzt; b) 10 sec poliert, 10 sec geätzt; c) 40 sec poliert, 24 sec geätzt; d) 60 sec poliert, 35 sec geätzt; e) 80 sec poliert, 45 sec geätzt; *Vergr.*: 250 ×

gehende Analogien zu den Deformationserscheinungen beim NaCl [41]. Bearbeitungsversuche bei höheren Temperaturen zeigen, daß die Neigung zur Zwillingsbildung zurückgeht und die Verformung überwiegend durch Translationsgleitung erfolgt.

Die Druck- und Stoßversuche haben deutlich gemacht, daß die Verformungsgeschwindigkeit beim Antimon wesentlichen Einfluß auf die Natur der Verformung hat. Wie bereits die von verschiedenen Autoren z. B. an In [64] und Sn [65] durchgeführten Untersuchungen gezeigt haben, zeichnet sich auch beim Antimon eine deutliche Tendenz zur bevorzugten Verformung durch

Zwillingsbildung bei tiefen Temperaturen und kurzen Impaktzeiten (Stoßbearbeitung) bzw. Translationsgleitung bei höheren Temperaturen und längeren Kontaktzeiten (Druckbearbeitung) ab. Bei Raumtemperatur führen Kugelstoßversuche fast ausschließlich zur Bildung von Zwillingslamellen und Eindruckversuche mit vergleichbarer Kontaktfläche zur Überlagerung von Zwillings- und Translationsgleitung.

Eine plausible Erklärung für die unterschiedlichen Verformungsmechanismen bei verschiedenen Deformationsgeschwindigkeiten liegt im zeitlichen Verlauf des Spannungsausgleiches. Unter den annähernd hydrostatischen Spannungsbedingungen, wie sie bei punktförmiger Belastung vorliegen, kommt es bei impulsförmiger Beanspruchung zu Spannungskonzentrationen, die sich durch Bildung von Deformationszwillingen ausgleichen. Gegenüber der Bildung von Rissen ist dieser Prozeß bevorzugt, da er mit keiner Volumenänderung verbunden ist, während für die Rißbildung und -fortpflanzung eine Volumenvergrößerung notwendig ist. Die für die Translationsgleitung erforderliche Bewegung von Versetzungen während der kurzen Kontaktzeiten (Größenordnung 10^{-5} sec) spielt nur eine untergeordnete Rolle.

Die bei höheren Temperaturen ständig abnehmende Bedeutung der Deformationszwillinge ist in der erhöhten Beweglichkeit der Versetzungen zu suchen. Insbesondere sind bei höheren Temperaturen zusätzliche Gleitebenen wirksam, die verhindern, daß sich die Versetzungen an Barrieren aufstauen. Durch diese erleichterten Gleitprozesse können sich die zur Erzeugung von Deformationszwillingen notwendigen Spannungskonzentrationen praktisch nicht aufbauen. Aus den gleichen Gründen nimmt auch die Tendenz zur Rißbildung in Richtung auf höhere Temperaturen ab.

Im Zusammenhang mit der Ausbreitung energetischer Störungen und der Untersuchung angeregter Zustände in der Kontaktzone lag es nahe, die mechanischen Bearbeitungsversuche durch Bestrahlung von Kristallen mit einem Laserstrahl genügender Energiedichte zu erweitern und die hierbei auftretenden Verformungserscheinungen mit denen mechanischer Eingriffe zu vergleichen. Es ist bekannt, daß die durch kurzzeitige Laser-Blitze hervorgerufenen strukturellen Veränderungen auf einen sehr engen Bereich der unmittelbaren Umgebung der Auftreffstelle beschränkt bleiben, da die durch Lichtquanten zugeführte Energie nicht so schnell abfließen kann [66]. Nimmt man bei beiden Vorgängen hohe überschüssige Energien im Verformungsraum an, sind trotz verschiedener Eingriffe grundsätzlich ähnliche strukturelle Erscheinungen zu erwarten [67].

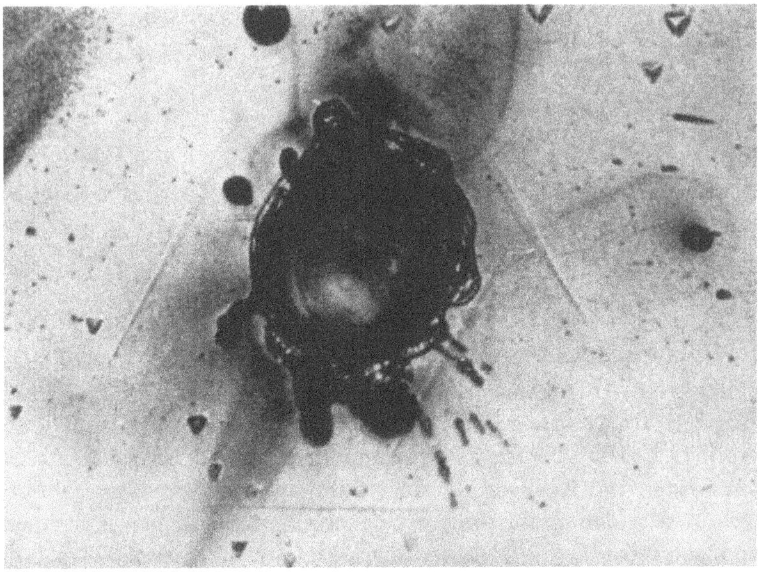

a)

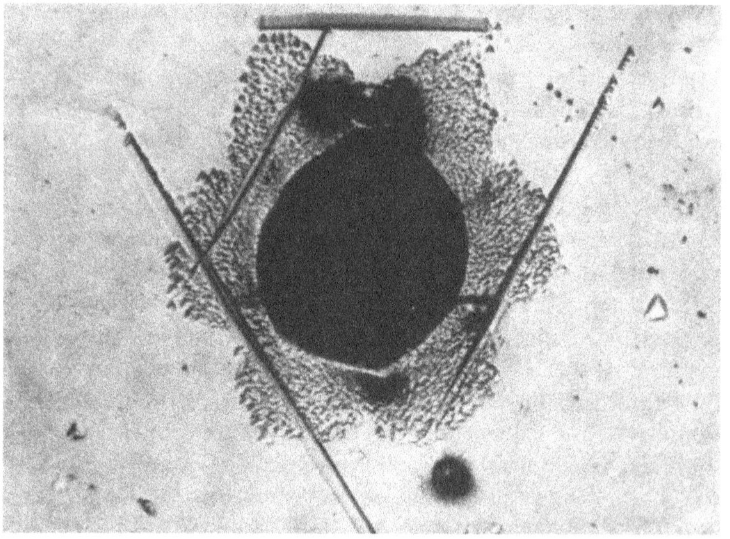

b)

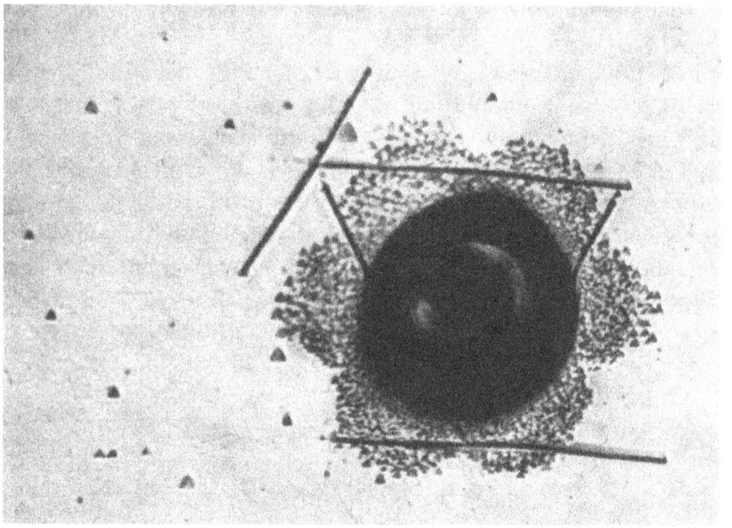

c)

Abb. 50. Räumliche Anordnung der Verformungszone, entstanden durch Beschuß mit einem Laserimpuls

Verschiedene Stadien der Abtragung:

a) Oberfläche mit Schmelzperlen; b) 27 μm abgetragen, geätzt; c) 152 μm abgetragen, geätzt;

Vergr.: 260 ×

In der obigen Abb. 50 ist der Trefferort eines fokussierten Rubin-Laser-Strahls dargestellt. Verschiedene Stadien der Abtragung ermöglichen die Sichtbarmachung der räumlichen Verformungszone. An der unmittelbaren Auftreffstelle ist Sb verdampft und hat sich in der Umgebung niedergeschlagen. Die plastische Verformung in der den Krater umgebenden Zone erfolgt durch Translations- und Zwillingsgleitung. Ohne an dieser Stelle auf Unterschiede in der Feinstruktur der auftretenden Zerstörungen einzugehen, ergeben sich weitgehende Analogien in den Erscheinungsformen beider Bearbeitungsmethoden. Auf dieses Ergebnis werden wir später noch zurückkommen.

3.4. Rückbildung mechanisch aktivierter Kristallbereiche durch Temperaturbehandlung

Infolge der Gitterstörungen am Trefferort befindet sich die bearbeitete Stelle in einem Zustand erhöhter potentieller Energie gegenüber dem Einkristall. Während der größte Teil der umgewandelten kinetischen Energie unmittelbar während und nach Abschluß der mechanischen Bearbeitung abfließt, bleibt wegen der unzureichenden Beweglichkeit der Gitterbausteine im Kristall auch ein Teil der überschüssigen Energie nach Abschluß der mechanischen Bearbeitung im System stecken. Dieser instabile Zustand bildet sich nur sehr langsam zurück, da die Rekristallisation durch Fremdpartikel (z. B. Bearbeitungsmaterial, Oxide, Gasatome), die zwangsläufig durch den Bearbeitungsprozeß eingebaut werden, gehemmt ist, wobei bereits winzige Spuren genügen, die selbst durch Elektroneninterferenzen nicht erfaßt werden können [68 bis 70]. Durch Temperaturerhöhung ist infolge des erhöhten Platzwechsels Rekristallisation und Übergang in den stabilen Zustand möglich. Dabei lassen sich die verschiedenen kristallographischen Zwischenformen übermikroskopisch verfolgen, worüber in [71 bis 73] berichtet wurde. Wesentlich ist bei der Untersuchung solcher Vorgänge die Einstellung definierter Gasdrucke und das Arbeiten in bestimmbaren Atmosphären. Die Ergebnisse verschiedener Versuchsreihen an NaCl und Antimon werden beschrieben.

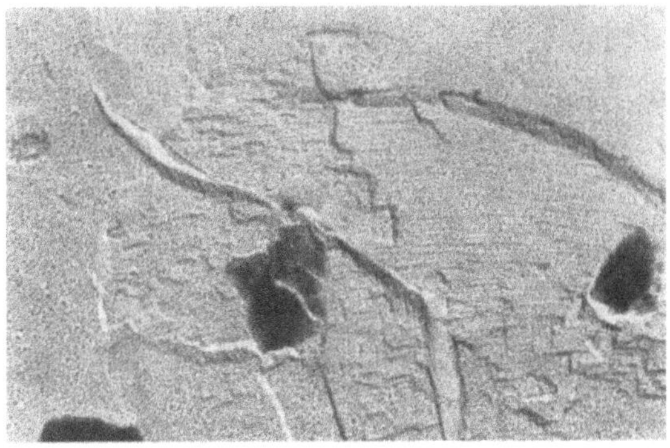

Abb. 51. Beginnende Rückbildung der Sohle des Trefferortes

Werkzeug: Edelkorund (Durchmesser 200 – 250 µm); *Fallhöhe:* 25 cm; *Temperung:* 130 °C, 15 min; *Vakuum:* $5 \cdot 10^{-5}$ Torr; *Vergr.:* 15000 ×

3.4.1 Untersuchungen an NaCl

Die Bearbeitung der Kristalloberflächen, die Temperung und die Vorbereitung für die elektronenmikroskopische Beobachtung müssen im Vakuum und ohne Belüftung zwischen den einzelnen Arbeitsgängen durchgeführt werden, da der Feuchtigkeitsgehalt der Luft die Kristalloberfläche anlöst und sie in unkontrollierbarer Weise beeinflußt [74, 75]. Deshalb wurden nach dem Spalten der Kristalle in Luft vor der Bearbeitung die oberen Atomlagen abgedampft.

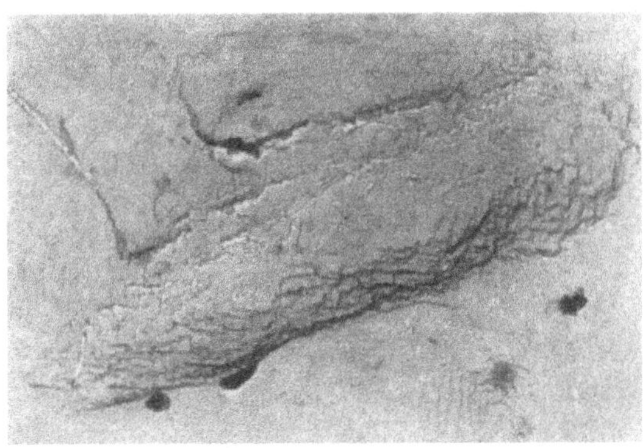

Abb. 52. Fortgeschrittene Rückbildung (Bearbeitung wie bei Abb. 51)

Temperung: 160 °C, 15 min; *Vergr.:* 10000 ×

Übersichtliche und auswertbare Ergebnisse brachten die Temperungen bei verschiedenen Temperaturen im Vakuum, wobei sich schrittweise der Übergang in den geordneten Zustand verfolgen läßt. Abbildung 51 zeigt einen Teil des Trefferortes eines Edelkorundkornes nach Erhitzen der Probe auf 130 °C (Temperaturmessung siehe [72]). Man erkennt die beginnende Rückbildung und den Aufbau der kubischen Struktur des ehemals quasi-amorphen Bereiches bei einem noch starken Anteil plastisch verformten Materials. Zahlreiche irrationale Linien sind erkennbar, die eine noch unvollkommene Einordnung in das ursprüngliche Gitter erkennen lassen. Temperaturerhöhung auf 160 °C läßt die Einordnung der deformierten Gitterbereiche weiter fortschreiten (Abb. 52), bis bei etwa 200 °C die Ordnung des plastisch verformten Materials im wesentlichen beendet ist und eine merkliche Verdampfung einsetzt (Abb. 53). Dabei ist eine vollständige Parallelorientierung der inneren Begrenzungsflächen der Trefferstelle mit der Umgebung zu beobachten. Daß die Sohlen der Trefferorte trotz Temperaturbehandlung noch zahlreiche Versetzungen enthalten, zeigt Abb. 54, auf der man im Zentrum den Durchstoßpunkt von Schraubenversetzungen erkennt. An den Stellen submikroskopischer Rißbildungen, die bei der mechanischen Stoßbearbeitung nach [110] auftreten, erfolgt die Verdampfung besonders intensiv und führt zur Verbreiterung (Abb. 55).

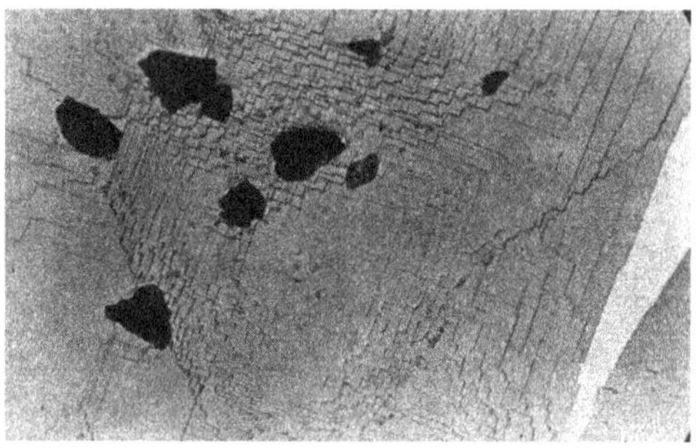

Abb. 53. Abgeschlossene Rückbildung (Bearbeitung wie bei Abb. 51)
Temperung: 200 °C, 15 min; *Vergr.:* 6000 ×

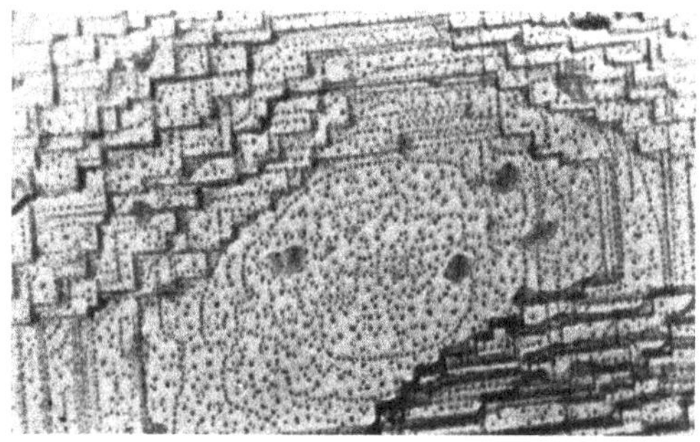

Abb. 54. Schraubenversetzungen in der Sohle eines zurückgebildeten Korneinschlages (Bearbeitung und Temperung wie bei Abb. 53)
Golddekoration; *Vergr.:* 20000 ×

Die mechanisch bearbeiteten Stellen der Kristalloberfläche haben gegenüber den unbearbeiteten einen erhöhten Energieinhalt. Gelänge es, den Verlauf der Dampfdruckkurven von bearbeitetem und unbearbeitetem Material zu bestimmen bzw. die verschiedenen Temperaturen zu messen, bei denen unter gleichen Versuchsbedingungen gleiche Mengen von bearbeitetem und unbearbeitetem Material verdampfen, dann ließe sich quantitativ die durch mechanische Bearbeitung in den Oberflächenbezirken eines NaCl-Kristalls gespeicherte Energie bestimmen. Diese Werte lassen sich experimentell nur unsicher angeben, jedoch ist es möglich, den ungefähren Betrag der nach beendeter mechanischer Bearbeitung gespeicherten überschüssigen freien Energie in erster Näherung abzuschätzen.

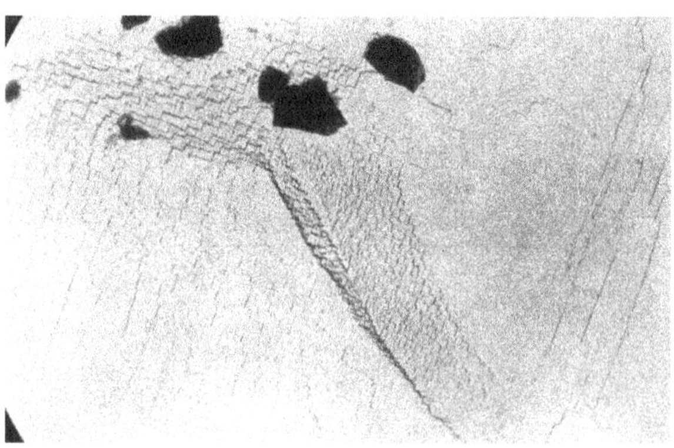

Abb. 55. Bevorzugte Abdampfung an den Stellen der Rißbildung (Bearbeitung und Temperung wie in Abb. 53)
Vergr.: 6000 ×

Da die merkliche Verdampfungstemperatur der durch mechanische Bearbeitung aktivierten Bereiche bei $\approx 200\,°C$, diejenige der übrigen Oberfläche bei $\approx 300\,°C$ liegt, ist die bei der mechanischen Aktivierung aufgenommene Energie pro Mol verdampften Materials gleich der Wärmemenge, die man dem ungestörten NaCl-Kristall zuführen muß, um ihn von 200 auf 300 °C zu erhitzen. Aus der bei der Verdampfung aufgenommenen Wärmemenge von NaCl im Temperaturbereich von 200 bis 300 °C ergibt sich für die gespeicherte mechanische Energie, bezogen auf 1 Mol NaCl, ein Wert, der größer als 1,3 kcal/Mol ist. Dieser Wert stimmt erträglich mit bekannten Werten überein, die zwischen 0,5 und 5 kcal/Mol liegen [76, 77].

Die Rückbildung mechanisch bearbeiteter Bereiche durch Temperung verläuft bei höheren Drucken nach einem anderen Mechanismus. Im Falle der Temperung im Vakuum erfolgt unter den gegebenen experimentellen Bedingungen eine Verdampfung der Gitterbausteine, wobei die Rückkondensation vernachlässigt werden kann. Dadurch kommt es zu einem definierten Abbau der durch mechanische Bearbeitung aktivierten Bereiche. Als Endzustand ergibt sich die zu erwartende (100)-Gleichgewichtsform [78, 79].

Die Temperung in einer N_2-Atmosphäre ($p = 300$ Torr) führt bei relativ niedrigen Temperaturen ebenfalls zur Rückbildung in Richtung auf einen höheren Ordnungszustand, doch ist bei höheren Temperaturen die Rückkondensation nicht mehr zu vernachlässigen. Es bilden sich Wachstumsstrukturen, die nur schwer von Abdampfstrukturen unterscheidbar sind. Die Morphologie der übermikroskopisch erfaßbaren Zwischenstadien sind in den folgenden Abb. 56 bis 58 erkennbar [72]. Grundsätzlich ähnliche Ergebnisse zeigten sich auch bei der Untersuchung von LiF [73], das wegen seiner größeren Härte und stärkeren Neigung zum Sprödbruch einige Besonderheiten aufweist.

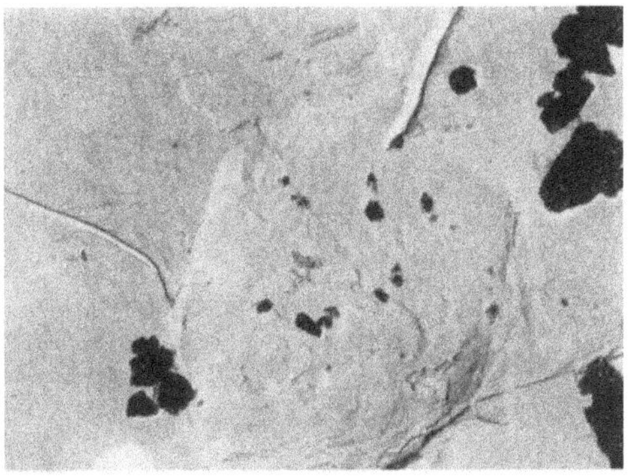

Abb. 56. Beginnende Rekristallisation in der Kontaktstelle

Werkzeug: Korund (Durchmesser 200 – 250 μm); *Fallhöhe:* 25 cm; *Temperung:* 290 °C, 15 min; *Atmosphäre:* N_2 (300 Torr); *Vergr.:* 6000 ×

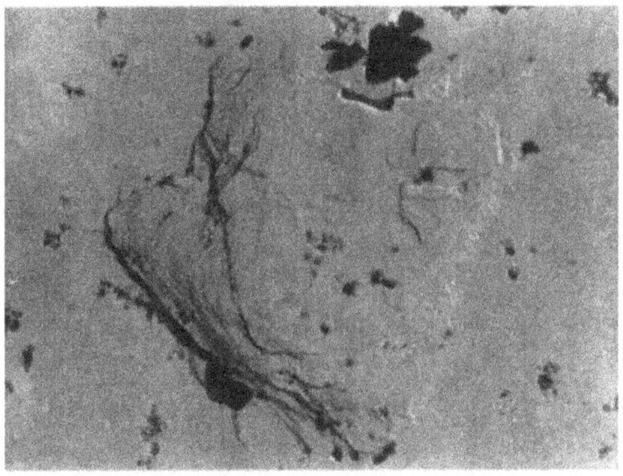

Abb. 57. Fortgeschrittene Rekristallisation in der Kontaktstelle (Bearbeitung wie bei Abb. 56)

Temperung: 370 °C, 15 min; *Vergr.:* 6000 ×

3.4.2. *Untersuchungen an Antimon*

Im Anschluß an Untersuchungen über die Rückbildung mechanisch aktivierter Kristallbereiche bei NaCl-Kristallen soll über einige Ergebnisse beim Sb berichtet werden. Wegen seiner größeren Härte und elastischen Eigenschaften erfolgt bei der Stoßbearbeitung von Sb kaum plastisches Fließen, und der Stoßprozeß läßt sich elastizitätstheoretisch behandeln (vgl. dazu Untersuchungen an InSb [80]). Die Kontaktfläche ist sehr flach und zeigt eine Feinstruktur (Abb. 59). Nachfolgende Ätzung mit CP_4-Lösung läßt die durch den Stoßprozeß auf der (0001)-Fläche erzeugten Zwillingsgleitlinien hervortreten, die im Gegensatz zu dem plastischen NaCl auch geradlinig durch die Kontaktfläche verlaufen. Die Morphologie zeigt, daß nur unbedeutende plastische Stoffverschiebungen stattgefunden haben (Abb. 60). Anschließende Temperung im Vakuum bei 10^{-5} Torr und 30 min Dauer läßt die Rückbildung erkennen (Abb. 61, geätzt).

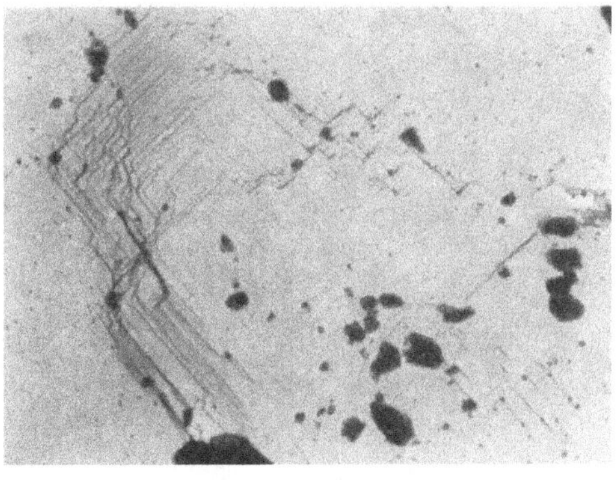

Abb. 58. Beendete Rekristallisation in der Einschlagsohle (Bearbeitung wie bei Abb. 56)

Temperung: 480 °C. 15 min; *Vergr.:* 6000 ×

Die ehemals geradlinig verlaufenden Zwillingsgleitlinien haben sich zurückgebildet und zu einer überwiegenden statistischen Anordnung von Versetzungen geführt. Die Erhöhung der Temperzeiten führt zu einer bevorzugten Abdampfung der mechanisch aktivierten Kristallbereiche (Abb. 62). Man erkennt deutlich die unregelmäßige Abdampfung im stark gestörten Trefferzentrum und die Ausbildung von dreieckigen Ätzgruben in den Randbezirken, die auf einen

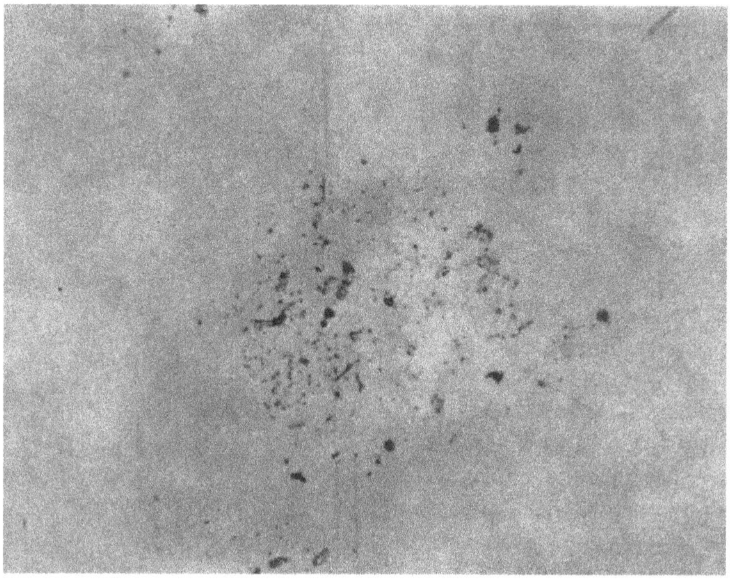

Abb. 59. Trefferstelle auf (0001)-Sb

Werkzeug: Stahlkugel (Durchmesser 2 mm); *Fallhöhe:* 15 cm; *Auftreffwinkel:* 90°; *Vergr.:* 250 ×

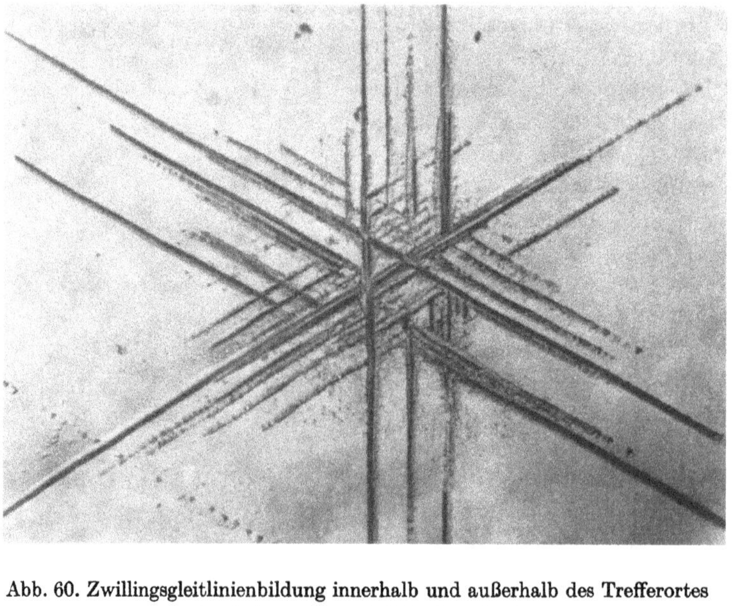

Abb. 60. Zwillingsgleitlinienbildung innerhalb und außerhalb des Trefferortes (Bearbeitung wie bei Abb. 59, geätzt)

Vergr.: 250 ×

Übergang in die geordnete Kristallstruktur hinweisen. Auch an den Stellen, wo Zwillingsgleitbänder die Oberfläche schneiden, wird entsprechend dem höheren Energieinhalt bevorzugtes Abdampfen beobachtet. Weitere Verlängerung der Temperzeiten führt zur Verringerung der Ätzgrubendichte und zur Ausbildung von Versetzungsschleifen (Abb. 63). Geradlinig verlaufende Gleitlinien sind fast völlig verschwunden.

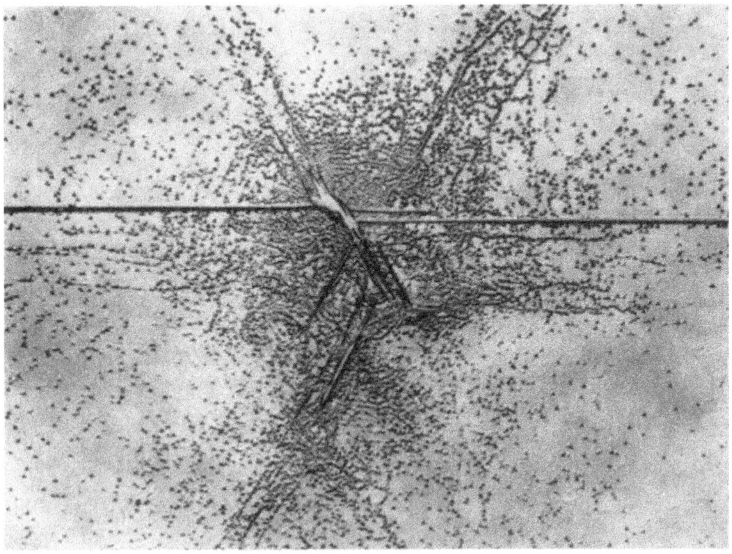

Abb. 61. Beginnende Rückbildung des mechanisch aktivierten Kontaktbereiches (Bearbeitung wie bei Abb. 59)

Temperung: 410 °C, 30 min; *Vakuum:* 10^{-5} Torr; geätzt; *Vergr.:* 250 ×

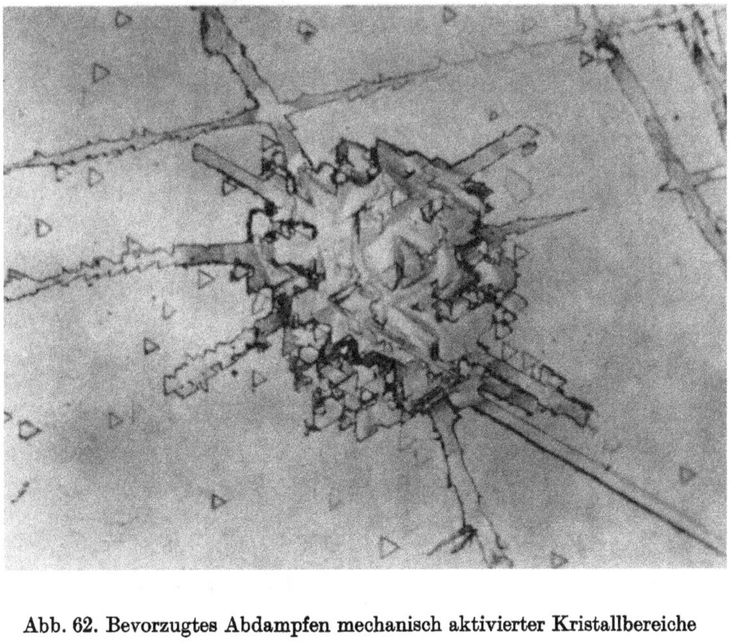

Abb. 62. Bevorzugtes Abdampfen mechanisch aktivierter Kristallbereiche (Bearbeitung wie bei Abb. 59)

Temperung: 410 °C, 60 min; *Vakuum:* 10^{-5} Torr; *Vergr.:* 250 ×

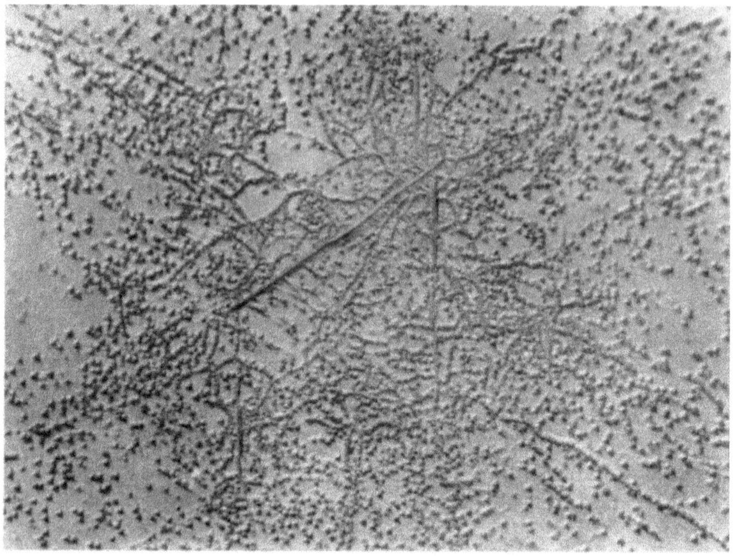

Abb. 63. Versetzungsnetzwerke im Kontaktbereich nach Temperung im Vakuum (Bearbeitung wie in Abb. 59)

Temperung: 410 °C, 90 min; *Vakuum:* 10^{-5} Torr; geätzt; *Vergr.:* 500 ×

3.5. Nachweis der erhöhten chemischen Reaktivität mechanisch aktivierter Kristalloberflächen

Der erhöhte potentielle Energieinhalt mechanisch bearbeiteter Kristalle läßt sich nicht nur durch die Rückbildung der verformten Kristallbereiche bei Temperaturbehandlung nachweisen, sondern äußert sich auch in einer erhöhten chemischen Reaktionsfähigkeit gegenüber der Umgebung. Ausgehend von den Vorstellungen über erleichterte Keimbildungsbedingungen in Bereichen hoher Spannungskonzentration lassen sich die bei mechanischen Beanspruchungen auftretenden Störbereiche und bestimmte Kristallbaufehler durch geeignete Reaktionen nachweisen [81, 82]. Als Modellreaktion für diesen Nachweis eignet sich u. a. die Sulfidierung von Metalloberflächen. Als Beispiel soll die Nickelsulfidbildung durch Reaktion mechanisch beanspruchter Ni-Kristalle in einer H_2S-Atmosphäre beschrieben werden. Durch die selektive chemische Reaktionsfähigkeit der Nickeloberfläche dient dieses Verfahren auch dazu, auf chemischem Wege die Kristallbaufehler zu dekorieren. Die Ni-Kristalle wurden entweder in einer H_2S-Atmosphäre bearbeitet oder nachträglich mit H_2S zur Reaktion gebracht.

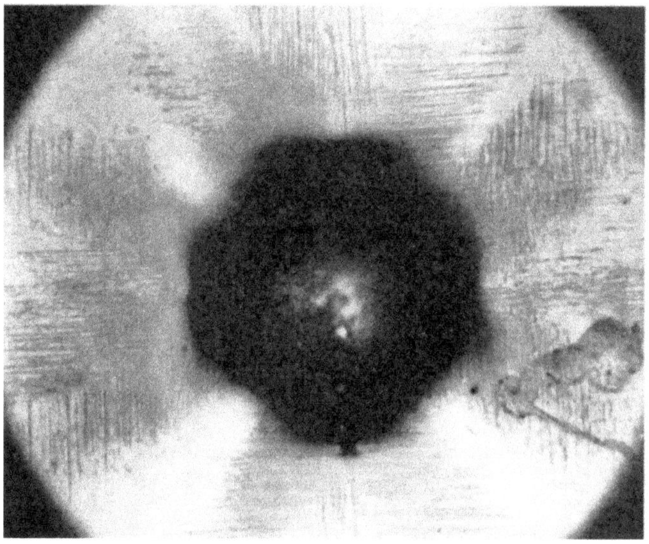

Abb. 64. Kugeleindruck auf (100)-Ni mit umgebendem Gleitsystem, durch H_2S-Reaktion dekoriert. *Vergr.:* 135 ×

Auf elektrolytisch polierten Einkristallflächen der Orientierung (100), (110) und (111) wurden mit einer 0,8 mm Stahlkugel Eindrücke und Rollspuren erzeugt. Entsprechend der Flächensymmetrie entsteht in der Umgebung eines Eindruckes durch Bewegung von Versetzungen ein System von Gleitlinien. Auf verschiedenen kristallographischen Flächen werden bei der plastischen Verformung Gleitlinien beobachtet, an denen eine selektive Nickelsulfidreaktion einsetzt.

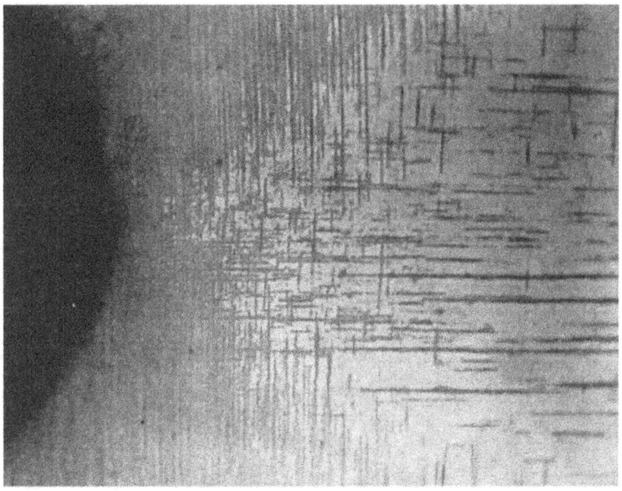

Abb. 65. Teil des dekorierten Gleitsystems auf (100)-Ni
Vergr.: 500 ×

Abbildung 64 zeigt die Eindruckstelle auf einer (100)-Fläche, die unter der Wirkung der (111)-, [110]-Gleitelemente stark verzerrt ist. Die Zahl der senkrecht zueinander verlaufenden Gleitlinien, die den Spuren der Oktaederebenen als Gleitflächen entsprechen, ist in unmittelbarer Umgebung der Kontaktfläche sehr hoch und nimmt mit steigender Entfernung vom Zentrum ab. Ein Teil des Gleitsystems ist in Abb. 65 vergrößert dargestellt. Abbildung 65 macht deutlich, daß die Gleitlinien in unmittelbarer Umgebung des Eindruckes in starkem Maße mit H_2S reagiert haben und infolge des geringen Abstands untereinander zu einer einheitlichen Reaktionsschicht zusammengewachsen sind, während sie in größerer Entfernung unterbrochen sind.

Diese Tatsache beweist, daß die NiS-Keimbildung innerhalb eines Deformationsbandes an energetisch ausgezeichneten Stellen einsetzt, wobei die Kristalle bei längerer H_2S-Einwirkung zu parallelen Reihen von Bändern zusammenwachsen. Die elektronenmikroskopischen Aufnahmen unterstützen diese Auffassung.

Bei der Bearbeitung von (111)-Flächen entsteht in der Umgebung des Eindrucks ein System von Gleitlinien mit trigonaler Symmetrie (Abb. 66). Auch in diesem Fall sind die Bereiche hoher Versetzungsdichte außerhalb der Kontaktzone infolge der erhöhten Reaktionsgeschwindigkeit mit einer NiS-Schicht überwachsen. Erst in größerer Entfernung sind isolierte Gleitbänder erkennbar. Auf Dodekaederflächen entstehen in der Umgebung des Eindruckes Gleitlinien, die in Abb. 67 dargestellt sind.

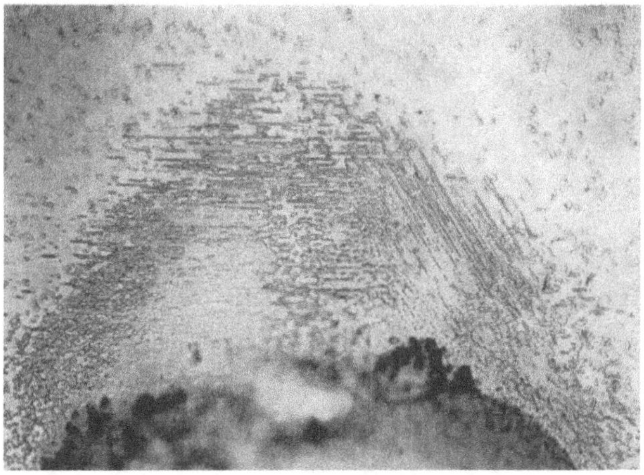

Abb. 66. Teil des dekorierten Gleitsystems eines Kugeleindrucks auf (111)-Ni
Vergr.: 400 ×

Polykristalline Blechstreifen wurden in einer H_2S-Atmosphäre gedehnt oder nach der Bearbeitung in Luft mit H_2S mehrere Stunden zur Reaktion gebracht sowie durch Kugeleindruck mechanisch beansprucht. Wegen der Korngrenzen, die eine Barriere für die von der Kontaktstelle ausgehenden Versetzungen darstellen, bleibt die Störzone im Gegensatz zu den Einkristallen auf einen kleineren Bezirk beschränkt.

Abbildung 68 zeigt einen Teil der

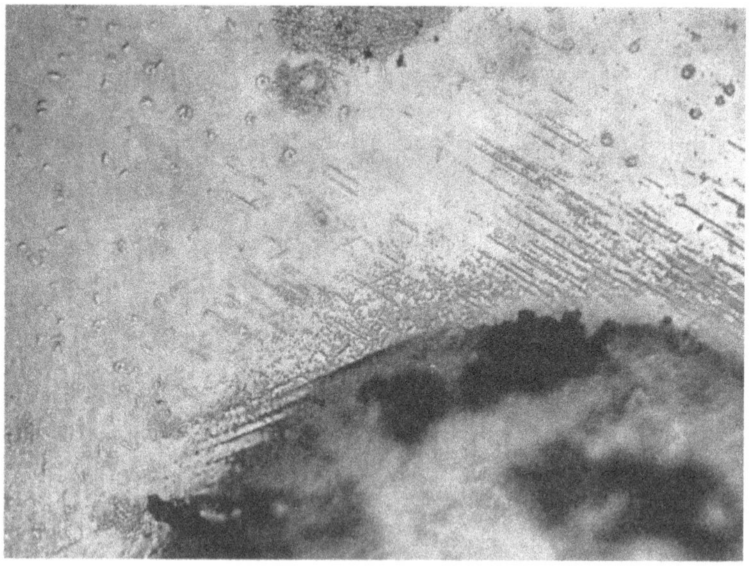

Abb. 67. Teil des dekorierten Gleitsystems eines Kugeleindrucks auf (110)
Vergr.: 500 ×

Störzone, wobei die unterschiedliche Orientierung der dekorierten Gleitlinien in den verschiedenen Körnern deutlich hervortritt.

Auch die von einer Kugel auf einer polykristallinen Nickeloberfläche hinterlassene Rollspur wird durch eine anschließende Sulfidierung deutlich sichtbar gemacht (Abb. 69). Die Belastung war in diesem Fall so gering, daß die Störungen auf die unmittelbare Kontaktspur beschränkt blieben. Die Schleifspuren treten plastisch hervor. Gleichzeitig wird eine erhöhte Reaktionsgeschwindigkeit und damit ein Dekorationseffekt an den Korngrenzen beobachtet.

Polykristalline Ni-Bleche, die durch Dehnen plastisch verformt wurden, weisen in den einzelnen Körnern unterschiedliche Abgleitungen auf. Entsprechend der regellosen Orientierung der Einzelkörner wird auf verschiedenen Flächen eine unterschiedliche Aktivität beobachtet (Abb.70).

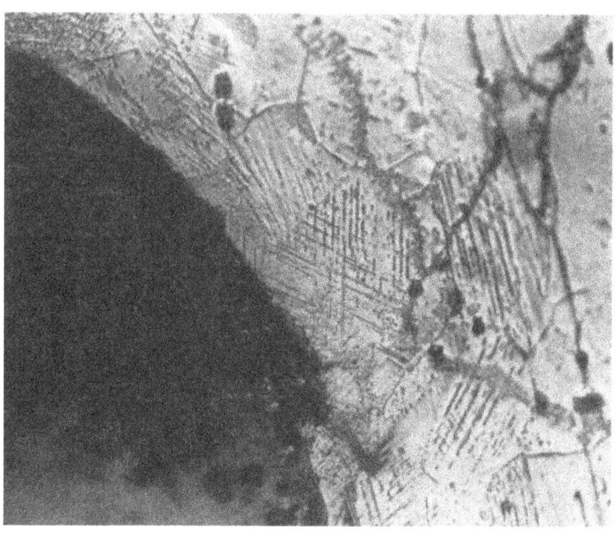

Abb. 68. Teilansicht einer Druckfigur auf polykristallinem Ni; unterschiedliche Orientierung der Gleitlinien in den Körnern
Vergr.: 500 ×

Die auf den Kristallflächen beobachtete unterschiedliche Dekoration wird wesentlich durch den Neigungswinkel der die Oberflächen durchstoßenden Gleitebenen, durch den jeweiligen Betrag der Abgleitung sowie durch die Feinstruktur der Gleitbänder bestimmt.

Die elektronenmikroskopische Beobachtung bearbeiteter und sulfidierter Ni-Oberflächen mit einer speziellen Abdrucktechnik [83] ermöglicht weitergehende Aussagen über die Entstehung der NiS-Bänder.

Bei kurzen H_2S-Einwirkungen entstehen zunächst isolierte NiS-Keime innerhalb der Gleitbänder (Abb. 71).

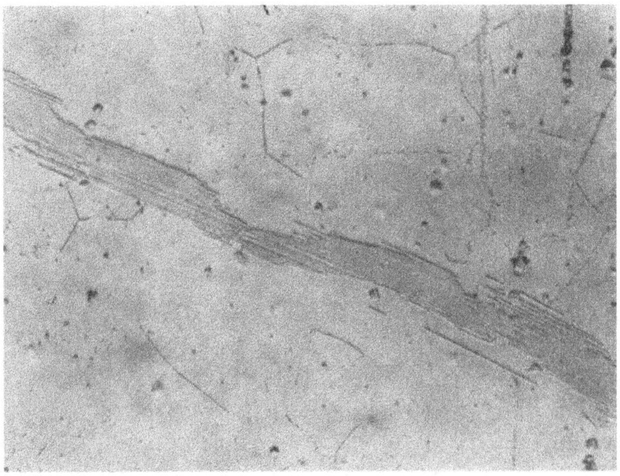

Abb. 69. Dekoration einer Rollspur und beginnende Korngrenzenreaktion
Vergr.: 500 ×

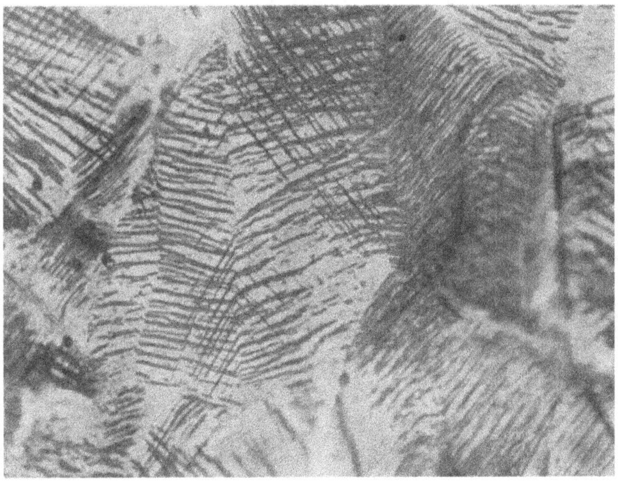

Abb. 70. Nickelsulfidbildung entlang von Gleitlinien einer gedehnten polykristallinen Ni-Probe
Vergr.: 500 ×

Darüber hinaus wird eine bevorzugte Keimbildung an den Schnittbereichen sich kreuzender Gleitbänder beobachtet. Das sind die Bereiche eines hohen Fehlordnungsgrades, an denen die Keimbildungsarbeit stark erniedrigt wird. Bei längerer H_2S-Einwirkung wachsen die Einzelkriställchen zu einem geschlossenen Band zusammen (Abb. 72). Im elektronenmikroskopischen Bild lassen sich auch unter Ausnutzung des Dekorationseffektes typische Verformungsstrukturen, wie z. B. kink-bands, nachweisen (Abb. 73). In Abb. 74 ist die unterschiedliche Orientierung des Gleitlinienverlaufs in Kristallbereichen zu erkennen, die durch eine Korngrenze getrennt werden.

Frisch bearbeitete Kristalle besitzen eine hohe Aktivität, die durch Temperung bzw. längeres Lagern allmählich abklingt.

An Luft plastizierte Ni-Kristalle wurden daher mehrere Stunden vor der H_2S-Behandlung im Vakuum und an der Atmosphäre gelagert sowie im Vakuum bzw. in einer H_2-Atmosphäre mehrere Stunden getempert. In einer zweiten Versuchsreihe erfolgte die mechanische Bearbeitung in der H_2S-Atmosphäre. Es konnte hinsichtlich der Dekorierungsgüte der Gleitlinien kein Unterschied zwischen Proben festgestellt werden, die in einer H_2S-Atmosphäre bearbeitet wurden und denjenigen, die einige Stunden nach der Dehnung mit H_2S zur Reaktion gebracht wurden. In beiden Fällen erfolgte eine selektive Sulfidbildung an den Deformationsbändern. Erst nach mehreren Tagen ist die Aktivität so stark abgeklungen, daß keine bevorzugte Reaktion an den Gleitbändern mehr beobachtet wird. Die Temperung im Vakuum bei 10^{-5} Torr oder in einer H_2-Atmosphäre führt ebenfalls zu einer Erniedrigung bzw. Verlust der Aktivität.

Eine 4stündige Temperung der Proben nach der Bearbeitung bei 150 °C wirkt sich auf die selektive Sulfidbildung an Gleitbändern nur unwesentlich aus (Abb. 75). Bei 200 °C nimmt die Aktivität der Gleitbänder weiter ab (Abb. 76), bis schließlich bei 400 °C durch Ausheilung der Gitterstörungen die Oberflächen desaktiviert werden und bei anschließender H_2S-Behandlung unter vergleichbaren Bedingungen keine selektive Reaktion mehr zeigen. Es muß angenommen werden, daß sich die Oberfläche mit einer einheitlichen dünnen Reaktionsschicht überzieht.

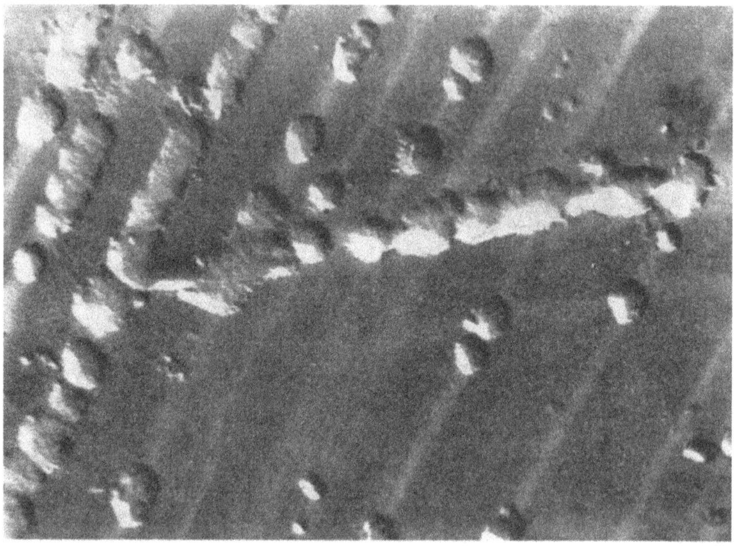

Abb. 71. Bevorzugte Keimbildung innerhalb der Gleitbänder und im Schnittbereich sich kreuzender Gleitbänder

Vergr.: 9000 ×

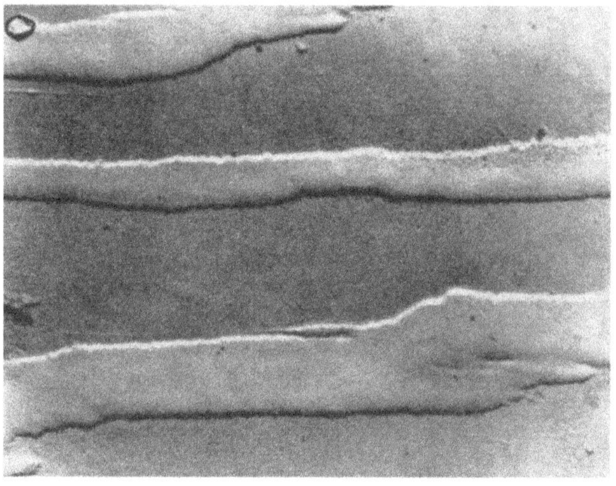

Abb. 72. System von Nickelsulfidbändern, die sich nach längerer H_2S-Behandlung entlang von Gleitbändern gebildet haben

Vergr.: 6000 ×

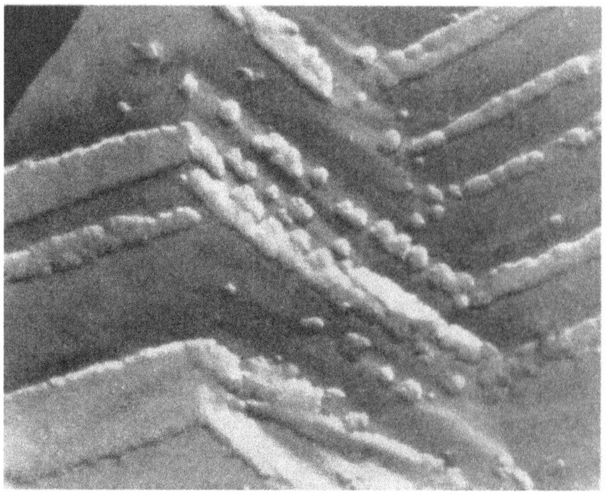

Abb. 73. Nickelsulfidbildung am Knickband („kink band") einer gedehnten Ni-Probe

Vergr.: 6000 ×

Abb. 74. Nickelsulfidbildung entlang den Gleitlinien einer gedehnten Ni-Probe mit Korngrenze

Vergr.: 3000 ×

Abb. 75. Dekorierung einer gedehnten Probe, die vor der H_2S-Behandlung 4 Stunden bei 150 °C im Hochvakuum getempert wurde

Vergr.: 500 ×

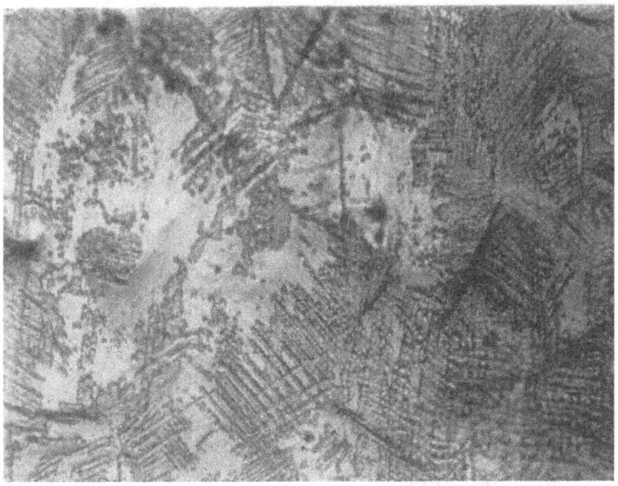

Abb. 76. Dekorierung einer gedehnten Probe, die vor der H_2S-Behandlung 4 Stunden bei 200 °C im Hochvakuum getempert wurde

Vergr.: 500 ×

Abb. 77. Einheitliche Reaktionsschicht auf einer gedehnten Ni-Probe, die vor der H_2S-Behandlung bei 400 °C im Hochvakuum getempert wurde. Verlust der selektiven Reaktivität im Bereich der Gleitbänder

Vergr.: 6000 ×

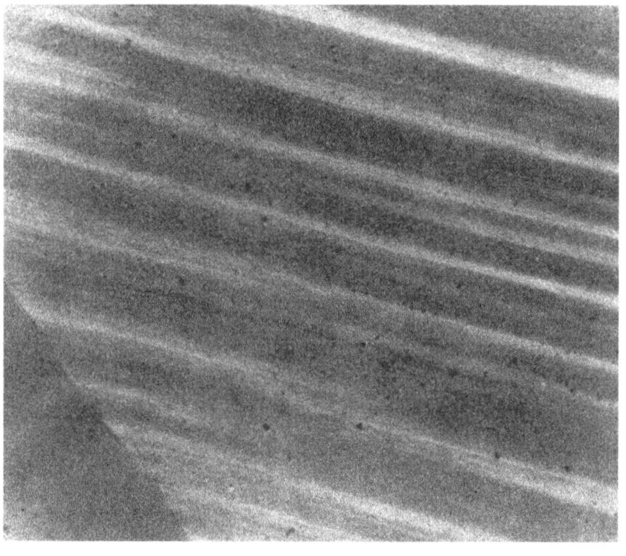

Abb. 78. Gleitlinienbildung auf der Oberfläche einer gedehnten Ni-Probe ohne H_2S-Behandlung

Vergr.: 6000 ×

Dafür sprechen die elektronenmikroskopischen Befunde. Bei 400 °C getemperte Kristalle besitzen nach der H_2S-Behandlung eine aufgerauhte Oberfläche und abgerundete Gleitstufen (Abb. 77), während nur gedehnte Proben scharfe Deformationsbänder aufweisen (Abb. 78).

Die Resultate zeigen, daß unter Ausnutzung der erhöhten chemischen Reaktivität mechanisch beanspruchter Kristallbereiche eine eindeutige und reproduzierbare Wiedergabe der Gleitstrukturen verformter Kristalle durch diese Sulfidierungsmethode beim Ni möglich ist. Damit wird auch im wesentlichen die Spannungsverteilung, wie sie bei Eindruckfiguren auf kubisch-flächenzentrierten Metallen beobachtet wird, richtig wiedergegeben [84].

4. Die Beteiligung elektrischer Vorgänge am Bearbeitungsprozeß

Die bisher beschriebenen Änderungen im strukturellen Aufbau bearbeiteter Kristalle (plastische Verformungen durch Erzeugung und Bewegung von Versetzungen, Brucherscheinungen und Bildung neuer Oberflächen) stellen nur die eine Seite der Umwandlung der kinetischen Energie des bewegten Werkzeugs dar. In diesem Abschnitt werden die durch Energieabsorption beobachteten und möglichen elektrischen Prozesse diskutiert. Die Beteiligung elektrischer Vorgänge am Bearbeitungsprozeß läßt sich im wesentlichen auf 3 Ursachen zurückführen:

a) Emission von Exo-Elektronen,

b) Auftreten von Kontaktspannungen durch entgegengesetzte Aufladung von Werkzeug und Werkstück und

c) Aufbau von Potentialdifferenzen durch Bewegung geladener Versetzungen in bestimmten Substanzgruppen.

Durch Ausgleich der elektrischen Ladungen kommt es unter geeigneten Bedingungen zur Lichtemission (Tribolumineszenz). Die als Folge der Stoßbearbeitung auftretenden Lichtblitze lassen sich durch eine geeignete Meßanordnung quantitativ bestimmen.

4.1. Exo-Elektronen

Die Bearbeitung verschiedener Stoffgruppen, insbesondere der Metalle, führt während des mechanischen Eingriffes und nach Abschluß zur Emission von Exo-Elektronen. Ausführliche Ergebnisse unter Anwendung verschiedener Bearbeitungsmethoden (Schleifen, Drehen, Gleiten) liegen von KRAMER [85] vor. Obwohl umfangreiche experimentelle Ergebnisse über die Emission unter Bedingungen der mechanischen Bearbeitung bekannt sind, bestehen über Ursprung und Mechanismus des Emissionsvorganges als Folge einer mechanischen Bearbeitung unterschiedliche Auffassungen. In jedem Fall ist aber mit der Beteiligung von Exo-Elektronen am Bearbeitungsprozeß für viele Stoffgruppen zu rechnen, die Anlaß für das Auftreten angeregter Zustände sind.

Die ursprünglich von KRAMER gegebene Deutung gründet sich auf der Vorstellung, daß beim Übergang des stark gestörten Gitters in die stabile Phase Wärme frei wird. Als energieliefernder Prozeß wird also der exotherme Vorgang einer Gefügeänderung, hervorgerufen durch den mechanischen Eingriff, angesehen. Die zu beobachtende Postelektronenemission läßt sich durch Erholungsvorgänge deuten, d. h. durch den allmählichen Übergang des stark gestörten Gitters in den stabilen Zustand.

HAXEL et al. [86], LOHFF [87] sowie LOHFF et al. [88] führen die Emission auf Sorptionsvorgänge bzw. chemische Reaktionen zurück, die unmittelbar nach Abschluß der mechanischen Bearbeitung an der freigelegten Oberfläche einsetzen. Als Energiequelle wird die freiwerdende Adsorptionswärme angesehen. Diese Ansichten werden gestützt durch Untersuchungen in definierten Restgasatmosphären sowie im Hoch- und Ultrahochvakuumbereich [87, 89]. Bei der Untersuchung verschiedener Metalle wurden Zusammenhänge zwischen der Intensität der Postemission und der chemischen Aktivität der Metalle festgestellt.

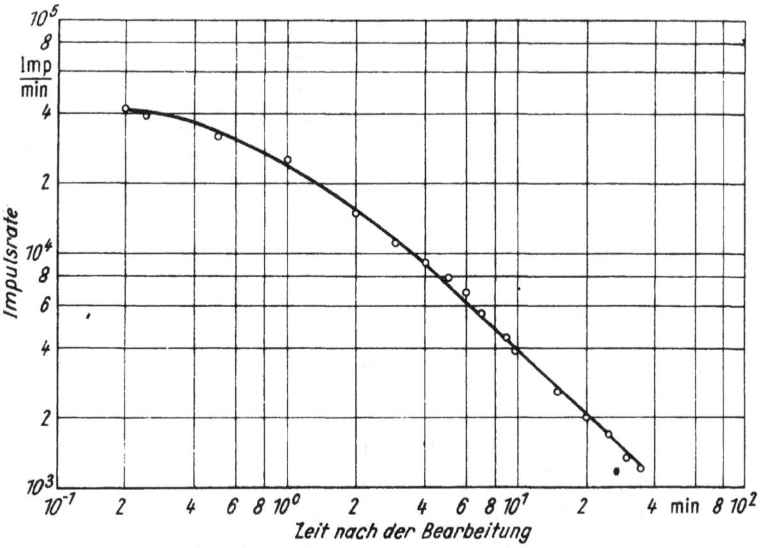

Abb. 79. Postelektronenemission bei Aluminium nach mechanischer Bearbeitung (Ritzspur)

Bedingungen: Spitzenzähler 3,19 KV, Luft 760 Torr, Photostimulation

Ein weiterer Mechanismus zur Deutung der Exo-Emission wurde von NASSENSTEIN [90] und GRUNBERG et al. [91, 92] diskutiert. Nach NASSENSTEIN kann die Emission dadurch zustande kommen, daß bei der mechanischen Bearbeitung so hoch gelegene Anregungszustände für Elektronen entstehen, daß bereits bei Raumtemperatur die thermische Energie zur Elektronenbefreiung ausreicht. In den Oberflächenzuständen des durch Bearbeitung gestörten Gitters oder des an der Oberfläche entstehenden Oxidgitters liegen die tiefsten Niveaus sehr hoch, so daß die äußere Austrittsarbeit entsprechend klein wird. Dadurch kann die Elektronenbefreiung in 2 Stufen erfolgen: Elektronen aus höhergelegenen Haftstellen gehen zunächst ins Leitungsband und verlassen von dort den Gitterverband.

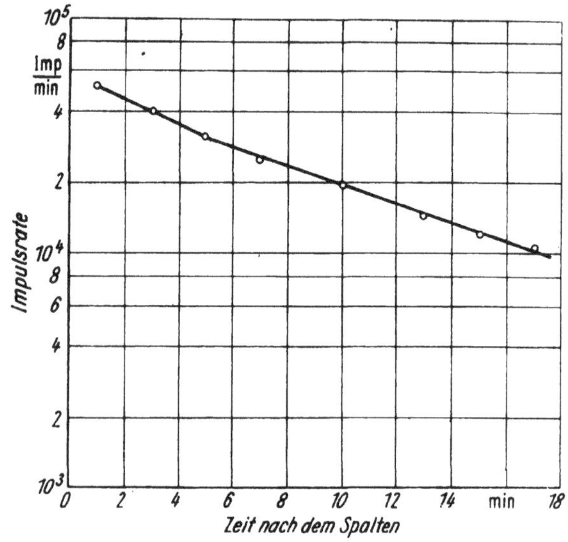

Abb. 80. Postelektronenemission bei Flußspat nach dem Spalten
Bedingungen: Spitzenzähler 3,23 KV, Luft 760 Torr. Tageslicht

Von PIMBLEY et al. [93] wurde ein weiterer Mechanismus angegeben und von BOHUN [94] eine Zusammenstellung der Ursache der Exo-Emission bei Ionenkristallen gegeben. Nicht zuletzt muß auch die Exo-Emission als Folge kristallographischer Phasenumwandlungen, die häufig bei mechanischen Bearbeitungsversuchen beobachtet werden [95], sowie beim Übergang der Schmelze eines Metalls in den kristallisierten Zustand berücksichtigt werden [96].

Aus der im Institut für Physikalische Chemie begonnenen Arbeitsrichtung über die Beteiligung von Exo-Elektronen am Bearbeitungsprozeß sollen erste Ergebnisse mitgeteilt werden [97]. Die Exo-Emission nach Abschluß der mechanischen Bearbeitung ist in den Abb. 79 und 80 für Al und CaF_2 unter Benutzung verschiedener Bearbeitungsmethoden dargestellt.

Die Energie der durch mechanische Bearbeitungsprozesse emittierten Elektronen liegt in der Größenordnung von 1 eV. LOHFF [98] bestimmte die Energieverteilung der emittierten Elektronen mit einer Gegenfeldanordnung nach Bearbeitung einer Al-Probe in einer O_2-Restgasatmosphäre. Als mittlere Energien werden 0,2 eV gemessen, jedoch liegen die höchsten nachweisbaren Energien kurz nach der Bearbeitung wesentlich höher. Es konnten Elektronen mit Mindestenergien von 2,2 eV bei Al und 2,4 eV bei Li nachgewiesen werden. BATHOW [99] ermittelte die beim Reiben von Korundkörnern auftretende mittlere Energie, die zur Geschwindigkeitskomponente der Elektronen senkrecht zur Oberfläche gehört, zu 0,65 eV. Die höchste feststellbare Elektronenenergie betrug etwa 3 eV ($\triangleq$ 70 Kcal/Mol).

4.2. Kontaktspannungen

Auf Grund der Existenz der Kontaktpotentiale kommt es zur entgegengesetzten Aufladung zweier Oberflächen allein durch Berührung. Die Aufladung erfolgt durch Übergang freier Elektronen bei Metallen [100] und Halbleitern [101], durch Ladungsaustausch zwischen Oberflächenzuständen [102] oder Übergang schwach gebundener Ionen [103] bei Isolatoren. Durch den Übergang erfolgt ein thermodynamischer Ausgleich zwischen den Elektronengasen, den Oberflächenzuständen bzw. den Konzentrations- und Beweglichkeitsunterschieden von Ionen. Durch den Ladungsübergang wird eine Dipolschicht erzeugt. Bei Trennung der Oberflächen wird die Dipolschicht auseinandergerissen, und die Oberflächen bleiben aufgeladen zurück. Die Arbeit, die zur Trennung der Dipolschicht geleistet werden muß, kann durch Rückentladungsprozesse wieder frei werden. Durch die Rückentladung kommt es zur Entstehung energiereicher Elektronen, zur Anregung und Ionisation von Gas- und Festkörperatomen, zur Erwärmung der Oberflächen und zu einer Oberflächenzerstäubung [104].

Obwohl die Berührung zwischen den Oberflächen die dominierende Rolle bei den Aufladungserscheinungen spielt, kann eine zusätzliche Reibung die Aufladung vor allem bei Isolatoren entscheidend beeinflussen [105]. Die Reibung bewirkt eine Vergrößerung der Zahl der Kontaktpunkte, was bei Isolatoren zu einer Vergrößerung der Aufladung führt.

Mit der Reibung ist auch eine Änderung der Sorptionsschichten verbunden und damit eine Änderung des Kontaktpotentials. Durch die Reibung entsteht ein Temperaturgradient zwischen Oberfläche und Volumen der Festkörper und damit eine Thermospannung. Da die Größenordnung der Thermospannung bei Metallen 10 μV grd^{-1} und bei Halbleitern 1 mV grd^{-1} beträgt, spielen die Thermospannungen bei den nach Bowden und Tabor [106] durch Reibung erzeugten Temperaturen noch keine Rolle gegenüber dem Kontaktpotential, das bei Metallen und Halbleitern in der Größenordnung von 1 Volt liegt.

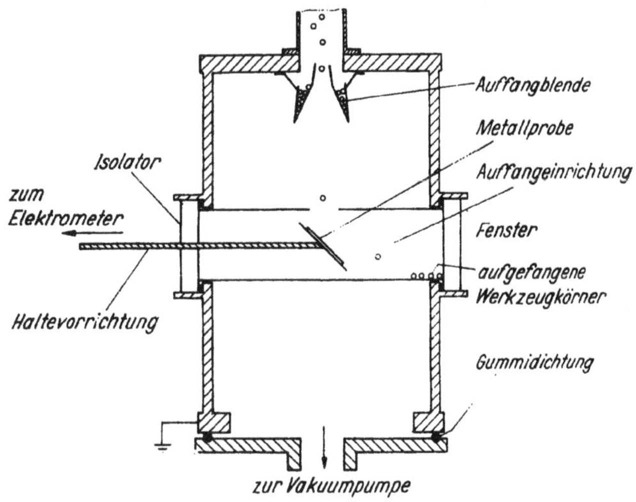

Abb. 81. Versuchsanordnung zur Messung der Übergänge elektrischer Ladungen bei mechanischer Bearbeitung

Größeren Einfluß hat die Temperaturerhöhung dagegen auf die Aufladung von Isolatoren. Frenkel [107] deutet die Aufladung von Isolatoren durch die entstehenden hot spots, die den Isolator an den Kontaktstellen in einen Halbleiter verwandeln. Henry [108] wies nach, daß die durch Reibung entstehenden Temperaturunterschiede auf den Isolatoroberflächen zur entgegengesetzten Aufladung zwischen gleichen Stoffen führen.

Durch den Ladungsübergang werden die Oberflächen auf ein charakteristisches Potential, das Kontaktpotential U_K aufgeladen, das von der Materialkombination abhängt. Die Aufladung Q zwischen den Oberflächen ergibt sich aus der Formel $Q = U_K \cdot C$. Bei Leitern ist C gleich der Gesamtkapazität zwischen den Körpern, während bei Isolatoren C nur von den Flächenbezirken gebildet wird, die sich in atomarem Abstand voneinander befinden. Diese Proportionalität zwischen Aufladung und Kapazität konnten bestätigt werden [109]. Durch Messung der Aufladung eines bewegten Werkzeugs (Kugel, Korn) und eines feststehenden Werkstücks (Metallplatte) mit der in Abb. 81 gezeigten Versuchsanordnung läßt sich dieser Zusammenhang nachweisen. Die Größe der Kontaktzone wird nach Abschluß des Bearbeitungsvorganges bestimmt. Mit dieser Apparatur läßt sich der Einfluß der kinetischen Energie der Werkzeugkörner, der Gasatmosphäre, des Gasdruckes und verschiedener Materialkombinationen und Oberflächenbehandlungen bei der Stoßbearbeitung auf Betrag und Richtung der Ladungsübergänge nachweisen. Unter diesen Bedingungen ist $C \approx \varepsilon_0 \dfrac{F}{a}$, wobei F die plastisch verformte Fläche (Kontaktfläche) ist und a der Abstand zwischen den Oberflächen, also gleich der Mikrorauhigkeit, die nach Bowden und Tabor [106] auch nach plastischer Verformung erhalten bleibt.

Hieraus folgt $Q = \varepsilon_0 \cdot U_K \cdot \frac{F}{a}$ und $\frac{Q}{F} = \varepsilon_0 \cdot \frac{U_K}{a} = \text{const}$ für eine bestimmte Materialkombination. Durch Messung von Q und F bei Variation von F durch Änderung von Fallhöhe, Kornmasse und Bearbeitungswinkel konnte die Konstanz von $\frac{Q}{F}$ bestätigt werden (Abb. 82).

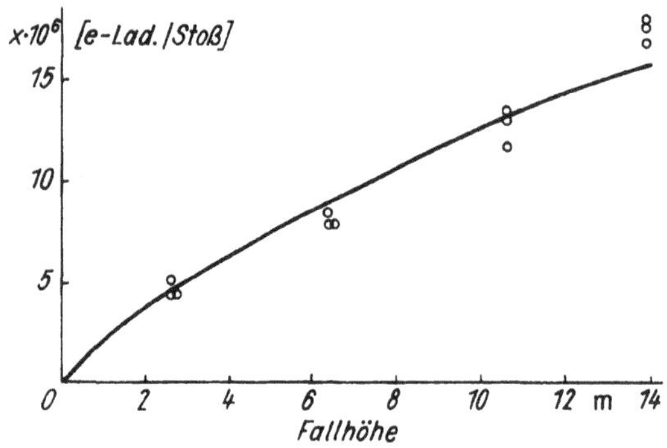

Abb. 82*a*. Abhängigkeit der elektrischen Aufladung von der Fallhöhe

Bedingungen: Werkzeug: Cr (⌀ 1,25–1,6 mm); Werkstück: Ni; Vakuum: $2 \cdot 10^{-4}$ Torr; Winkel: 45°

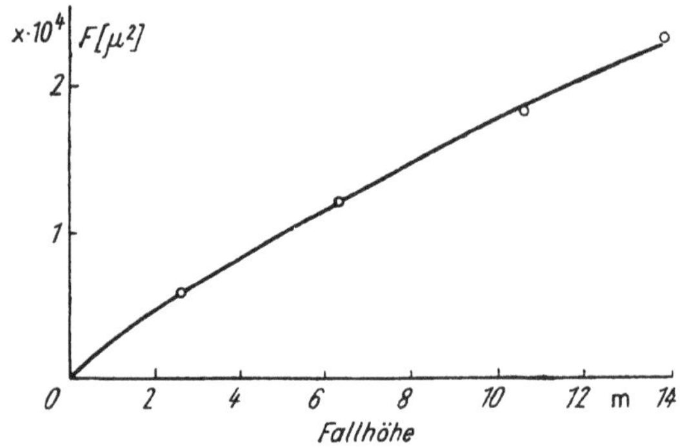

Abb. 82*b*. Abhängigkeit der Verformungsfläche von der Fallhöhe

Bedingungen: Werkzeug: Cr (⌀ 1,25–1,6 mm); Werkstück: Ni; Vakuum: $2 \cdot 10^{-4}$ Torr; Winkel: 45°

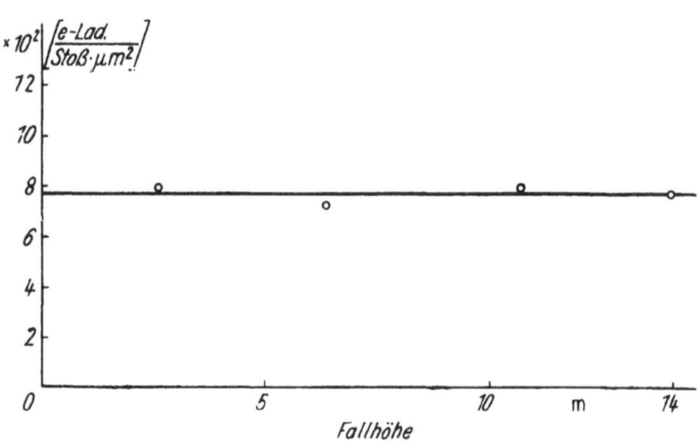

Abb. 82*c*. Aufladung in *e*-Lad. pro Stoß und μm² in Abhängigkeit von der Fallhöhe

Bedingungen: Werkzeug: Cr (⌀ 1,25–1,6 mm); Werkstück: Ni; Winkel: 45°; Vakuum: $2 \cdot 10^{-4}$ Torr

Abbildung 82*a* zeigt den Zusammenhang zwischen der Größe der übergegangenen Ladungen und der Fallhöhe bei der Bearbeitung einer Ni-Probe mit Cr-Körnern und Abb. 82*b* die mikroskopisch bestimmte plastisch verformte Kontaktfläche. Dividiert man die gemessene Ladungsmenge durch die jeweils erzeugte Verformungsfläche, ergibt sich die in Abb. 82*c* geforderte Konstanz.

Bei Trennung der Oberflächen voneinander bleibt Q konstant, während C verkleinert wird. Dadurch wächst die Spannung $U = \frac{Q}{C}$ zwischen den Oberflächen. Wie unten gezeigt wird, können so Spannungen bis zu 100 kV entstehen. Die Feldstärke an den Oberflächen beträgt $E = \frac{1}{\varepsilon_0} \cdot \frac{Q}{F} = \frac{1}{\varepsilon_0} \cdot \sigma$ (σ = Ladungsdichte). Bei hinreichender Leitfähigkeit verteilen sich die Ladungen bei Kontakttrennung von der Kontaktfläche auf die Gesamtfläche, d. h. Ladungsdichte und Feldstärke nehmen ab. Auf Isolatoroberflächen kann es dagegen zu keiner Ladungsverschiebung nach Kontakttrennung kommen, und die Feldstärke an der Oberfläche bleibt konstant und wird nur durch den Aufladungsmechanismus bestimmt.

Die durch die Aufladung entstehenden Feldstärken und die durch Entfernung der aufgeladenen Oberflächen voneinander erzeugten hohen Spannungen können zu einer Rückentladung durch Feldemission, Hochvakuumdurchschlag oder Gasentladung führen.

Zu einer Feldemission kommt es bei Feldstärken an der Oberfläche größer als 10^6 V cm^{-1}, was Ladungsdichten von $5{,}2 \cdot 10^{11}$ e-Lad. cm^{-2} entspricht. Der Emissionsstrom i pro cm² beträgt $i = aE^2 e^{-\frac{b}{a}}$ [104, S. 75]. Die

Konstanten a und b hängen von der Oberflächenform und der Austrittsarbeit ab. Die Feldemission setzt unmittelbar bei Trennung des Kontaktes ein, und die Elektronen wandern zur Gegenelektrode. Wird der Abstand zwischen den Oberflächen vergrößert, wächst die Spannung, und es kommt zur Entstehung energiereicher Elektronen. POLJAKOW und KROTOWA [110] wiesen bei der Trennung von Kunststoffolien von Metalloberflächen den Feldemissionsstrom mit einem offenen SEV im Vakuum nach. Die Energie der Elektronen betrug einige 10 keV, bei Trennung von einem Quarzkristall sogar einige 100 keV. Bei Vorhandensein einer Gasatmosphäre kam es zu einer Gasentladung.

Bei Anwesenheit einer Gasatmosphäre kann es zu einer Gasentladung zwischen den aufgeladenen Oberflächen kommen. Die Form der Gasentladung hängt vom Produkt $p \cdot a$ (p — Gasdruck, a — Abstand zwischen den Oberflächen) ab. Bei $p \cdot a > 200$ Torr · cm findet eine Funkenentladung, bei geringeren Werten von $p \cdot a$ eine TOWNSEND-Entladung statt (KAPZOW [104] und LOEB [103]). Die Dauer der Entladung beträgt etwa 10^{-7} s. Gasentladungen nach

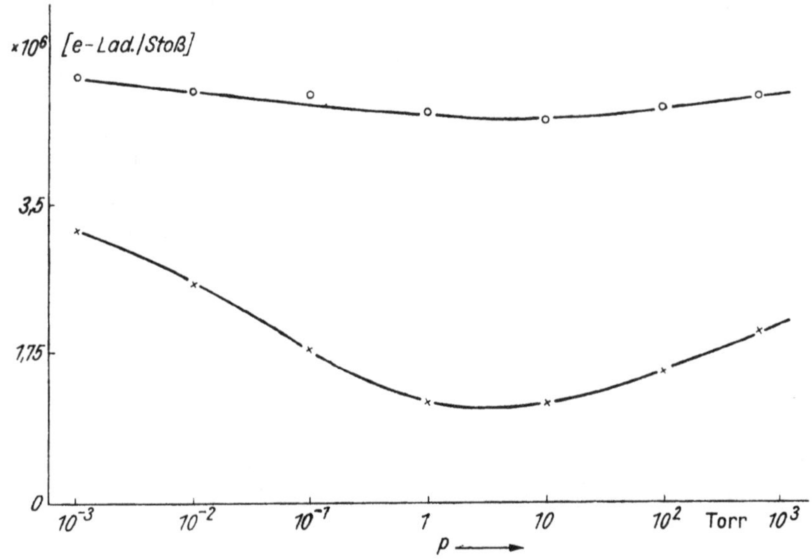

Abb. 83. Abhängigkeit der elektrischen Aufladung vom Gasdruck (Luft)

Bedingungen: Werkstück: Al; Werkzeug: Stahlkugeln (⌀ 2 mm) O, Fe-Körner (⌀ 1,25 – 1,6 mm) × Fallhöhe: 3,00 m

Kontakt von Isolatoroberflächen mit Metalloberflächen wurden von DEBEAU [111], HERSH und MONTGOMERY [112], CUNNINGHAM und MONTGOMERY [113] und PETERSEN [114] beobachtet. Von MEYER [109] konnten auf indirektem Wege Gasentladungen bei der Bearbeitung von Metallplatten und Metallkörnern nachgewiesen werden (Abb. 83). Wie DEBEAU und PETERSEN fand er eine Abhängigkeit der nach der Aufladung zurückbleibenden Ladung vom Gasdruck entsprechend dem Paschengesetz (KAPZOW [104]). Abbilung 83 zeigt die Abhängigkeit der elektrischen Aufladung vom Gasdruck für Luft unter verschiedenen Bearbeitungsbedingungen. In der oberen Kurve ist die Bearbeitung von Al-Proben durch Stahlkugeln, in der unteren die Bearbeitung mit spitzen Fe-Körnern dargestellt. In beiden Fällen tritt ein Minimum auf. Durch Rückentladungen werden bei Körnern geringere Ladungsübergänge als bei Kugeln beobachtet. Durch Vergrößerung des Abstandes zwischen den Oberflächen wächst die Spannung, bis die Zündspannung erreicht ist. Dann findet eine Entladung statt, bis die Spannung auf die Löschspannung gesunken ist. Nach dem Paschengesetz erfolgt die Zündung bei einem bestimmten Wert von $p \cdot a$. Bei kleinerem Druck setzt die Entladung also bei größerem Abstand ein, d. h. bei geringerer Kapazität zwischen den Oberflächen. Bei konstanter Löschspannung wird die

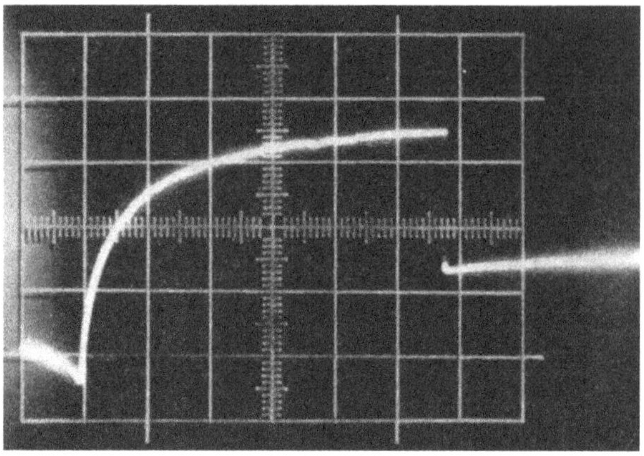

Abb. 84. Zeitlicher Verlauf des Ladungsüberganges bei der Bearbeitung einer Cu-Platte mit einer Se-Kugel. Vor der Gasentladung beträgt die übergetretene Ladungsmenge $3{,}2 \cdot 10^{-10}$ Coul. und führt zu einer Feldstärke von $1{,}8 \cdot 10^{5}$ V/cm. Bei einem Abstand von 4,1 mm und einem Druck von 0,2 Torr setzt die Entladung ein

zurückbleibende Aufladung dadurch mit fallendem Druck geringer ($Q = U_2 \cdot C$). Bei kleinen Drucken und damit großen Abständen zwischen den Oberflächen bei Zündbeginn machen sich die Inhomogenitäten des Feldes bemerkbar und bewirken, daß Zünd- und Löschspannung und damit auch die zurückbleibende Aufladung anwachsen. Schließlich kann bei einem bestimmten Druck überhaupt keine Entladung mehr stattfinden, die Aufladung erhält ihr Maximum und bleibt konstant. Entladungen und ihr zeitliches Auftreten nach dem Stoßprozeß lassen sich auch direkt aus dem Spannungsverlauf nach der Trennung des Kontaktes nachweisen [115], Abb. 84.

Mit der Gasentladung ist eine Kathodenzerstäubung und damit die Ablösung von Oberflächenbausteinen verbunden. Die bei Werten von $p \cdot a > 200$ Torr · cm auftretende Funkenentladung ist mit charakteristischen akustischen Erscheinungen (Knistern) verbunden. Bei Atmosphärendruck wird diese Entladungsform nach Aufladung von Festkörperoberflächen häufig beobachtet. Bei der Funkenentladung findet ebenfalls eine Oberflächenerosion statt.

4.3. Geladene Versetzungen

Die Trennung von Ladungen in Ionenkristallen ist durch Bewegung von Versetzungen, die einen Sprung aufweisen und zu einem Überschuß positiver bzw. negativer Ladungen führen, im Verlaufe des mechanischen Eingriffes möglich, worauf zuerst SEITZ [116] aufmerksam machte. Abb. 85 zeigt, wie bei einem Sprung einer Versetzungslinie entsprechend ihrer Richtung zum Burgersvektor „Sprünge" und „Kinken" entstehen, die im Falle einer Stufenversetzung bestimmte Ladungen tragen können. Sprünge und Kinken können bei der mechanischen Bearbeitung von Alkalihalogeniden durch Wechselwirkung verschiedener Versetzungslinien entstehen, z. B. [117]. Diese Versetzungssprünge können neutral sein oder elektrische Ladungen tragen. Für den speziellen Fall des NaCl-Gitters sind die Wechselwirkungen einer Stufenversetzung mit anderen Versetzungslinien in Abb. 86 schematisch dargestellt. Es wird eine Stufenversetzung (011), [0$\bar{1}$1] mit ihrer parallel zur (011)-Fläche gelegenen eingeschobenen Fläche gezeigt. Diese kann von Versetzungen mit einem der 12 eingezeichneten Burgersvektoren geschnitten werden. Acht dieser Burgersvektoren liegen schräg zur [0$\bar{1}$1]-Richtung und erzeugen geladene Sprünge, zwei liegen senkrecht [0$\bar{1}$1] und erzeugen neutrale Sprünge und zwei liegen parallel [0$\bar{1}$1] und erzeugen daher ausschließlich Kinken.

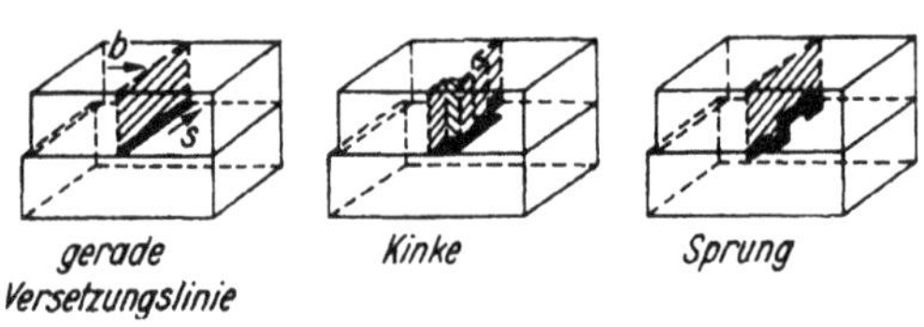

Abb. 85. Entstehung von Sprüngen und Kinken durch Sprung einer Versetzungslinie

Versetzungssprünge können außerdem durch Quergleitungsprozesse entstehen. Bewegte Schraubenversetzungen tragen im allgemeinen nicht zur Ladungstrennung bei, da sie keine geladenen Sprünge oder Kinken aufweisen.

In den letzten Jahren wurden zahlreiche experimentelle Ergebnisse über die Verschiebung von elektrischen Ladungen bei mechanischer Beanspruchung von Alkalihalogeniden ohne Anlegen eines äußeren Feldes bekannt [118, 119]. So untersuchten RUEDA und DEKEYSER [120] Ladungseffekte während der inhomogenen Deformation von NaCl-Kristallen durch Eindrücken einer Stahl- bzw. Diamantnadel. CAFFYN und GOODFELLOW [121] bestimmten das Vorzeichen der Ladung bei punktförmiger Belastung von Kristallen.

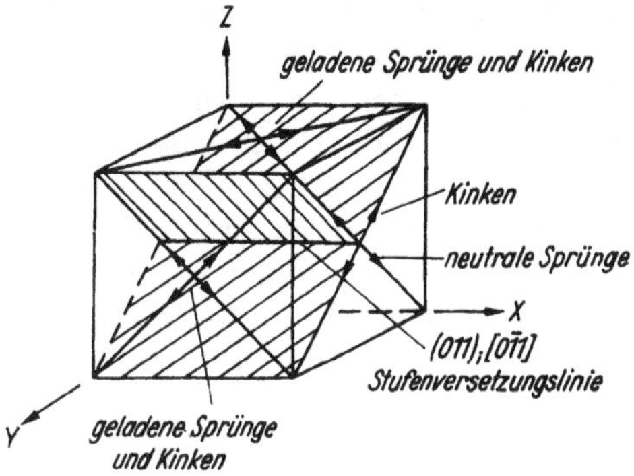

Abb. 86. Erzeugung von Sprüngen und Kinken in kubisch-flächenzentrierten Alkalihalogeniden durch Wechselwirkung von Versetzungen mit der Stufenversetzung (011), [0$\bar{1}$1] nach GILMAN

Im Falle der Stoßbearbeitung einer Spaltfläche von Alkalihalogeniden des NaCl-Typs ergibt sich die in Abb. 87 dargestellte Anordnung von Stufenversetzungen in der Oberfläche und im Kristallinnern. Da nur die Stufenkomponente von Versetzungsschleifen zur Ladungstrennung beiträgt [122], soll dieser Fall näher betrachtet werden. Beim ersten Kontakt der Nadel mit der Kristalloberfläche ist nur eine Schubspannung in $(110)_{45}$-Ebenen wirksam (Entstehung von Schraubengleitbändern). Erst wenn die lokale Spannungskonzentration hohe Werte erreicht, wird eine Schubspannungskomponente auf $(110)_{90}$-Ebenen übertragen [41]. $(110)_{45}$- bzw. $(110)_{90}$-Ebenen deuten an, daß im ersten Fall die Gleitebenen die (001)-Bearbeitungsfläche unter 45°, im zweiten Fall unter 90° schneiden. Die in $(110)_{90}$-Ebenen erzeugten Versetzungsschleifen verursachen die auf der geätzten Oberfläche sichtbaren Stufengleitbänder, die diagonal verlaufen. Während des Eindruckes erfolgt die Bewegung der Versetzungen innerhalb eines Gleitbandes in beiden Richtungen vom Bearbeitungszentrum fort. Daher tragen die Versetzungen, die sich in beiden Armen eines Gleitbandes bilden, entgegengesetzte (mechanische) Vorzeichen.

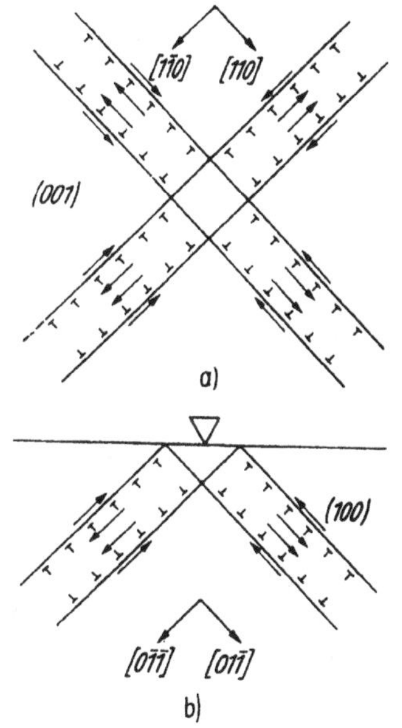

Abb. 87. Anordnung von Stufenversetzungen bei punktförmiger Belastung

a) Versetzungsanordnung auf (001)-Oberfläche in der Umgebung des Eindruckes
b) Versetzungsanordnung im Kristallinnern unterhalb des Eindruckes

Auf der Grundlage dieser Versetzungsanordnung deuten CAFFYN und GOODFELLOW [121] das Vorzeichen der elektrischen Ladung. Die in $(110)_{90}$-Ebenen wirksame Schubspannung ist vom Abstand des Bearbeitungszentrums abhängig. In unmittelbarer Nähe des Eindruckes sind die Schubspannungen sehr hoch, so daß sich Versetzungen mit entgegengesetztem Vorzeichen bilden. Ein Teil bewegt sich vom Zentrum fort in Gebiete, in denen die Schubspannung kleiner als die Fließspannung ist, und staut sich dort, während sich ein anderer Teil zum Zentrum hin bewegt, die Kristalloberfläche verläßt und somit die Ladung zum Bearbeitungsort transportiert. Obwohl hinsichtlich des Vorzeichens und des Betrages der bei mechanischen Beanspruchungen erzeugten Ladungseffekte auf Grund der Realstruktur (z. B. Reaktion von Versetzungslinien mit zweiwertigen Kationen) weitgehende Meinungsverschiedenheiten bestehen, sind durch Bewegung von Versetzungen und damit bei rein plastischen Deformationen grundsätzlich Ladungstrennungen möglich [123].

4.4. Ausgleich elektrischer Ladungen durch Lichtemission (Tribolumineszenz)

Der Ausgleich der durch Kontaktspannungen entstehenden Potentialdifferenzen führt unter geeigneten äußeren Bedingungen zur Emission von Licht (Tribolumineszenz). Die Verwendung einer empfindlichen elektronischen Meßanordnung ermöglicht die Registrierung einzelner Lichtblitze synchron mit dem mechanischen Impuls, wodurch sich eine eindeutige Zuordnung der Lichtblitze zu bestimmten morphologischen Veränderungen bei der Stoßbearbeitung ergab. Damit gelang es, die Dauer einzelner Lichtblitze exakt zu bestimmen und erstmals verschiedene Parameter, wie Gasdruck, Gasart, Intensität der mechanischen Bearbeitung und Temperatur in ihrem Einfluß auf die Intensität der Lichtemission quantitativ zu erfassen [125, 127, 143].

Für die Erzeugung definierter mechanischer Eingriffe wurde eine Eindruckvorrichtung innerhalb eines evakuierbaren Rezipienten mit Simmerring-Durchführungen aufgebaut, so daß die Bewegung der Kristalle von außen möglich ist. Daher erfolgt jeder Einschlag stets auf einer

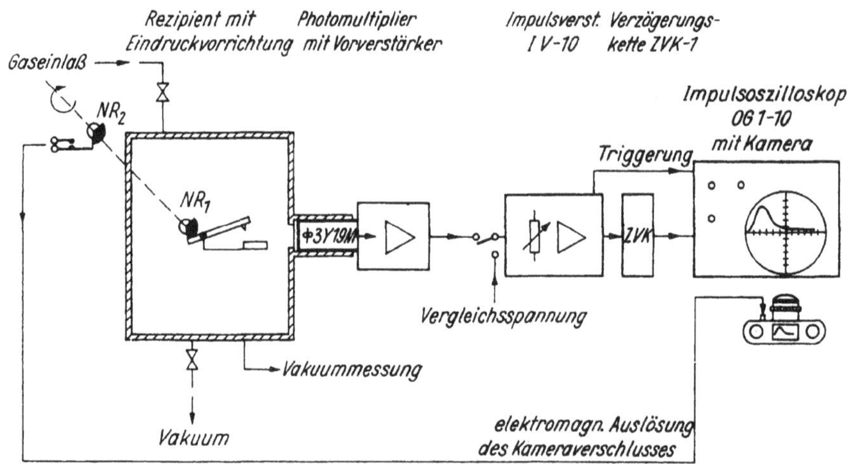

Abb. 88. Schematische Darstellung der Versuchsanordnung zur Messung der Tribolumineszenz

unbearbeiteten Stelle des Kristalls ohne Änderung der Versuchsbedingungen. Die Eindruckvorrichtung selbst besteht aus einem mit verschiedenen Gewichten belastbaren Hebelarm mit einer auswechselbaren Korundnadel, die aus 10 mm Fallhöhe auf die Probe schlägt. Damit ergeben sich reproduzierbare mechanische Eingriffe mit einstellbaren Energien von 0,4 bis 25 mp, entsprechend $2 \cdot 10^{13}$ bis $150 \cdot 10^{13}$ eV. Mittels eines Heizbleches kann der Kristall bis auf 300 °C erhitzt werden. Unter diesen Bedingungen ist die Wahl sehr verschiedenartiger Arbeitsbedingungen gegeben: leichte Wiederholbarkeit und Summierung der Einzelvorgänge, freie Wahl der Proben, der Werkzeugnadeln und beliebige Paarungen, leichte Bestimmbarkeit der Umgebung, z. B. Vakuum, Gasatmosphäre und Gasdruck, Einfluß der Temperatur sowie die mikroskopische Erfassung morphologischer Veränderungen von Probe und Nadel bei gleichzeitiger und eindeutiger Zuordnung von Lichtblitz und mechanischem Eingriff. Die Registrierung der Lichtblitze erfolgte mit einem Multiplier, Verstärker und Oszilloskop. Der schematische Aufbau der Versuchsanordnung ist in Abb. 88 wiedergegeben. Die auf dem Oszilloskop sichtbaren Lichtblitze wurden mit einer Kamera aufgenommen, die mit dem Nockenrand NR_2 über einen Schaltkontakt mit elektromagnetischem Auslöser gekoppelt ist. Die Auswertung der einzelnen Lichtblitze nach ihrer Intensität erfolgte durch Ausmessen der Amplitude. Als relative Maßeinheit der Tribolumineszenz-Intensität diente daher die elektrische Spannung am Ausgang des Vorverstärkers, wobei 1 V einem Skalenteil entspricht und in den folgenden Abb. als Einheit auf der Ordinate aufgetragen wurde. Unter vereinfachenden Annahmen läßt sich aus den Herstellerdaten des Photomultipliers die Photonenausbeute grob abschätzen: Ein Skalenteil entspricht ungefähr $2 \cdot 10^3$ Photonen.

Die zeitliche Auflösung der einzelnen Lichtblitze wird durch die Zeitkonstante des Verstärkers begrenzt, die bei $5 \cdot 10^{-7}$ s liegt. Daher werden Lichtimpulse mit kurzer Dauer durch die Zeitkonstante der elektronischen Schaltung verfälscht und nur längere maßstabgetreu wiedergegeben. Die in den folgenden Kurven eingetragenen Punkte stellen jeweils Mittelwerte einer großen Zahl von Einzelmessungen dar.

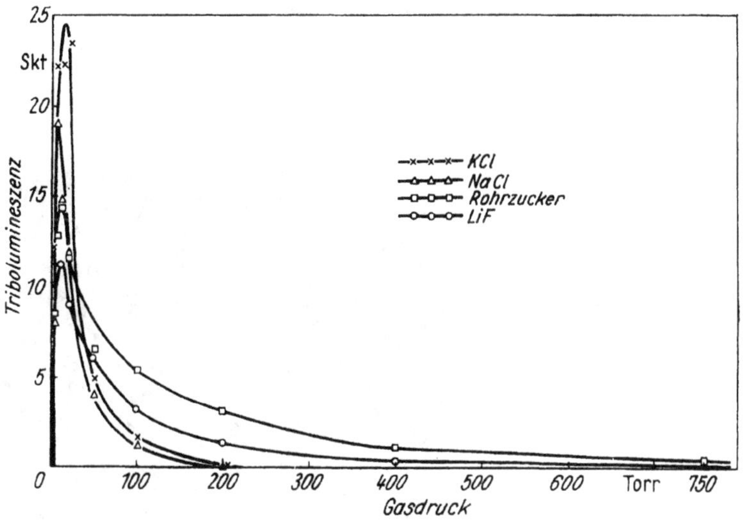

Abb. 89. Abhängigkeit der Tribolumineszenz verschiedener Alkalihalogenide und des Rohrzuckers vom Gasdruck (Luft)

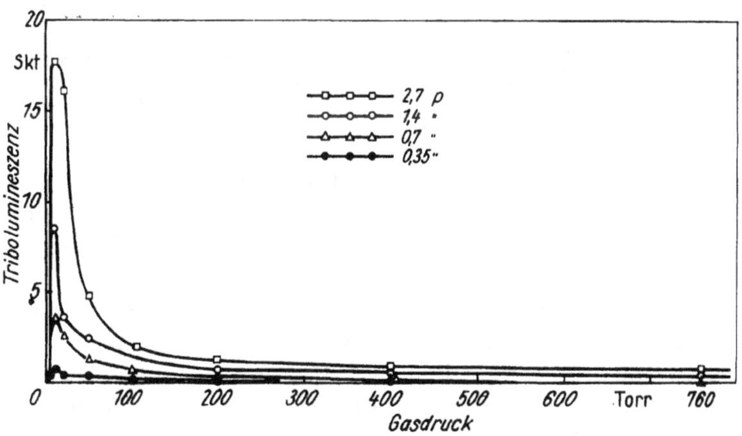

Abb. 90. Abhängigkeit der Tribolumineszenz des LiF vom Gasdruck (Luft) für verschiedene Belastungen

Untersuchungen über den Einfluß des Gasdruckes von Luft auf die Intensität der Tribolumineszenz für verschiedene Alkalihalogenide und Rohrzucker ergaben, daß die Lichtemission bei etwa 1 Torr einsetzt, in Richtung höherer Drucke steil ansteigt, ein Maximum erreicht und allmählich wieder abfällt (Abb. 89). Die Messungen wurden bei 10^{-5} Torr begonnen. Die dargestellte Druckabhängigkeit änderte sich für die untersuchten Substanzgruppen grundsätzlich nicht mit der Temperatur, der Intensität der mechanischen Bearbeitung und der Gasart.

Um die Abhängigkeit der Tribolumineszenz von der zugeführten mechanischen Energie zu untersuchen, wurde dieselbe Nadel mit verschiedenen Gewichten belastet (Abb. 90, 91). Die Kurven zeigen, daß mit kleinen Belastungen die Intensität stetig abnimmt, ohne daß ein Sprung im Intensitätsabfall erkennbar wird. Da sich die Druckabhängigkeit mit der mechanischen Bearbeitung nicht ändert und das Maximum bei ungefähr 10 Torr liegt, wurden weitere Untersuchungen über den Einfluß der mechanischen Bearbeitung bei 10 Torr durchgeführt.

Ein wesentlicher Gesichtspunktfür die Deutung der Tribolimuneszenz schien uns die gleichzeitige Beobachtung morphologischer Veränderungen zu sein. Dieser Faktor wurde bisher völlig vernachlässigt und erst kürzlich von Beljajew et al. [128] berücksichtigt. Von uns wurden ausführliche Untersuchungen an LiF und KCl, die sich wesentlich in ihren plastischen Eigenschaften unterscheiden, durchgeführt. LiF zeigt bei Normaltemperatur starke Neigung zur Rißbildung,

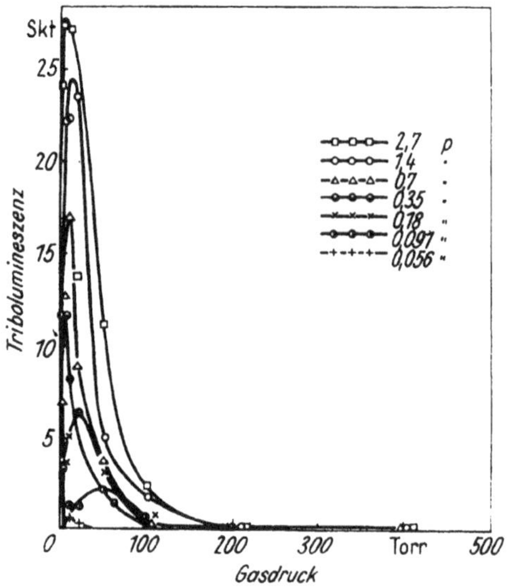

Abb. 91. Abhängigkeit der Tribolumineszenz des KCl vom Gasdruck (Luft) für verschiedene Belastungen

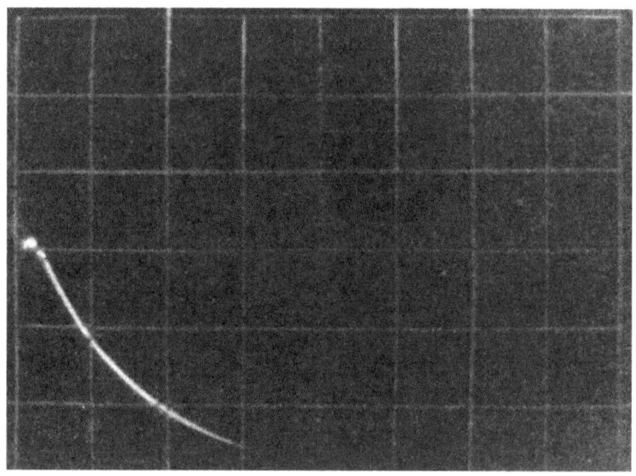

Abb. 92. Zur Abb. 95*a* gehöriger Tribolumineszenz-Impuls

Abszisse: 1 Einheit ≙ $5 \cdot 10^{-7}$ sec (Dauer der TL)
Ordinate: 1 Einheit ≙ 4 Skt. (Intensität der TL)

während KCl ausgeprägte plastische Eigenschaften aufweist. Zur Sichtbarmachung der beim Stoßvorgang erzeugten Versetzungen außerhalb der unmittelbaren Eindruckstelle wurden die Kristalle anschließend geätzt; LiF mit einer Fe-Ionen enthaltenden Eisessig-Flußsäure-Lösung [21] und KCl mit Ba-haltiger Propionsäure [26].

Die Abb. 94 und 95*a* zeigen den mit einer Korundnadel erzeugten Tribolumineszenz-Impuls und den dazugehörigen Eindruck in LiF. Die systematische Auswertung der bei verschiedenen Belastungen erzeugten Eindrücke zeigt, daß bei LiF bis zu kleinsten Belastungen herab Risse auftreten, die in [110]-Richtung verlaufen und seltener nach [100]. Abbildung 95 gibt eine Auswahl von Eindrücken wieder, die bei verschiedenen Belastungen erzeugt wurden. Die zugehörigen Tribolumineszenz-Kurven gehen aus Abb. 90 hervor. Bei den Belastungen 0,18 p und 0,091 p wurden keine meßbaren Lichtausbeuten beobachtet.

Wesentlich andere Ergebnisse wurden hinsichtlich der morphologischen Veränderungen beim KCl beobachtet. Die Auswertung der Eindrücke bei verschiedenen Belastungen — die entsprechenden Tribolumineszenz-Kurven sind in Abb. 91 wiedergegeben — ergab Rißbildungen nur oberhalb von 0,7 p. Bei geringeren Belastungen wurden ausschließlich plastische Deformationen beobachtet, die sich beim geätzten Kristall im Auftreten von sogenannten Rosetten äußern, und die durch Bewegung von Schrauben- und Stufenversetzungen in den (110)-Gleit-

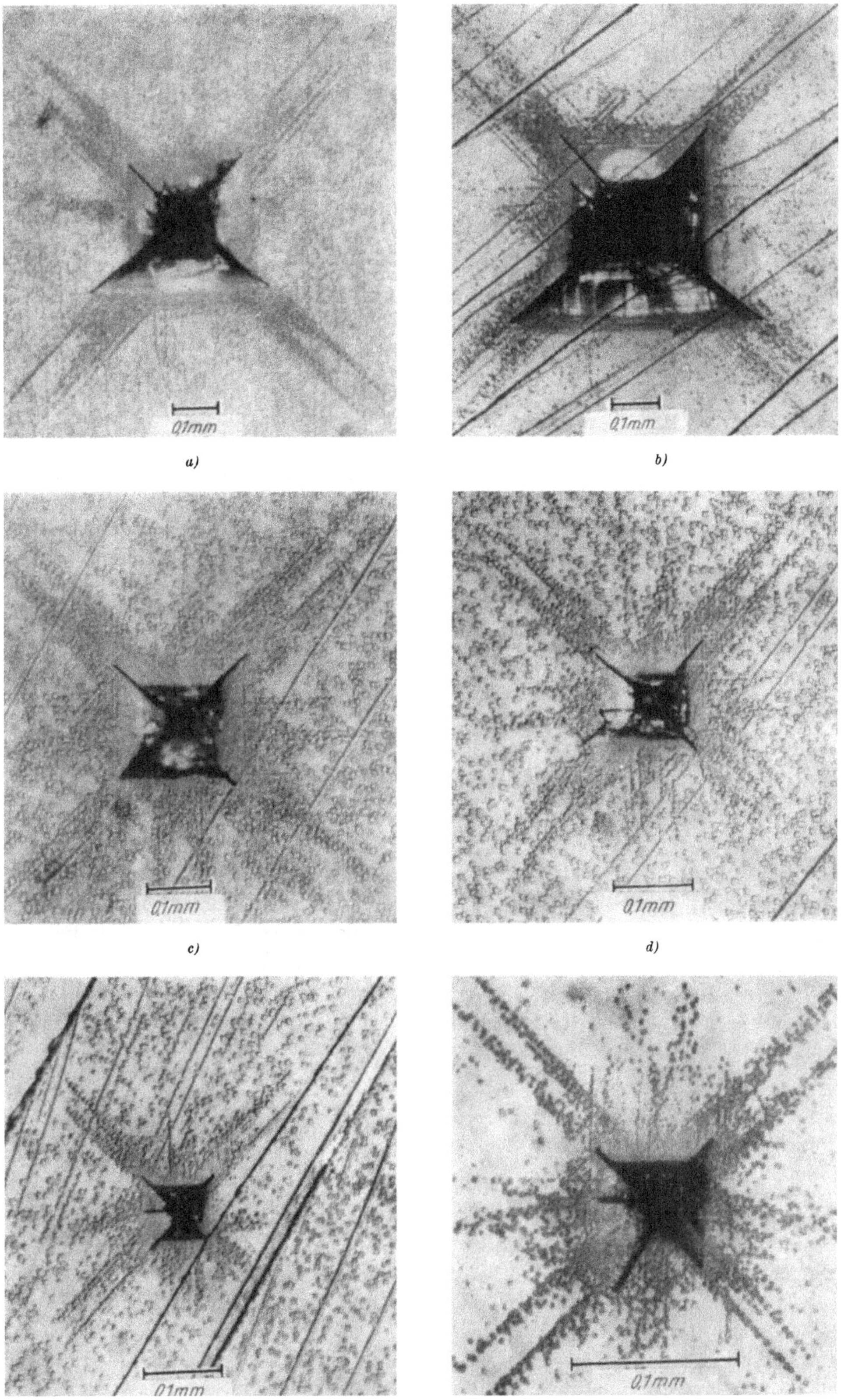

Abb. 93. Eindrücke auf LiF-Oberflächen mit verschiedenen Belastungen, geätzt

a) 2,7p *b*) 1,4 p; *c*) 0,7 p; *d*) 0,35 p; *e*) 0,18 p; *f*) 0,091 p

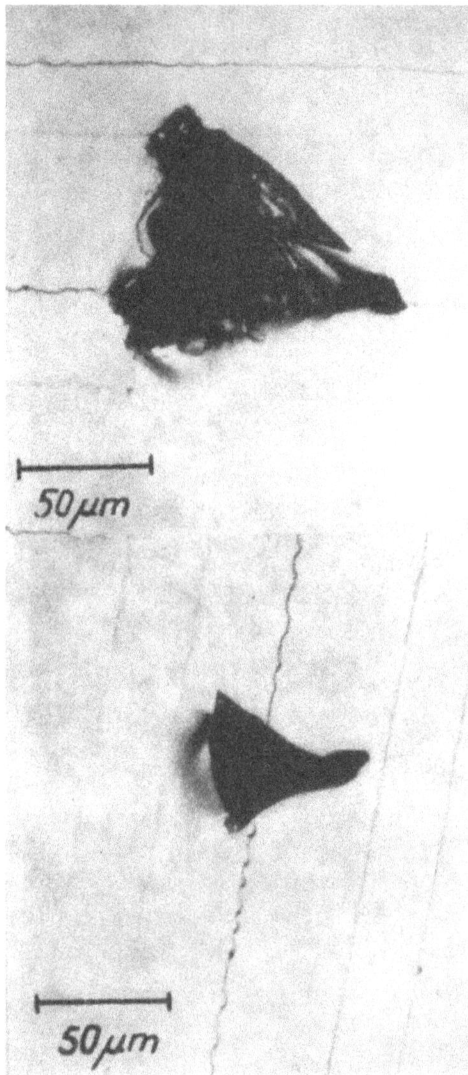

Abb. 94. Eindrücke auf KCl-Oberflächen mit verschiedenen Belastungen
a) 0,18 p; *b*) 0,056 p

ebenen zustande kommen (Abb. 94). Zusammenfassend ergibt sich, daß beim LiF Rißbildungen im gesamten Belastungsbereich auftraten und Lichtblitze nur oberhalb 0,35 p beobachtet wurden. Beim KCl traten Risse nur oberhalb 2,7 p auf, unterhalb dieser Belastung wurden ausschließlich plastische Stoffverschiebungen beobachtet. Vergleichbare Belastungen ergaben beim KCl größere Intensitäten als beim LiF.

Als Ergebnis verschiedener Untersuchungen [125, 127] an Alkalihalogeniden und Rohrzucker folgt, daß der Ausgleich elektrischer Ladungen über eine Gasentladung zustande kommt, die die Ursache der Triboluminineszenz ist. Für den Ausgleich elektrischer Ladungen gibt es zwar grundsätzlich drei Möglichkeiten, doch lassen sich zwei davon ausschalten:

a) Festkörperdurchschlag. Er erfordert bei den Alkalihalogeniden elektrische Feldstärken von $5{,}7 \cdot 10^5$ V/cm beim KJ und bis $31 \cdot 10^5$ V/cm beim LiF (131);

b) Entladung über den Gasraum, wofür wesentlich geringere Feldstärken notwendig sind;

c) strahlungsloser Ausgleich infolge Störstellenleitung der Kristalle.

Da die experimentellen Beobachtungen Festkörperdurchschlag ausschließen, kommen nur die beiden letzten Mechanismen in Betracht, die sich aber voneinander trennen lassen, da nur der zweite Vorgang unter Lichtemission abläuft. Ein unmittelbarer experimenteller Nachweis für die Trennung beider Effekte besteht darin, daß man Eindrücke unter Hochvakuum macht, wobei keine Lichtemission beobachtet wird. Erhöht man den Gasdruck im Rezipienten, so tritt gleichzeitig mit dem Gaseinlaß (bei etwa 5 Torr) Lichtemission auf. Die Zeit zwischen Eindruck und Gaseinlaß, die gerade noch zur Entstehung eines Lichtblitzes führt, beträgt bis zu einigen Minuten und wird wesentlich von der Realstruktur (dem Reinheitsgrad) der verwendeten Kristalle beeinflußt. Nach längeren Zeiten tritt bei entsprechendem Gaseinlaß keine Lichtemission mehr auf. Die Ladungen haben sich vorher durch Oberflächenleitung ausgeglichen.

Dieses Ergebnis zwingt dazu, die Triboluminineszenz als ein Gasentladungsphänomen aufzufassen. Sie kann zeitlich vom mechanischen Eingriff getrennt werden. Diese Zeit ist dadurch begrenzt, daß durch eine geringe elektrische Leitfähigkeit der Kristalle sich die Ladungen ausgleichen und die Zündspannung für den Entladungsmechanismus nicht erreicht wird. Durch Erhöhung der Ionenbeweglichkeit (z. B. Temperatur) oder der Zahl der Kationenleerstellen (z. B. Dotierung) kann die Leitfähigkeit so weit erhöht werden, daß die Zeit des Ladungsausgleiches kleiner als die Zündverzögerung der Gasentladung wird und die Gasentladung deshalb ausbleibt.

Für die Annahme eines Gasentladungsmechanismus sprechen weiterhin folgende Beobachtungen:

a) Das Auftreten der Tribolumineszenz ist an eine Gasatmosphäre mit bestimmtem Druckbereich gebunden. Im Hochvakuum wird unter den Bearbeitungsbedingungen keine Lichtemission beobachtet.

b) Bei den plastischen Materialien, wie KCl und KJ, welche die Eindrucknadel dicht umschließen, wird häufig erst beim Abheben der Nadel Tribolumineszenz beobachtet. Die Ladungstrennung muß aber schon beim Stoß erfolgt sein, da die Nadel einige Minuten nach dem Kontakt abgehoben werden muß, damit eine Lichtemission erfolgt.

c) Elektrisch leitende Stahlnadeln schließen die „Gasstrecke" kurz, so daß keine Tribolumineszenz auftritt.

Neuere Untersuchungen über die Ursachen der Entstehung von Potentialdifferenzen haben ergeben, daß die Ladungstrennung zwischen Nadel und Kristall erfolgt und auf die Kontaktpotentialdifferenzen zwischen beiden Oberflächen zurückzuführen ist [143]. Betrag und Vorzeichen der Ladungen konnten gemessen und mit der Intensität der Tribolumineszenz verglichen werden. Dabei ergab sich eine Proportionalität zwischen den getrennten Ladungen und der Lichtemission. Bezeichnet man mit Φ die Tribolumineszenzintensität und ΔQ die Ladungsmenge, läßt sich der Zusammenhang durch

$$\Phi = k \cdot \Delta Q$$

ausdrücken. k ist eine Konstante.

Empirisch wurde gefunden, daß nur bei Überschreitung einer minimalen geometrischen Kontaktfläche F_0 oder der minimalen Ladung $Q_{\min} = F_0 \cdot \bar{\sigma}_{exp}$ Tribolumineszenz auftritt; $\bar{\sigma}$ ist die mittlere Ladungsichte.

Diese Bedingung reicht aber nicht aus, da der Einfluß der Ladungsdichte fehlt. Um diesen zu berücksichtigen, geht man davon aus, daß die Gasentladung nur zündet, wenn

$$U_{\max}(d) \geq U_{z\,\min}(p \cdot d)$$

ist, wobei $U_{z\,\min}$ die minimale Zündspannung für einen bestimmten Abstand d und $U_{\max}$ die maximal beim Abheben der Nadel erreichbare Spannung zwischen Kristall und Nadel ist; p ist der Gasdruck. Auf Grund der Inhomogenität des elektrischen Feldes ist die Gleichung jedoch nur eine notwendige, keineswegs hinreichende Bedingung für das Zünden einer Gasentladung. Die Ursache hierfür ist, daß bei großen d trotz

$$U_{(d)} = U_z(p \cdot d)$$

kein Lawinenprozeß und damit keine selbständige Entladung entstehen kann, weil im mittleren Teil des Raumes zwischen Nadel und Kristall die Potentialdifferenzen zu gering sind, um eine genügende Zahl Elektronen auf die Ionisierungsenergie zu beschleunigen.

Experimentell findet man, daß noch bei dem Bruchteil 0,95 $U_{\max}$ die Gasentladung zündet:

$$0{,}95\, U_{\max} \geq U_{z\,\min}(p \cdot d).$$

Aus $U(d_{\max}) = 0{,}95\, U_{\max}$ folgt ein maximaler Zündabstand $d_{\max}$ und aus $U_{\max} \cdot 0{,}95 = U_z(p_{\min} \cdot d_{\max})$ ein minimaler Gasdruck $p_{\min}$, bei denen gerade noch die Gasentladung zündet. Außer $d_{\max}$ und $p_{\min}$ liefert die Gleichung unter Berücksichtigung experimenteller Meßergebnisse die für die Tribolumineszenz notwendige zweite Bedingung: die minimale Ladungsdichte.

Somit ist das Auftreten eines Lichtblitzes die Überschreitung einer minimalen Ladung, der die Überschreitung einer minimalen geometrischen Kontaktfläche entspricht, notwendig. Eine weitere Bedingung ist eine genügend hohe Ladungsdichte, die sich experimentell durch Verwendung spitzer Eindruckkörper realisieren läßt.

Qualitativ kann der Übergang zu geringeren Ladungsdichten durch die Wahl von Nadeln größerer Krümmungsradien erreicht werden. Hierbei sinkt der mechanische Druck, und dadurch wird das Verhältnis der Fläche atomaren Kontaktes zur geometrischen Eindruckfläche kleiner und bei genügend flachen Eindruckkörpern werden keine Lichtblitze mehr beobachtet.

Das Auftreten der Lichtemission wird nicht nur bei Verwendung von Korundnadeln oder allgemein Hartstoffkörpern beobachtet, sondern läßt sich auch bei der Bearbeitung gleicher Kristalle untereinander nachweisen, z. B. bei der Bearbeitung von NaCl-Kristallen mit NaCl-Nadeln. Die getrennten Ladungsmengen liegen in der gleichen Größenordnung.

Andere Ursachen hat die Tribolumineszenz, die bei der mechanischen Bearbeitung bestimmter weiterer Substanzgruppen beobachtet wird. So wird z. B. bei der Stoßbearbeitung von Si die Emission von Leuchtkurven beobachtet, die in ihrer Struktur von den Tribolumineszenzblitzen bei Alkalihalogeniden stark abweichen, wobei die Lichtemission weitgehend druckunabhängig ist [129]. Hierbei wird man möglicherweise mit dem Auftreten sehr kurzlebiger plasmatischer Zustände in Bereichen starker Gitterverformungen rechnen müssen, wie sie z. B. bei Anlegen eines äußeren Feldes bei p-n-Übergängen in Halbleitern beobachtet werden.

5. Diskussion eines Verformungsmodells unter Berücksichtigung der Anregungszustände (Thiessensches Magma-Plasma-Modell)

Unter Berücksichtigung der verschiedenen Anregungszustände wurde von THIESSEN [132] ein neues Verformungsmodell entwickelt, das als Magma-Plasma-Modell in die Literatur eingegangen ist. Die in dieser Arbeit diskutierten Erscheinungen stützen dieses Modell, das über die SMEKALschen Vorstellungen vom athermischen Schmelzen bei submikroskopischen Eingriffen hinausgeht.

Die beobachteten Strukturveränderungen bearbeiteter Kristalloberflächen zeigen, daß es bei der Impulsbremsung zu einem Energieaustausch und zu einer Umwandlung der kinetischen Energie in andere Energieformen kommt, wobei der größte Energieanteil auf die plastische Verformung entfällt. Aus der Fülle von experimentellen Beobachtungen über das mikroplastische Verhalten aller Kristalle, auch der makroskopischen spröden, wie Quarz, Flußspat und selbst Karbide, ergibt sich die Frage nach der Ursache des plastischen Fließens. Von SMEKAL wurde auf Grund seiner Ritzversuche an Glas- und Kristalloberflächen die Vorstellung entwickelt, daß die Mikroplastizität fester Körper ein „athermisches“ Schmelzen sei. SMEKAL nimmt an, daß beim Ritzen extreme Spannungen von der Größenordnung 1 p/μm^2, das entspricht 10^6 p/mm^2, entstehen, die in der Lage sind, die molekularen Kräfte zwischen den Gitterbausteinen zu überwinden [1]. Dabei braucht es nicht zu einer völligen Trennung der Bindungen zu kommen, sondern nur zu einer weitgehenden Lockerung, die ein Gleiten der Molekularbausteine verursacht, vergleichbar mit der Struktur einer Schmelze. Im Sinne der phänomenologischen Reibungslehre würde die umgesetzte Wärmemenge eine Art von Reibungswärme darstellen, die den Betrag der Schmelzwärme erreichen kann [10]. SMEKAL nimmt also an, daß die Schmelzwärme die oberste Grenze der überschüssigen freien Energie sei, die bei submikroskopischen Eingriffen auftreten kann. Von MADELUNG [133] wurde auf Grund vereinfachter Annahmen die Temperatur in einer 2/100 mm breiten Ritzfurche, die auf Glas mit einer Nadel (Belastung 400 g) erzeugt wurde, zu 600 °C berechnet, wodurch ebenfalls die Möglichkeit einer Erweichung des Glases durch Reibungswärme unter der ritzenden Nadelspitze gegeben ist.

Die Beobachtungen über die morphologischen Veränderungen mechanisch bearbeiteter Kristalloberflächen mittels Elektronenmikroskop unter Anwendung spezieller Dekorationsverfahren stehen zwar nicht im Widerspruch zu der Grundvoraussetzung SMEKALS, nach der bei submikroskopischen Eingriffen Flächenbelastungen auftreten, die Gitterbindungen sprengen können, jedoch müssen diese Vorstellungen erweitert werden. Entsprechend den bereits mitgeteilten Ergebnissen über die elementaren Verformungsprozesse bei der Bearbeitung von Einkristallen wird vorgeschlagen, an Stelle des hypothetischen „athermischen" Schmelzens für die Deutung des Mechanismus der submikroplastischen Verformung die Erzeugung und Bewegung von Versetzungen heranzuziehen. Die verfeinerten Untersuchungsmethoden nach beendeter mechanischer Bearbeitung (Dekoration, Ätzen) gestatten weitergehende Aussagen über die elementaren Vorgänge submikroskopischer Eingriffe. Aus morphologischen Beobachtungen über den submikroskopischen Zustand der bearbeiteten Stellen und aus Art und Ablauf chemischer Umsetzungen bei der Stoßbeanspruchung von Festkörpern, z. B. Bildung von NH_3 [134] und CH_4 [135] aus den Elementen, wofür hohe Aktivierungsenergien notwendig sind, die durch die Schmelzwärme eines Kristalls allein nicht aufgebracht werden können, läßt sich schließen, daß an der unmittelbaren Auftreffstelle des Werkzeugkornes durch Lokalisierung sehr hoher Energien in einem engbegrenzten Raum ein Bereich entsteht, in dem sich während der Stoßübertragung das Material beider Stoßpartner in einem angeregten Zustand befindet. Als Beweis für das Vorhandensein hoher Anregungszustände kann man z. B. auch den Übergang hochschmelzender Metalle auf duktile Werkstoffe mit niedrigem Schmelzpunkt bei Bearbeitungsprozessen werten. So führt z. B. die Bearbeitung von Zinn mit radioaktiven Stahlkugeln zu meßbaren Eisenübergängen, die in übersichtlicher Weise von der kinetischen Energie der Stahlkugeln abhängen [139]. Diese Beobachtungen sind nicht mehr mit der SMEKALschen oder BOWDENschen [136] Vorstellung vereinbar, wonach als Maximaltemperatur bei Stoß- oder Reibungsprozessen die Schmelztemperatur des Stoffes mit dem niedrigsten Schmelzpunkt auftreten sollte. Nur durch das Vorhandensein einer Energieblase mit hoher Energiedichte am Trefferort unter Ausbildung kritischer Zustandserscheinungen dürften solche Übergänge erklärbar sein. Als Folge dieses Energiestaus verbleiben nach Abschluß der mechanischen Stoßbearbeitung am Trefferort eingefrorene, stark gestörte Gitterbereiche mit quasi-amorpher Struktur, während sich in der Umgebung verschiedene Zonen ausbilden, deren Versetzungsdichte mit steigender Entfernung vom Trefferort abnimmt. In schematischer Darstellung sind die Strukturveränderungen in den nächsten beiden Abbildungen dargestellt.

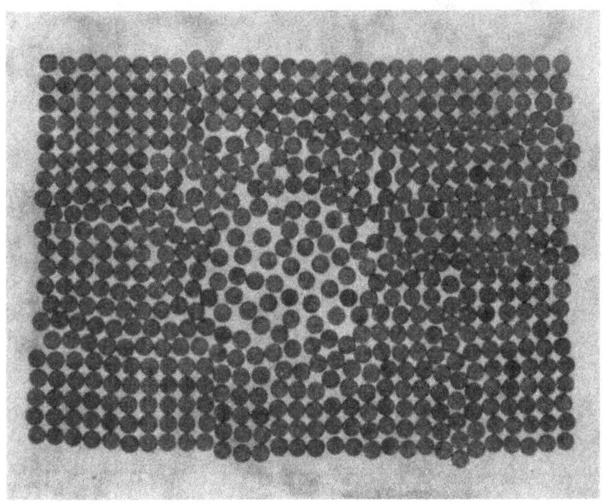

Abb. 95. Modell der Struktur des Trefferortes mit umgebendem Versetzungssystem

Abbildung 95 zeigt im Modell die Oberfläche eines „Kristalles". In der Mitte befindet sich die Trefferstelle, symbolisiert durch eine statistische Verteilung der „Atome" und in der Umgebung die stark gestörte Randzone mit einzelnen geordneten Bereichen und das Vorhandensein einzelner Versetzungen, die noch in großer Entfernung vom Zentrum anzutreffen sind. In Abb. 96 sind drei verschiedene Stadien eines Einschlages dargestellt. Im Modell wurde der Raum zwischen zwei senkrecht stehenden Plexiglasscheiben mit Stahlkugeln ausgefüllt und durch Eindrücken einer Spitze der „Einschlag" hervorgerufen. Bei kleineren Eindrücken bleibt die Störung auf engem Raum beschränkt (96*b*), während bei intensiveren Eingriffen vom Trefferort Versetzungen

a)

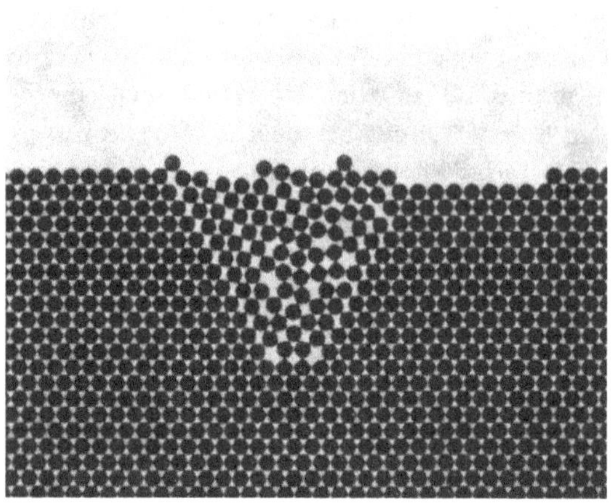

b)

c)

Abb. 96. Trefferstelle im Kugelmodell

a) Oberfläche mit Stufe;
b) quasi-amorphe Struktur im Kontaktbereich;
c) Wulstbildung und Entstehung einer Versetzung

auswandern (96*c*) und sich durch plastisches Fließen ein „Wall" bildet. Abbildung 96*a* stellt einen unbearbeiteten „Kristall" mit einer „Stufe" dar.

Theoretisch lassen sich die auftretenden Drucke am Treffertor aus der HERTZschen Stoßtheorie berechnen [30, 31]. Für den Stoß einer Stahlkugel gegen eine NaCl-Oberfläche aus einer Höhe von 15 cm ergibt sich z. B. ein Maximaldruck von $1{,}79 \cdot 10^{10}$ dyn/cm². Rechnet man die Kontaktzeit aus, so ergibt sich ein Wert von $3{,}8 \cdot 10^{-6}$ sec. Da bei der Bearbeitung von Steinsalz jedoch starke plastische Verformungen auftreten, muß man mit längereren Kontaktzeiten rechnen. Infolge dieses Auftretens sehr großer Kräfte, die während sehr kurzer Zeiten wirksam sind, kommt es zu einem Energiestau und zur Ausbildung einer „Energieblase". Die experimentelle Bestimmung des Verformungsvolumens bzw. der Störtiefe bei der Impulsbremsung einer Stahlkugel lassen einige Schlußfolgerungen über die Fortpflanzung energetischer Störungen im Kristallgitter zu. Aus der Kontaktzeit und unter der Annahme, daß sich Versetzungen maximal mit Schallgeschwindigkeit ausbreiten, ergeben überschlagsmäßige Rechnungen die Möglichkeit eines quasiadiabatischen Energiestaus. Beim Aufprall der Stahlkugel erstreckt sich die plastisch verformte Zone, in der Versetzungen in großer Zahl vorhanden sind (abgesehen von einzelnen Versetzungen, die tiefer in den Kristall hineingehen), bis etwa 100 μm Tiefe. Da die Schallgeschwindigkeit in NaCl $4{,}4 \cdot 10^{5}$ cm/sec beträgt [137], würde sich bei einer Kontaktdauer von $3{,}8 \cdot 10^{-6}$ sec nach der HERTZschen Stoßtheorie ein von den Versetzungen zurückgelegter Weg von etwa 16720 μm ergeben. Diesem Wert steht aber nur ein experimentell gemessener von etwa 100 μm gegenüber und deutet auf eine wesentlich geringere Geschwindigkeit bei der Ausbreitung energetischer Störungen im realen Diskontinum hin. Zwar muß man infolge der plastischen Deformation mit längeren Kontaktzeiten als sie sich aus der HERTZschen Theorie ergeben, rechnen, doch wird dadurch an der grundsätzlichen Gültigkeit dieser Überlegungen nichts geändert. Außerdem liegt die wahre Geschwindigkeit, mit der sich Versetzungen im Kristall fortbewegen, um Größenordnungen niedriger [138]. Daraus und aus anderen Untersuchungen [34, 135] läßt sich über die Energieumsetzungen an der Trefferstelle folgendes Bild entwickeln. Während der Wirkung des mechanischen Impulses ist innerhalb eines eng begrenzten Raumes eine sehr hohe Energie lokalisiert, die zu charakteristischen Zustandsänderungen Anlaß gibt. An der Kontaktfläche und in unmittelbarer Umgebung entsteht ein Bereich, in dem das geordnete Gefüge über zunehmende Fehlordnung in den flüssigen und teilweise in den kritischen Zustand, sogar unter Ausbildung eines Plasmas, übergeht. Im kritischen Bereich sind Bestandteile beider Stoßpartner vorhanden.

Der plasmatische Zustand läßt sich auffassen als ein Gemisch von Neutralgas, Elektronengas, Ionengas, Lichtquantengas und Gas angeregter Atome. Solche plasmatischen Zustände konnten direkt als Folge von Gasentladungsvorgängen aus der Spannungsänderung und bei der Tribolumineszenz nachgewiesen werden. Mit den elektrischen Entladungen ist die Entstehung energiereicher Teilchen (schneller Elektronen, Ionen, angeregter Atome und Moleküle, Lichtquanten) sowie die Dissoziation von Gasmolekülen [140] und eine Festkörperzersetzung verbunden [141].

Bestimmte für das Plasma typische Vorgänge können auch im Festkörper auftreten. Unter dem Mikroplasma eines Festkörpers versteht man die Elektronenlawine, die durch elektrische Felder in Isolatoren und Halbleiterübergängen hervorgerufen wird [142]. Die Entstehung dieses Mikroplasmas unter Feldeinwirkung bezeichnet man in Analogie zur Elektronenlawinenbildung in Gasen. Eine exakte Trennung der plasmatischen Zustände und ihre nähere Charakterisierung läßt sich zur Zeit noch nicht durchführen und muß späteren Untersuchungen vorbehalten bleiben. Obwohl dieses Modell zunächst qualitativer Natur ist und die Beschreibung quantitativer Zusammenhänge noch nicht erlaubt, ist es eine konstruktive Arbeitsgrundlage, mit der viele Erscheinungen, insbesondere der Ablauf bestimmter chemischer Reaktionstypen, erklärt werden kann.

An dieser Stelle möchte ich meinem verehrten Lehrer, Herrn Professor Dr. Dr. h. c. P. A. Thiessen, für die Unterstützung der Arbeit und für zahlreiche Anregungen und Diskussionsbemerkungen danken sowie Herrn Professor Dr. W. Schirmer für die großzügige Förderung der Arbeit nach der Emeritierung Professor Thiessens und für viele wertvolle Ratschläge. Weiterhin danke ich meinen Mitarbeitern, die das Zustandekommen der Arbeit ermöglichten: Dr. F. Polly, Dr. H. Meyer, Dr. E. Gragert, Dipl.-Phys. E. Linke, Dipl.-Phys. W. Zittlau sowie Dipl.-Phys. H. Schmittler für ihre Hilfe bei elektronenmikroskopischen Untersuchungen.

Literatur

[1] Smekal, A.: Naturwissenschaften **30** (1942), 224.
[2] Smekal, A.: Anz. Österr. Akad. Wiss., mathem.-naturw. Kl. **88** (1951), 353.
[3] Marx, Th., W. Klem und A. Smekal: Naturwissenschaften **31** (1943), 143.
[4] Ryschkewitz, E.: Glastechn. Ber. **20** (1942), 166.
[5] Brüche, E.: Umschau **55** (1955), 140.
[6] Wagner, K.: in Auerbach-Hort, „*Handbuch der physik. und techn. Mechanik*", Leipzig 1928, Band 6, S. 298.
[7] Auerbach, F.: in Auerbach-Hort, „*Handbuch der physik. und techn. Mechanik*", Leipzig 1928, Band 6, S. 146; Band 7, S. 298.
[8] Smekal, A.: 2. Plansee-Seminar „De Re Metallica" Reutte/Tirol, S. 28 (1955).
[9] Smekal, A., und A. Starzacher: Anz. Österr. Akad. Wiss. mathemat.-naturw. Kl. **88** (1951), 348.
[10] Puchegger, F., und A. Smekal: Anz. Österr. Akad. Wiss. mathem.-naturw. Kl. **88** (1951), 350.
[11] Smekal, A.: Anz. Österr. Akad. Wiss. mathem.-naturw. Kl. **92** (1955), 72.
[12] Steijn, R. P.: J. appl. Phys. **32** (1961), 1951.
[13] Duwell, E. J.: J. appl. Phys. **33** (1962), 2691.
[14] Wentorf, R. H.: J. appl. Phys. **30** (1959), 1765.
[15] Liu, T. S., und C. H. Li: J. appl. Phys. **35** (1964), 3325.
[16] Duwell, E. J., und H. C. Butzke: Asle Transactions **7** (1964), 101.
[17] Meyer, K.: Inaugural-Dissertation Berlin (Humboldt-Universität) 1960.
[18] Meyer, K.: Z. physik. Chem. (Leipzig) **219** (1962), 295.
[19] Tertsch, H.: „*Festigkeitserscheinungen der Kristalle*", Wien 1949, S. 57.
[20] Pfann, W. G.: Solid State Physics, Hrsg. F. Seitz, D. Turnbull, Band 4, S. 424, New York 1957.
[21] Gilman, J. J., und W. G. Johnston: in „*Dislocations and Mechanical Properties of Crystals*" (Lake Placid Conference) New York 1959, S. 116.
[22] Bassett, G. A.: Discuss. Faraday Soc. **28** (1959), 7.
[23] Bethge, H.: Physica status solidi **2** (1962), 3, 775.
[24] Barber, D. J.: J. appl. Phys. **33** (1962), 3141.
[25] Jeszenszky, B.: Nature **181** (1958), 559.
[26] Cook, J. S.: J. appl. Phys. **32** (1961), 2492.
[27] Bontinck, W.: Philos. Mag. **2** (1957), 561.
[28] Kleber, W.: Neues Jahrb. Mineralog., Abh. *A*, **65** (1932), 447.
[29] Wernick, J. H., J. N. Hobstetter, L. C. Lovell und P. Dorst: J. appl. Phys. **29** (1958), 1013.
[30] Hertz, H.: Ges. Werke, Band 1, S. 155, Leipzig 1895.
[31] Timoshenko, S., und J. N. Goodier: „*Theory of Elasticity*", S. 372, New York 1951.
[32] Bassett, G. A.: Philos. Mag. **3** (1958), 1042.
[33] Bradley, D. E.: Brit. J. appl. Phys. **5** (1954), 65.
[34] Meyer, K., und M. Keutel: Physica status solidi **3** (1963), 392.
[35] Gragert, E.: Inaugural-Dissertation, Berlin, (Humboldt-Universität) 1966.
[36] Votava, E., S. Amelinckx und W. Dekayser: Acta metallurg. **3** (1955), 89.
[37] Smakula, A., und W. M. Klein: Physic. Rev. **84** (1951), 1043.
[38] Davidge, R. W., und R. W. Whitworth: Philos. Mag. **6** (1961), 217.
[39] Bojarskaja, Ju., und M. Walkowskaja: Fiz. tverdogo Tela **5** (1963), 2324.
[40] Predwoditelew, A. A., N. Roschanski und W. M. Stepanowa: Kristallografija **7** (1962), 418.
[41] Meyer, K., und E. Gragert: Physica status solidi **3** (1963), 2005.
[42] Meyer, K., und E. Gragert: Physica status solidi **6** (1964), 803.
[43] Gragert, E., und K. Meyer: Physica status solidi **9** (1965), 33.
[44] Seeger, A.: „*Handbuch der Physik*", Hrsg. S. Flügge, 1958, Band VII/2 S. 26.
[45] Johnston, W. G., und J. J. Gilman: J. appl. Phys. **31** (1960), 632.

[46] Johnston, W. G., und J. J. Gilman: J. appl. Phys. **30** (1959), 129.
[47] Hanemann, H., und E. Bernhardt: Z. Metallkunde **32** (1940), 35.
[48] – Zusammenfassende Darstellung im Tagungsbericht „*Fracture*“, Hrsg. B. L. Averbach et al., New York 1959.
[49] Cottrell, A. H.: Proc. Roy. Soc. *A* **276** (1963), 1.
[50] Keh, A. S., J. C. M. Li und Y. T. Chou: Acta metallurg. **7** (1959), 694.
[51] Washburn, J., G. W. Graves, A. Kelley und G. K. Williamson: Philos. Mag. **5** (1960), 991.
[52] Cottrell, A. H.: Trans. AIME **212** (1958), 192.
[53] Wiederhorn, S.: J. appl. Phys. **34** (1963), 2125.
[54] Amateu, M. F., und J. W. Spretnak: J. appl. Phys. **34** (1963), 2340.
[55] Gilman, J. J.: „*Progress in Ceramic Science*“, vol. **1**, Pergamon Press, Oxford 1961 (S. 146).
[56] Mendelson, S.: J. appl. Phys. **33** (1962), 2175.
[57] Mendelson, S.: Philos. Mag. 8 (1963), 1633.
[58] Li, J. C. M., und C. D. Needham: J. appl. Phys. **31** (1960), 1318.
[59] Keh, A. S.: J. appl. Phys. **31** (1960), 1538.
[60] Meyer, K., und U. Brückner: Kristall und Technik **1** (1966), 477.
[61] Kossewitsch, W. M.: Kristallografija **5** (1960), 749.
[62] Thompson, N., und D. J. Millard: Phil. Mag. **43** (1952), 422.
[63] Tertsch, H.: „*Festigkeitserscheinungen der Kristalle*“, Wien 1949, S. 56.
[64] Mulhearn, T. O., und D. Tabor: J. Inst. Metals **89** (1960/61), 7.
[65] Ishii, K.: J. physic Soc., Japan, **14** (1959), 1315.
[66] Enquist, R.: Machinery **69** (1963), 77.
[67] Thiessen, P. A., K. Meyer und W. Meier: Mber. dtsch. Akad. Wiss. Berlin **7** (1965), 391.
[68] Raether, H.: Z. Physik **124** (1948), 286.
[69] Raether, H.: Naturf. und Medizin in Deutschland Band 8 (1939–46), 109.
[70] Raether, H.: Metalloberfläche (*A*) **6** (1952), 113.
[71] Meyer, K., und M. Keutel: Physica status solidi **2** (1962), 213.
[72] Meyer, K., und M. Keutel: Z. anorg. allg. Chemie **314** (1962), 198.
[73] Meyer, K., und U. Berger: Z. physik. Chem. (Leipzig) **223** (1963), 207.
[74] Bethge, H., G. Kästner und M. Krohn: Z. Naturforsch. **16*a*** (1961), 321.
[75] Bethge, H., und G. Kästner: Mber. dtsch. Akad. Wiss. Berlin, **3** (1961), 246.
[76] Naeser, G., und W. Scholz: Kolloid-Z. **156** (1958), 1.
[77] Fricke, R.: Naturwissenschaften **26** (1938), 500.
[78] Neuhaus, A.: Z. Kristallogr. **68** (1928), 15.
[79] Stranski, I. N.: Z. physik. Chem. (*B*) **17** (1932), 127.
[80] Allen, J. W.: Philos. Mag. **4** (1959), 1046.
[81] Meyer, K., und M. Keutel: Mber. dtsch. Akad. Wiss. Berlin **6** (1964), 512.
[82] Meyer, K., und M. Keutel: Z. anorg. allg. Chem. **338** (1965), 90.
[83] Sterk, E., M. Tardos und V. Szanto: Naturwissenschaften **49** (1962), 277.
[84] Tammann, G., und A. Müller: Z. Metallkunde **18** (1926), 69.
[85] Kramer, J.: „*Der metallische Zustand*“, Göttingen 1950.
[86] Haxel, O., F. G. Houtermans und K. Seeger: Z. Physik **130** (1951), 109.
[87] Lohff, J.: Z. Physik **146** (1956), 436.
[88] Lohff, J., und H. Raether: Z. Physik **142** (1955), 310.
[89] Scharmann, A., und G. Seibert: Z. Physik **183** (1965), 249.
[90] Nassenstein, H.: Naturwissenschaften **41** (1954), 329.
[91] Grunberg, L., und K. H. R. Wright: Nature **174** (1954), 657.
[92] Grunberg, L., und K. H. R. Wright: Proc. Roy. Soc. *A*, **232** (1955), 403.
[93] Pimbley, W. T., und E. E. Francis: J. appl. Phys. **32** (1961), 1729.
[94] Bohun, A.: Physica status solidi **3** (1963), 779.
[95] Burns, J. H., und M. A. Bredig: J. chem. Physics **25** (1956), 1281.
[96] Futschik, F., K. Lintner und E. Schmid: Z. Physik **145** (1956), 48.
[97] Linke, E.: unveröffentlichte Ergebnisse.
[98] Lohff, J.: Z. Naturforsch. **12*a*** (1957), 267.
[99] Bathow, G.: Naturwissenschaften **45** (1958), 381.
[100] Harper, W. R.: Proc. Roy. Soc. *A* **205** (1951), 83.
[101] Bredow, M. M., und J. S. Kschemjanskaja: Shur. techn. fiz. **27** (1957), 921.
[102] Derjaguin, B. W., und I. N. Aleinikowa: „*Research in Surface Forces*“, New York 1963 (S. 68).
[103] Loeb, L. B.: „*Static Electrification*“, Berlin 1958.
[104] Kapzow, N. A.: „*Elektrische Vorgänge in Gasen und im Vakuum*“, Berlin 1955.

[105] HARPER, W. R.: Advances in Physics **6** (1957), 365.
[106] BOWDEN, F. P., und D. TABOR: „*Reibung und Schmierung fester Körper*", Berlin 1959.
[107] FRENKEL, J.: J. Phys. USSR **5** (1941), 25.
[108] HENRY, P. S.: Brit. J. appl. Physics Suppl. **2** (1953), 78.
[109] MEYER, H: Inaugural-Dissertation, Berlin (Humboldt-Universität) 1965.
[110] POLJAKOW, A. M., und N. A. KROTOWA: „*Issledowanija w oblasti powerchnostnich sil*", Moskau 1964, S. 312.
[111] DEBEAU, O.: Physic. Rev. **66** (1944), 9.
[112] HERSH, S. P., und D. J. MONTGOMERY: Textile Res. J. **25** (1955), 279.
[113] CUNNINGHAM, R. G., und D. J. MONTGOMERY: Textile Res. J. **28** (1958), 971.
[114] PETERSEN, J. W.: J. appl. Phys. **25** (1954), 907.
[115] ZITTLAU, W.: unveröffentlichte Ergebnisse.
[116] SEITZ, F.: Physic. Rev. **80** (1950), 239.
[117] SEEGER, A.: in „*Handbuch für Physik*", Hrsg. S. FLÜGGE, Band VII, **1** (1955), 493.
[118] FISCHBACH, D. B., und A. S. NOWICK: J. Physics Chem. Solids **5** (1958), 302.
[119] DAVIDGE, R. W.: Philos. Mag. **8** (1963), 1369.
[120] RUEDA, F., und W. DEKEYSER: Philos. Mag. **6** (1961), 359; J. appl. Phys. **32** (1961), 1799; Acta metallurg. **11** (1963), 35.
[121] CAFFYN, J. E., und T. L. GOODFELLOW: J. appl. Phys. **33** (1962), 2567; Proc. physic. Soc. **79** (1962), 1285.
[122] HIKATA, A., C. ELBAUM, B. CHICK und R. TRUELL: J. appl. Phys. **34** (1963), 2154.
[123] CAFFYN, J. E., und T. L. GOODFELLOW: Nature **176** (1955), 878.
[124] BURKE, J.: Nature **58** (1898), 533.
[125] POLLY, F.: Inaugural-Dissertation, Berlin (Humboldt-Universität), 1965.
[126] MEYER, K., und F. POLLY: Physica status solidi **8** (1965), 441.
[127] MEYER, K., und F. POLLY: Ber. Bunsenges. physik. Chem. **69** (1965), 244.
[128] BELJAJEW, L. M., und JU. N. MARTYSCHEW: Kristallografija **9** (1964), 117.
[129] POLLY, F., und K. MEYER: bisher unveröffentlichte Ergebnisse.
[130] NIKARANOW, S. P., und A. W. STEPANOW: Fiz. tverdogo Tela **6** (1964), 1987.
[131] GRIMSEHL; „*Lehrbuch der Physik*", Band *IV*, Leipzig 1959, S. 594.
[132] THIESSEN, P. A.: Z. Chemie **5** (1965), 162.
[133] MADELUNG, E.: Naturwissenschaften **30** (1942), 223.
[134] HEINICKE, G., K. MEYER und U. SENZKY: Z. anorg. allg. Chem. **312** (1961), 180.
[135] THIESSEN, P. A., G. HEINICKE und U. SENZKY: Mber. dtsch. Akad. Wiss. **3** (1961), 170.
[136] BOWDEN, F. P., und D. TABOR: „*Reibung und Schmierung*", Berlin 1959.
[137] D'ANS-LAX, „*Taschenbuch für Chemiker und Physiker*", Berlin 1949, S. 1018.
[138] JOHNSTON, W. G., und J. J. GILMAN: J. appl. Phys. **30** (1959), 129.
[139] THIESSEN, P. A., E. GRAGERT und K. MEYER: Mber. Akad. Wiss. **6** (1964), 574.
[140] NEUERT, H.: „*Ionisation und Dissoziation von Gasen und Dämpfen durch Elektronenstoß*", Ergebn. exakt. Naturwiss. **29** (1956), 1.
[141] BEHRISCH, R.: „*Festkörperzerstäubung durch Ionenbeschuß*", Ergebn. d. exakt. Naturw. **35** (1964), 295.
[142] POLESHAK, M., und P. H. POWLING: J. appl. Phys. **34** (1963), 3069.
[143] POLLY, F., D. OBRIKAT und K. MEYER: Z. angew. Physik (1967, im Druck)

Physikalisch-chemische Untersuchungen tribochemischer Vorgänge

von

Gerhard Heinicke

Inhalt

1. Einführung

Chemische Reaktionen, an denen Festkörper beteiligt sind, laufen oft nur unter Aufwendung einer hohen Aktivierungsenergie mit meßbarer Geschwindigkeit ab. Zahlreiche Festkörper, deren Bausteine durch starke Bindungskräfte zusammengehalten werden, wie z. B. die des Siliciumcarbids oder des Kohlenstoffes, erweisen sich als besonders reaktionsträge. So setzen sich z. B. die genannten Stoffe erst bei Temperaturen von einigen 100 °C mit Sauerstoff um, obwohl die freie Enthalpie dieser Oxydationsreaktionen bereits bei Zimmertemperatur hohe negative Werte besitzt.

In den meisten Fällen wird die für die Reaktion notwendige Aktivierungsenergie als thermische Energie dem chemischen System zugeführt. Sie kann aber auch durch andere Energiearten, z. B. in Form elektrischer oder Strahlungsenergie aufgebracht werden. — Es gehört zu den ältesten Erfahrungen der Menschheit, daß chemische Reaktionen auch durch Zuführung mechanischer Energie, also durch Schlag, Reibung oder Stoß ausgelöst oder beschleunigt werden können. So wurde z. B. bei den prähistorischen Menschen der Feuerstein, eine sehr harte Konkretion gallertiger Kieselsäure, zum Feuerschlagen verwendet. In neuerer Zeit dienen hierzu das Zündholz und das Feuerzeug, bei denen in gleicher Weise chemische Reaktionen durch Reibungsvorgänge ausgelöst werden. Auch in der Kriegstechnik spielt die Zündung von Pulvergemischen durch Schlag seit Beginn des 19. Jahrhunderts eine bedeutende Rolle.

Trotz der technischen Bedeutung, die die durch mechanische Beanspruchung ausgelösten chemischen Reaktionen schon jahrhundertelang besitzen, sind die Vorgänge bei der mechanischen Aktivierung bis zu Beginn dieses Jahrhunderts praktisch nicht untersucht worden. Das mag vor allem daran liegen, daß die aus mechanischen Ursachen bedingten chemischen Wirkungen im wesentlichen auf Temperatureffekte zurückgeführt wurden und daß die Festkörperforschung erst in den letzten Jahrzehnten sich mit dem realen Aufbau der festen Stoffe und den durch äußere mechanische Einflüsse bedingten morphologischen, energetischen und stofflichen Änderungen beschäftigte.

Bereits im Jahre 1892 untersuchte Carey-Lea [1] die Reaktionsfähigkeit zahlreicher Festkörper, die unter Bearbeitung ein anderes chemisches Verhalten als bei Zufuhr von thermischer Energie zeigen. Während beim Mörsern von Sublimat und den Silberhalogeniden eine Zersetzung der Verbindungen eintritt, findet beim Erwärmen von Quecksilber(II)-chlorid Sublimation statt, wohingegen die Silberhalogenide unzersetzt schmelzen. Wird ein hydrostatischer Druck auf diese Verbindungen ausgeübt, so wird die Zersetzungsreaktion entweder gar nicht oder nur bei Anwendung sehr hoher Drucke (50000 kg/cm^2 und mehr) beobachtet.

Im Jahre 1933 stellten Fink und Hofmann [2] beim Walzen von Eisenrollen fest, daß während des Walzvorganges auf der beanspruchten Oberfläche in wenigen Minuten Anlaufschichten entstehen, die ohne mechanische Beanspruchung zu ihrem Wachstum etwa 10^{17} Jahre benötigen würden. Selbst bei Temperaturen der flüssigen Luft verlief dieser als Reiboxydation bezeichnete Anlaufprozeß nicht wesentlich langsamer.

Die durch Reibung, Stoß oder Schlag ausgelösten Reaktionen zeigen also in mehrfacher Hinsicht ein charakteristisches Verhalten, das sich durch einfache Temperaturerhöhung nicht deuten läßt. Besonders im letzten Jahrzehnt wurden von zahlreichen Autoren [3] weitere mechanisch aktivierte Reaktionen beschrieben, deren Geschwindigkeit durch den Bearbeitungseffekt zum Teil erheblich gesteigert werden konnte.

Die meisten Autoren beschränken sich jedoch auf eine qualitative Beschreibung der Effekte (eine Zusammenstellung der auf diesem Gebiet erschienenen Arbeiten ist im Anhang zu finden). Systematische Untersuchungen zur Aufklärung der morphologischen, energetischen und stofflichen Elementarvorgänge bei Stoßprozessen wurden aber erst in den letzten Jahren von THIESSEN und Mitarbeitern [4] ausgeführt.

1.1. Der aktive Zustand

Bei der Erörterung der beim Stoß sich abspielenden physikalischen und chemischen Vorgänge haben die insbesondere von FRICKE [5] und HÜTTIG [6] bearbeiteten Probleme des aktiven Zustandes fester Körper eine besondere Bedeutung.

Bekanntlich zeigen Festkörper von gleicher chemischer Zusammensetzung oft recht verschiedene physikalisch-chemische Eigenschaften und eine um Größenordnungen unterschiedliche Reaktionsfähigkeit, d. h. sie besitzen eine unterschiedliche Aktivität. So ist z. B. nach HÜTTIG [6] ein durch Entwässern von Aluminiumhydroxidgel bei niederen Temperaturen im Vakuum hergestelltes Aluminiumoxid (aktives Aluminiumoxid) in verdünnten Mineralsäuren leicht löslich, es ist hygroskopisch und auch sonst reaktiv. Das gleiche Präparat, jedoch bei Temperaturen über 1200 °C geglüht (stabiles Aluminiumoxid), löst sich selbst in konzentrierten Mineralsäuren und bei erhöhter Temperatur nur so langsam auf, daß es als praktisch unlöslich gilt. Es ist nicht hygroskopisch und auch sonst äußerst wenig reaktiv.

Der aktive Zustand ist thermodynamisch instabil und wird dadurch charakterisiert, daß er einen Mehrgehalt an freier Energie gegenüber seinem stabilen Grundzustand besitzt. Dieser sog. überschüssigen freien Energie $[(G'_T - G_T) = A_T]$ wird im allgemeinen auch ein hoher Gehalt an überschüssiger Gesamtenergie $(H'_T - H_T)$ entsprechen, die auf calorimetrischem Wege leicht bestimmbar ist und in der Größenordnung von einigen kcal liegt. Der von FRICKE und KLENK [7] gefundene Mehrgehalt an Gesamtenergie von 13 kcal/mol für a-Fe_2O_3 gegenüber dem stabilen Grundzustand gehört zu den Spitzenwerten, die an aktiven Körpern bisher gemessen wurden.

Nach HÜTTIG ist der Unterschied zwischen A_T und $(H'_T - H_T)$ nicht sehr groß, da die für die Erhöhung der Entropie verantwortlichen spezifischen Wärmen des aktiven Zustandes sich von denen des stabilen Zustandes nur wenig unterscheiden. So hat z. B. A_T für ein aktives Zinkoxid den Wert von 0,881 kcal und $(H'_T - H_T)$ beträgt 0,93 kcal [8]. Die Unterschiede werden jedoch beachtlich, wenn die Nullpunktsentropie aktiver Körper größere Werte besitzt, die in Einzelfällen nach TORKAR [8] bis zu 30% der Schmelzentropie betragen können (z. B. ist für aktives CaO $A_{1078\,°K} = 0{,}85$ kcal und $(H'_{1078\,°K} - H'_{1078\,°K}) = 2{,}19$ kcal).

Auf experimentellem Wege läßt sich die überschüssige freie Energie (A_T) des aktiven Stoffes durch die Messung der Gleichgewichtslage einer chemischen Reaktion ermitteln, die der aktive Körper mit anderen Stoffen bekannter Aktivität eingeht. So konnte z. B. MITTASCH [9] sehr exakt nachweisen, daß in dem Reaktionssystem

$$Ni + 4\,CO \leftrightharpoons Ni(CO)_4$$

die Gleichgewichtslage beim Übergang von Nickelblech zu Nickelstaub, d. h. beim Übergang zu einem aktiven Zustand nach rechts verschoben wird. Berechnet man aus den experimentell bestimmten Gleichgewichtswerten die überschüssige freie Energie des von MITTASCH eingesetzten aktiven Nickels, so erhält man den relativ kleinen Wert von 1,38 kcal/mol in Übereinstimmung mit der Erfahrung, daß Metalle auf Grund ihrer hohen Kristallisationstendenz nur kleine Beträge überschüssiger freier Energie speichern können. Entsprechend der Zunahme von

K_p um nahezu eine Größenordnung beim Übergang zu aktivem Nickel ist der Einfluß von A_T auf die Gleichgewichtslage jedoch bedeutend.

Die experimentelle Bestimmung von A_T für ein chemisches Reaktionssystem mit zwei Festkörpern bereitet sehr viel größere Schwierigkeiten als für ein System mit einer festen Komponente, da das Gleichgewicht von der überschüssigen freien Energie beider Komponenten mitbestimmt wird. So werden z. B. bei der Dissoziation von Calciumcarbonat gegenüber den berechneten Werten geringere Gleichgewichtsdrucke gemessen, wenn bei der Zersetzung aktives CaO entsteht, dagegen höhere Gleichgewichtsdrucke, wenn man von aktivem $CaCO_3$ ausgeht [8].

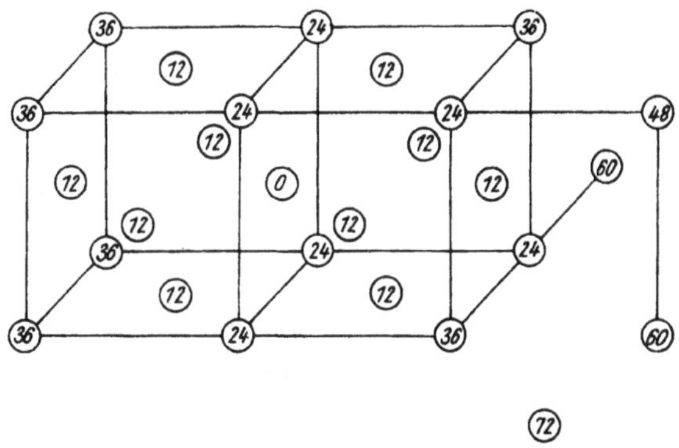

Abb. 1. Energiewerte (kcal/mol), die verschiedene Atomstellungen an einem Cu-Kristall im Vergleich zu einem Innenatom als Energiemehrgehalt besitzen (Hüttig, [10])

Besonders stark kommen die Unterschiede zwischen dem stabilen und dem aktiven Zustand in deren reaktionskinetischem Verhalten zum Ausdruck, wobei aktive Festkörper oft mit erheblich größerer Geschwindigkeit reagieren als die entsprechenden stabilen Zustandsformen. Dieses Verhalten beruht auf der Herabsetzung der Aktivierungsenergie auf Grund des erhöhten Energieinhaltes des aktivierten Stoffes. Ist z.B. bei einer Festkörperreaktion die Aktivierungsenergie E zur Erlangung der Reaktionsfähigkeit aufzubringen, so ist gegenüber dem inaktiven Zustand dem aktiven Körper eine um $(H'_T - H_T)$ verringerte Aktivierungswärme dem chemischen System thermisch zuzuführen, um einen gleichen reaktionsfähigen Zustand zu erhalten. Nach Maxwell ergibt sich daraus aber eine um $exp. [-(H'_T - H_T)/RT]$ erhöhte Reaktionsgeschwindigkeit.

Bereits im Grundzustand besitzen die Atome eines Kristalles je nach ihrer Lage einen unterschiedlichen Energieinhalt. Als Beispiel ist das von Hüttig aufgestellte Schema des Gitters eines Kupfereinkristalles in Abb. 1 angeführt. Die Werte geben die Überschußenergien an, die die in den einzelnen Lagen befindlichen Atome gegenüber einem Innenatom besitzen.

In vielen Fällen sind diese Werte ein Maß für die Aktivierungsenergie, die bei einem chemischen Umsatz aufgebracht werden muß. Werden z. B. dünne Graphitplättchen bei 600 °C an der Luft oxidiert, so setzt nach Hedley [11] die Reaktion an den Ecken der Kristalle und an Spaltstufen ein, also an Orten, an denen die Atome zur Reaktion eine geringere Aktivierungsenergie benötigen.

Hieraus wird auch die Tatsache verständlich, daß jede Oberflächenvergrößerung mit einer Erhöhung der freien Energie verbunden ist, die nach Fricke [5] bis zu 9 kcal/mol beim γ-Fe_2O_3 betragen kann.

Der aktive Zustand ist außerdem auf Gitterstörungen zurückzuführen, die je nach Substanz und Herstellungsbedingungen und nach Art und Menge der Verunreinigungen von recht verschiedener Natur sein können. Bei höheren Temperaturen treten stärker die reversiblen Fehlordnungen (Frenkel- und Schottky-Fehlordnung) in den Vordergrund, während die thermodynamisch instabilen Fehlordnungserscheinungen, die sog. irreversiblen Fehlordnungen, thermisch ausheilen. Bei niederen Temperaturen dominieren letztere und besitzen oft eine hohe Lebensdauer. Gestörte Bereiche mit einer hohen überschüssigen freien Energie heilen aber bereits in Temperaturbereichen aus, die weit unterhalb der Platzwechseltemperaturen liegen. Die Verfolgung solcher Erholungsvorgänge ist nicht immer ganz einfach. In jedem Fall ist die Erholung mit einer Abnahme der freien Energie des Systems verbunden, die sich bei einer chemischen Umsetzung des aktiven Körpers auf die Änderung der Reaktionsgeschwindigkeit und auf die Lage des Gleichgewichtes auswirken muß. Die Methode, Alterungsvorgänge vor allem nach Unterbrechung der mechanischen Bearbeitung zu verfolgen, wurde bei den weiter unten beschriebenen Untersuchungen mit Erfolg angewandt.

Durch Verfolgung des Gleichgewichtszustandes kann man unmittelbar die Abnahme der freien Energie des Systems bei der Erholung messen. Wie Abb. 2 zeigt, lassen sich am Nickel derartige Untersuchungen durch Bestimmung des Kohlenoxid-Nickelcarbonylgleichgewichtes schon bei relativ niederen Temperaturen durchführen. Für einen engen Temperaturbereich wurden im selben Reaktionssystem in zeitlicher Aufeinanderfolge bei verschiedenen Temperaturen die Gleichgewichtskonstanten bestimmt. Der jeweils zuletzt gemessene K_p-Wert wich von dem entsprechenden bei der gleichen Temperatur gemessenen K_p-Wert immer nach unten ab. So ging beispielsweise bei Zimmertemperatur der log K_p-Wert um 0,6 und damit die freie Energie des Nickels um 0,34 kcal zurück. Sehr wahrscheinlich wird diese Rückbildung durch die auch im Gleichgewicht ablaufende Hin- und Rückreaktion entsprechend den von Thiessen und Zabel [12] gemachten Beobachtungen beschleunigt. Hierfür spricht auch die während der Gleichgewichtsmessung erfolgende Sekundärteilchenvergrößerung [41].

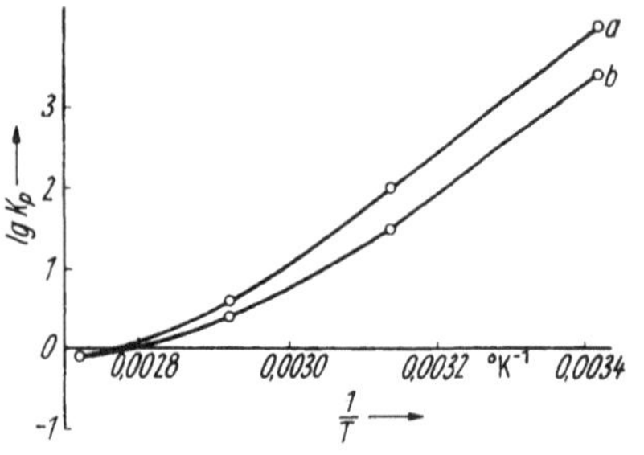

Abb. 2. Gleichgewichtskonstanten der Reaktion $Ni + 4CO \leftrightharpoons Ni(CO)_4$ bei verschiedenen Temperaturen
Kurve *b* wurde mit derselben Füllung zeitlich nach Kurve *a* gemessen

Der durch Gleichgewichtsmessungen bestimmte Wert der bei der Erholung abgegebenen freien Energie stellt nur einen Mittelwert dar. Die bei den einzelnen Elementarvorgängen abgegegebenen Energiebeträge können jedoch sehr viel größer sein und wie das von Hüttig aufgestellte Schemabild zeigt, Werte in der Größenordnung von Sublimationswärmen erreichen. Damit steht eine weitere Energiequelle für die Auslösung chemischer Reaktionen zur Verfügung, und zwar auch solcher Reaktionen, an denen der Festkörper nicht als Reaktionsteilnehmer, sondern nur als Energieüberträger beteiligt ist. Die hohen Energiebeträge werden jedoch nur dann erhalten, wenn eine entsprechend intensive Anregung des Festkörpers vorausgegangen ist. Die Lebensdauer solcher hochangeregten Zentren wird auf Grund ihres großen Energieinhaltes jedoch nur sehr kurz sein.

Die calorimetrischen und röntgenographischen Methoden zur quantitativen Bestimmung des Störungsgrades wurden vor allem von Fricke und seiner Schule [5] entwickelt. Während man durch calorimetrische Messungen nur einen Summenwert von der Gesamtaktivität erhält, lassen sich auf röntgenographischem Wege die Gitterstörungen zum Teil getrennt bestimmen (Gitterdehnungen, -schrumpfungen, -verbiegungen usw.) und die Primärkristallitgröße von Pulvern ermitteln.

Die für die Festigkeit eines Materials maßgebenden Fehler sind Versetzungen. Die Zahl der Versetzungen in einem Festkörper schwankt sehr stark je nach der Vorbehandlung und beträgt im Durchschnitt an der Oberfläche 10^8 bis $10^9/cm^2$. Durch Verformungsprozesse kann jedoch die Versetzungsdichte durch Erzeugung neuer Versetzungen wesentlich zunehmen und damit die Aktivität des Festkörpers ansteigen.

Fricke erfaßt diese von ihm als „unregelmäßige Gitterstörungen" bezeichneten Gitterfehler auf röntgenographischem Wege durch Bestimmung der sog. Störungsamplitude (u^{-2}), die die mittlere Schwerpunktsabweichung der Atome von ihren Normallagen darstellt. Daß es zu einer für längere Zeit stabilen Schwerpunktsverlagerung kommen kann, zeigt bereits das Schemabild einer einfachen Stufenversetzung.

Für die quantitative Bestimmung jener Gitterstörungen benutzte Fricke eine von Debye und Waller [13] abgeleitete Formel, die den Einfluß von Wärmeschwingungen auf die Intensitäten von Röntgeninterferenzen beschreibt. Es zeigt sich nämlich, daß die durch Störungen des Gitters beobachteten Intensitätseffekte in Analogie zu den bei Wärmeschwingungen beobachteten Erscheinungen stehen. Aus diesem Zusammenhang heraus leitete FRICKE eine korrospondierende Störtemperatur T_s ab, die dadurch definiert ist, daß die Schwingungsamplitude von T_s mit der gemessenen Störungsamplitude übereinstimmt. So verhält sich das bei 350 °C durch Reduktion gewonnene Eisenpulver bereits bei Zimmertemperatur wie ein auf 570 °C erhitztes gewöhnliches Eisenpulver [230].

1.2. Aktive Zustände durch mechanische Bearbeitung

Für die Darstellung aktiver Körper sind in den letzten drei Jahrzehnten zahlreiche physikalische und chemische Methoden entwickelt worden wie z. B. die Darstellung hochaktiver Metalle durch Zersetzung von Oxalaten, Formiaten usw.

Noch im Jahre 1952 bestand nach HEDVALL [14] die allgemeine Auffassung, daß die mechanische Zerteilung und die Erzeugung von Gitterstörungen durch Kaltbearbeitung eine untergeordnete Rolle spiele. In den letzten Jahren wurden hingegen von NAESER und SCHOLZ [15], SCHRADER [16] und anderen Autoren systematische Untersuchungen zur Aktivierung fester Körper ausgeführt, wonach der Einfluß der Kaltbearbeitung besonders auf die chemischen Eigenschaften der bearbeiteten Stoffe oft recht bedeutend ist. Eine Zusammenstellung der auf diesem Gebiet erschienenen Arbeiten ist im Anhang zu finden.

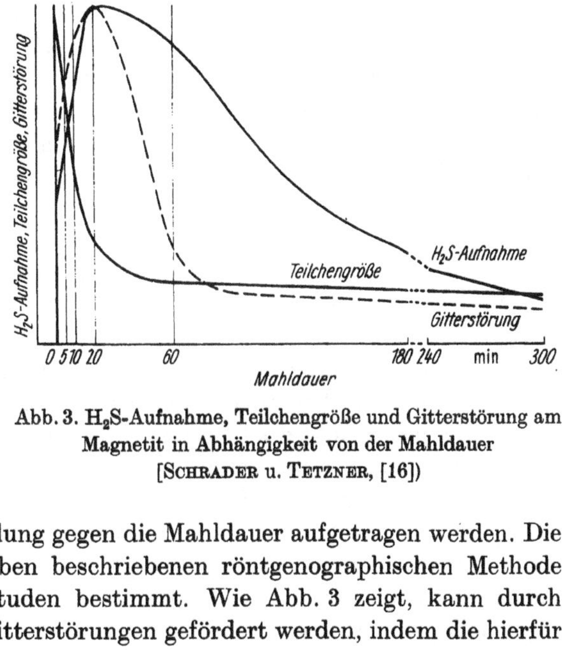

Abb. 3. H_2S-Aufnahme, Teilchengröße und Gitterstörung am Magnetit in Abhängigkeit von der Mahldauer [SCHRADER u. TETZNER, [16]]

So läßt sich z. B. nach SCHRADER die H_2S-Aufnahme durch Magnetit unter bestimmten Bedingungen um mehrere 100% steigern, wenn die Probe vorgemahlen wird. Wie Abb. 3 zeigt, fallen das Maximum der H_2S-Aufnahme und das der Gitterstörungen zusammen, wenn sie in synoptischer Darstellung gegen die Mahldauer aufgetragen werden. Die Gitterstörungen wurden hierbei nach der oben beschriebenen röntgenographischen Methode durch Berechnung der mittleren Störamplituden bestimmt. Wie Abb. 3 zeigt, kann durch Schwingmahlung auch die Ausheilung von Gitterstörungen gefördert werden, indem die hierfür erforderliche Aktivierungsenergie in gleicher Weise wie bei Aktivierungsvorgängen durch mechanische Bearbeitung dem System zugeführt wird.

Bereits die von SCHRADER an Eisenoxiden durchgeführten Untersuchungen zur Einführung jener Produkte als Gasreinigungsmasse sprechen für die große technische Bedeutung, die der mechanischen Aktivierung als Methode zukommt. Die Herabsetzung der Sintertemperaturen von Porzellanen [17], die außerordentliche Festigkeitssteigerung (bis über 1000%) gesinterter Produkte [15], die Herabsetzung der Reduktionstemperaturen von Metalloxiden (um maximal 220 °) [15], der erleichterte Aufschluß von Fluophosphaten für Düngemittelzwecke [18] und die erhöhte katalytische Fähigkeit von Kontakten bei der Verwendung mechanisch vorbearbeiteter Festkörper [19] sind nur wenige Beispiele für deren Anwendbarkeit in der chemischen Technik. Insgesamt steht dieses Forschungsgebiet erst im Anfang seiner Entwicklung.

1.3. Elementarvorgänge bei der Impaktbearbeitung

In der von Hüttig [6] aufgestellten Systematik der unter Beteiligung von Festkörpern möglichen Reaktionsarten wurden lediglich solche chemischen Reaktionen berücksichtigt, die sich „bei konstanter Temperatur, Druck, Spannung usw. abspielen", während nach dem Genannten alle chemischen Vorgänge mit einem örtlich und zeitlich veränderlichen „Kraftfeld" jenseits der Grenzen dieser Systematik liegen. Nach Hüttig gehören hierzu alle chemischen Veränderungen, die unter Einfluß von „Hämmern, Prägen, Walzen, Aufspalten, Bohren, Drechseln, Drehen, Gewindeschneiden, Kneten und Zermahlen verlaufen, sowie Vorgänge bei der Prüfung auf Brinellhärte". Wenn Hüttig (1943) weiter feststellt, daß die hierbei sich abspielenden Änderungen von vielfach tiefgehender Natur sind und in ihrer Kompliziertheit keineswegs eindeutig definiert sind, so liegt das vor allem daran, daß die morphologischen, energetischen und stofflichen Elementarvorgänge unmittelbar während des Stoßvorganges noch weitgehend unerforscht waren und ältere Arbeiten auf diesem Gebiet unter wenig übersichtlichen Reaktionsbedingungen ausgeführt wurden.

Einen wertvollen Beitrag zur Aufklärung der beim Stoß ablaufenden Elementarvorgänge lieferte Smekal und seine Schule [20] durch mikroskopische Ritzuntersuchungen. Smekal führte mit einem bestimmten Flächendruck Diamantspitzen mit sehr kleinem Durchmesser ($\approx 1\ \mu m$) über Einkristallflächen, wobei plastisch verformte Ritzfurchen und bei stärkerer Beanspruchung auch wallartige Ränder erzeugt wurden. Selbst so spröde Kristalle wie Diamant und Siliciumcarbid, ließen sich unter diesen Bedingungen plastisch verformen, d. h. in einen Zustand mit erhöhter überschüssiger freier Energie überführen. Nach Berechnung von Smekal reicht ein Flächendruck von etwa $1\ p/\mu m^2$ aus, um Bindungen im Kristallgitter zu sprengen. Die durch Ritzen erzeugten plastisch verformten Gitterbereiche entstehen nach Smekal durch einen athermischen Schmelzvorgang. Die hierbei zugeführte Energie soll den Betrag der Schmelzwärme erreichen.

Wie Peters [3] gezeigt hat, laufen beim Ritzen gleichzeitig auch chemische Prozesse ab. So ließen sich z. B. in den auf Calcitoberflächen erzeugten Ritzfurchen geringe Spuren von CaO als Zersetzungsprodukt des $CaCO_3$ nachweisen.

Die von Smekal entwickelte experimentelle Methode wurde von Thiessen, Heinicke und Meyer [4] in mehrfacher Hinsicht verbessert. Statt der Ritzbearbeitung wurde eine impulsförmige Stoßbearbeitung angewandt, die eine größere Variation und bessere Reproduzierbarkeit der experimentellen Parameter ermöglichte. Durch Anwendung der Elektronenmikroskopie, moderner kristallographischer Untersuchungsmethoden (z. B. der Golddekoration) und anderer physikalischer Verfahren sowie durch chemische Untersuchungen wurde ein tiefer Einblick in die submikroskopischen Elementarvorgänge erhalten. Es zeigte sich, daß die von Smekal entwickelten Vorstellungen in mehrfacher Hinsicht erweitert werden müssen.

Zusammenfassend ergibt sich folgendes Bild über den wahrscheinlichen Mechanismus bei der Impulsbremsung[1]):

Werden Festkörperoberflächen mit feinen Hartstoffteilchen z. B. mit SiC- oder Korundteilchen beschossen, so entstehen in Übereinstimmung mit den Smekalschen Ergebnissen bei geringer Eindringtiefe plastisch verformte Bereiche, und zwar unabhängig davon, ob der beschossene Körper makroskopisch spröde oder plastische Eigenschaften besitzt (Mikroplastizität). Bei größerer Eindringtiefe treten an der Trefferstelle wallartige Randzonen auf, und es erfolgt der Übergang zum Sprödbruch [4].

In der Sohle der Einschlagstelle liegen stark gestörte Gitterbereiche mit quasi-amorpher Struktur vor, die keinerlei kristallographische Begrenzungselemente oder geordnete Submikro-

---

[1]) Ausführliche Darlegung des Mechanismus in den ersten beiden Teilen der vorliegenden Monographie.

bereiche auch bei stärkster Vergrößerung erkennen lassen [21] (primäre Störzone). In der unmittelbaren Umgebung der Trefferstelle hat sich eine große Anzahl von Versetzungen gebildet, deren Dichte mit wachsender Entfernung vom Stoßzentrum allmählich abnimmt (sekundäre Störzone). Durch sukzessives Abtragen und Ätzen der Oberflächenschichten ist es gelungen, das Verformungsvolumen an den Eingriffsorten zu bestimmen [22]. Auch der Betrag der nach der Bearbeitung im Kristall verbleibenden überschüssigen freien Energie läßt sich in grober Näherung abschätzen [23].

Unmittelbar während des Impaktstoßes kommt es für sehr kurze Zeit und in einem sehr kleinen Raum zu einem quasiadiabatischen Energiestau, da energetische Störungen im realen Diskontinuum sich mit einer wesentlich geringeren Geschwindigkeit ausbreiten als im ungestörten Gitter [22]. Für diesen sehr kurzlebigen Zustand hat THIESSEN ein Magma-Plasma-Modell abgeleitet, welches mit den geringsten Widersprüchen die beim Impaktstoß auftretenden Gesamterscheinungen unter einem leitenden Prinzip zusammenfaßt [24]. Bei rein morphologischer Betrachtung ist der Zustand der zentralen Eingriffszone als ein unter hohem Druck heftig schmelzender siedender Festkörper zu kennzeichnen, in dem neben „flüssigen" bereits „verdampfte" Anteile vorliegen, die außerdem durch Ionisation hoch angeregt sind. Im Rahmen dieses morphologischen Schemas können jene „Zustände" als kurzlebige, also nichtstationäre Gas- und Festkörperplasmen bezeichnet werden [25].

Durch Verwendung eines Kugelmodells lassen sich die beim Impaktstoß ablaufenden Vorgänge entsprechend der Abb. 4 schematisch darstellen.

Die Wirkungen der hohen Energiezustände lassen sich neben den morphologischen Untersuchungen durch weitere physikalische Methoden experimentell nachprüfen:

1. Bei Beanspruchung z. B. von Zink im Hochvakuum findet erwartungsgemäß eine Stoßverdampfung statt, die zu analytisch nachweisbaren Niederschlägen auf den Oberflächen entsprechend entfernt angeordneter Testplatten führt. Da hierbei Energiebeträge in der Größenordnung von Sublimationswärmen aufgebracht werden müssen, wird also die von SMEKAL als obere Grenze der überschüssigen freien Energie angegebene Schmelzwärme weit überschritten [24].

2. Ein Plasma muß während seiner Lebensdauer zu einer Lichtemission führen. Wie die Versuche bei der mechanischen Bearbeitung von Isolatoren, Halbleitern und metallischen Leitern bewiesen haben, werden der Theorie entsprechend Lichtblitze synchron mit dem einzelnen Impakt beobachtet. So kommt es z. B. bei der Impulsbearbeitung von Alkalihalogeniden und Silicium mit SiC zur Stoßlumineszenz, die bei oszillographischer Abbildung die Gestalt einer Glockenkurve hat und in einem Zeitraum von etwa 0,1—10 μsec auftritt [24, 26]. In der gleichen Größenordnung dürfte auch die Lebensdauer plasmatischer Zustände liegen. Bemerkenswert ist die Tatsache, daß durch Impaktbearbeitung Helium mit einer Anregungsenergie von $E_a = 24{,}5$ eV zum Leuchten gebracht wurde [24].

3. Weiterhin konnte nachgewiesen werden, daß durch Impaktbearbeitung eine Glühemission von Elektronen auftritt, deren Austrittsarbeiten unter den gewählten Versuchsbedingungen etwa 1,5 eV bis 3 eV bzw. 30 bis 80 kcal/mol betragen [27].

Die bei Stoßprozessen ausgetauschte Energie liegt in der Größenordnung der Sublimationswärmen und darüber und vermag deshalb, wie in vorliegender Arbeit gezeigt wird, selbst sehr energieaufwendige Reaktionen auszulösen.

Erwartungsgemäß sollte bei Unterbrechung der Bearbeitung noch eine sog. „Ruh-Reaktion" ablaufen, wenn die nach Abfließen der örtlich gestauten überschüssigen freien Energie verbleibenden Energiebeträge ausreichen, die für die Reaktion notwendige Aktivierungsenergie aufzubringen. Im anderen Falle sollte die chemische Reaktion sofort nach Unterbrechung der Bearbeitung zum Stillstand kommen.

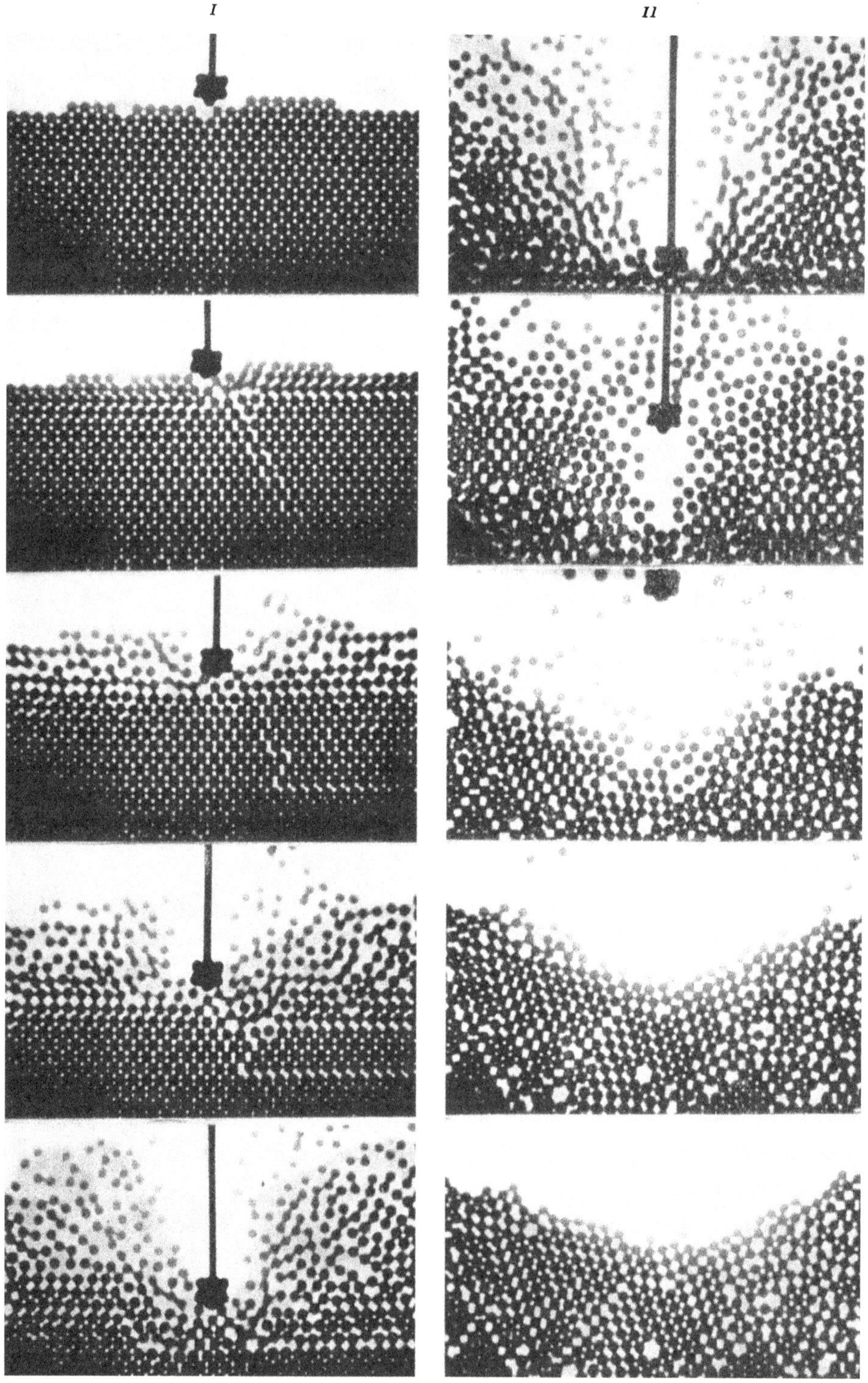

Abb. 4. Verschiedene Stadien der Impaktbearbeitung schematisch am Kugelmodell dargestellt

Reihe I: Eindringen des Korns in das Gitter des Festkörpers (↓); *Reihe II*: Phase des Abklingens bis zum Zustand eingefrorener Gitterstörungen (↑)

Reaktionen, die normalerweise erst bei sehr hohen Temperaturen ablaufen, sollten als Impaktreaktionen bei Zimmertemperatur und selbst bei Temperaturen der flüssigen Luft zu einem meßbaren Umsatz führen. Da die Lebensdauer der in submikroskopischen Bereichen auftretenden Zustände sehr kurz ist, lassen sich thermodynamische Begriffe wie Temperatur, Gleichgewicht usw. auf die hochaktiven Plasmabereiche nicht anwenden. Unter Impaktbearbeitung sollten deshalb auch solche chemischen Umsetzungen ablaufen, die nach der Thermodynamik reversibler und isothermer Prozesse keine Reaktionsmöglichkeiten besitzen.

Diese und ähnliche aus dem Stoßmechanismus sich ergebenden Schlußfolgerungen konnten durch den Verlauf zahlreicher chemischer Reaktionen bestätigt werden.

Die Untersuchungen stoßaktivierter Reaktionen tragen damit in einem bedeutenden Maße zur Aufklärung der oben erörterten Elementarprozesse bei und vermitteln vor allem einen tieferen Einblick in die Problematik der beim Stoß sich vollziehenden Energieumsetzungen. Außerdem liegen bei der Impaktbearbeitung vom chemischen Standpunkt aus neuartige Reaktionsbedingungen vor, die etwa vergleichbar mit denen des „heiß-kalten" Rohres sind. Deshalb zeigen tribochemische Reaktionen gegenüber mechanisch unbeeinflußten Umsetzungen ein anderes kinetisches Verhalten. Oft verlaufen chemische Impaktreaktionen unter Normalbedingungen, die ohne Bearbeitung gar nicht oder nur unter Hochdruck erreichbar sind. Nicht zuletzt werden durch Stoßbearbeitung auch solche Reaktionen ausgelöst, die normalerweise durch Deckschichtenbildung auf der Oberfläche des reagierenden Festkörpers gehemmt werden.

Der Begriff „Mechanochemie" ist in der Vergangenheit für die verschiedensten Vorgänge und Erscheinungen verwandt worden [24, 28, 29]. Während z. B. Hüttig unter „Mechanochemie" das einfache Lösen von Gitterbindungen durch mechanischen Einfluß, d. h. Vorgänge der Zerkleinerungsphysik versteht [30], sollen nach Peters unter Mechanochemie die Vorgänge verstanden werden, bei denen bei mechanischer Beanspruchung des Materials, z. B. Zerkleinern, echte chemische Reaktionen vor sich gehen. Alle Vorgänge, bei denen keine stofflichen Umwandlungen ablaufen, sollen dagegen der Zerkleinerungsphysik angehören [3]. Dieser letzte Standpunkt hat sich im wesentlichen heute durchgesetzt. Für den Begriff „Mechanochemie" läßt sich also folgende allgemeine Definition geben:

Mechanochemie ist ein Zweig der Chemie, der sich mit den chemischen und physikalisch-chemischen Änderungen von Stoffen aller Aggregatzustände infolge Einwirkung von mechanischer Energie befaßt.

Das Gebiet der Mechanochemie umfaßt eine große Zahl von zum Teil noch wenig systematisch untersuchten Erscheinungen, die von chemischen Umsetzungen bei der Mahlung von Festkörpern über chemische Wirkungen durch Ultraschallbeeinflussung zu den im gasförmigen Medium ablaufenden chemischen Reaktionen unter Stoßwellenbeanspruchung reichen. Zur Mechanochemie gehören u. a. auch die durch Ultraschalleinwirkung ausgelösten Depolymerisationsvorgänge an Makromolekülen, chemische Effekte beim Schnellrühren von Polymerlösungen oder Emulsionen und die unter der mechanischen Beanspruchung in Schwingmühlen, Knetern und Walzen ablaufenden chemischen Umsetzungen.

Eine besondere Rolle kommt der mechanischen Beeinflussung von chemischen Reaktionen zu, an denen mindestens eine Festkörperkomponente teilnimmt. Hierzu gehören in erster Linie die in Schwing- und Strahlmühlen unter mechanischer Beanspruchung ablaufenden Reaktionen und vor allem die zahlreichen chemischen Prozesse, die in Lagern und Getrieben bei Reibungs- und Verschleißvorgängen z. B. bei der Reiboxydation ablaufen. Wie von Thiessen und Meyer in den ersten Kapiteln ausführlich dargelegt wurde, sind aber die Vorgänge, die bei der mechanischen Beanspruchung von Festkörpern ablaufen, durch einen einheitlichen Elementarmechanismus verbunden. Charakteristisch für die hier entstehenden hoch aktiven Zustände ist z. B. das Ergebnis, daß thermodynamische Ableitungen für die durch Impaktbearbeitung ablaufenden Reaktionen keine Aussagekraft mehr besitzen. Die unter Einfluß von mechanischer Energie am

Festkörper ablaufenden Umsetzungen werden deshalb zu dem spezielleren Gebiet der „Tribochemie“ gerechnet. Der Begriff „Tribochemie“ läßt sich dann folgendermaßen definieren:

Tribochemie ist ein Zweig der Chemie, der sich mit den chemischen und physikalisch-chemischen Änderungen von Festkörpern unter Einwirkung einer mechanischen Energie befaßt [88].

Wie die noch zu erörternden Untersuchungen gezeigt haben, kommt der Tribochemie als Wissenschaftsgebiet eine selbständige Rolle zu, wie der Photochemie und der Strahlenchemie, da tribochemische Reaktionen nach eignen Gesetzmäßigkeiten und eigner Kinetik verlaufen. Im Vergleich zu thermisch angeregten Reaktionen bestehen dagegen im Wesen des Reaktionsablaufes bedeutende Unterschiede. Durch den Begriff Tribochemie wird außerdem der enge Zusammenhang mit den durch einen einheitlichen Mechanismus verbundenen Erscheinungen der Triboluminescenz, der Tribocoelektronenemission, der Triboabsorption usw. zum Ausdruck gebracht.

Die systematischen Untersuchungen tribochemischer Prozesse stehen noch in den Anfängen. Wie schon erwähnt, lassen sich aber heute bereits zahlreiche Beziehungen angeben, die für stoßaktivierte Reaktionen charakteristisch sind. In den folgenden Kapiteln sollen die wesentlichen Grundzüge dieses neuen Forschungsgebietes dargelegt werden.

2. Experimenteller Teil

Der Erforschung tribochemischer Gesetzmäßigkeiten können die verschiedensten Arten chemischer Reaktionen dienen, z. B. Gasreaktionen, heterogene Reaktionen oder auch Reaktionen ausschließlich zwischen Festkörpern. In der Vergangenheit wurde der mechanische Einfluß besonders an reinen Festkörperreaktionen studiert. Bei quantitativen Untersuchungen ist in solchen Fällen der Reaktionsverlauf jedoch nur unter großem experimentellen Aufwand zu verfolgen, da er durch die Gegenwart von mindestens zwei Festkörperkomponenten oft recht kompliziert ist und einer großen Fülle von bestimmenden Einflüssen unterliegt. Bei den eigenen Untersuchungen wurden deshalb fast ausschließlich heterogene Reaktionen untersucht, die unter Beteiligung einer Gasphase ablaufen. Hierbei ergeben sich sowohl in experimenteller Hinsicht als auch für die theoretische Deutung zahlreiche Vorteile. So können z. B. viele Reaktionen durch Druckänderungen leicht verfolgt werden. Gasförmige Umsetzungsprodukte lassen sich ohne Unterbrechung der Bearbeitung aus dem Reaktionsraum entfernen und sind meist durch moderne gasanalytische Methoden einfach und mit hoher Empfindlichkeit bestimmbar. Durch Beschränkung des Reaktionssystems auf meist nur eine Festkörperkomponente ergeben sich übersichtlichere Reaktionsbedingungen, die auch eine bessere quantitative Erfassung der bei der Bearbeitung ablaufenden Vorgänge gestatten.

Die Reaktionen werden in abgeschlossenen Systemen untersucht, so daß je nach den Bedingungen dem Reaktionsraum ein Inertgas, z. B. Argon, oder bei einer chemischen Wechselwirkung des beanspruchten Festkörpers mit der Gasatmosphäre das entsprechende hochgereinigte Gas zugegeben werden kann. Diese Verfahrensweise ermöglicht gegenüber älteren Untersuchungen, z. B. den von Fink und Hofmann [2] beschriebenen Reiboxydationsversuchen, auch die Erforschung quantitativer Zusammenhänge. Weiterhin werden oft unerwartete Nebenreaktionen ausgeschlossen, die die Untersuchung der Hauptreaktion mitunter empfindlich stören können.

Beispielsweise wurde bei der mechanisch aktivierten Oxydation von Cadmium mit Wasser bei 25° dem Reaktionsraum Stickstoff als Inertgas zugegeben. Unter Bedingungen der Bearbeitung erwies sich der Stickstoff jedoch als keineswegs neutral und reagierte mit dem bei der Oxydation des Cadmiums freiwerdenden Wasserstoff zu NH_3.

Eine dritte Voraussetzung zur Erforschung quantitativer Beziehungen besteht in der Schaffung eines reproduzierbaren und über einen längeren Zeitraum stationären Reaktionsverlaufes.

Im Einzelfall war es möglich, wie noch weiter unten erläutert wird, diesen Zustand über 1600 Stunden in guter Annäherung aufrechtzuerhalten.

Nach Rumpf [32] gibt es für die Impaktbearbeitung zwei Beanspruchungsmechanismen:

a) Die zu bearbeitenden Körper werden einzeln oder kollektiv zwischen zwei Mahlflächen beansprucht. Das einfachste und am längsten bekannte Gerät ist die im Labor verwendete Reibschale zur Pulverisierung von Substanzen. Auch die in Abb. 5 dargestellten Schwing- und Kugelmühlen gehören zu dieser Beanspruchungsart.

b) Die sich frei in einem ruhenden oder bewegten Trägermedium bewegenden Teilchen werden durch Reibung oder Prall gegen eine Mahlfläche oder gegeneinander beansprucht, bzw. der festangeordnete zu bearbeitende Körper wird durch Beschuß mit Hartstoffteilchen an seiner Oberfläche beansprucht. Die wissenschaftliche Erforschung und auch die technische Nutzung dieses Beanspruchungstyps setzten erst in den letzten Jahren ein und haben besonders auf dem Gebiet der Prallzerkleinerung zu völlig neuartigen technischen Entwicklungen geführt (Prallmühle, Wheeler-Mühle usw.). Für tribochemische Untersuchungen ist dieser Beanspruchungstyp besonders geeignet, da die Elementarvorgänge der Bearbeitung den in der Einführung beschriebenen submikroskopischen Eingriffen gebremster Hartstoffteilchen entsprechen und hierdurch die Rückführung chemischer Wirkungen auf ihre mechanischen Ursachen in experimentell übersichtlicher Weise möglich ist.

In Abb. 5 ist eine Auswahl der für tribochemische Untersuchungen entwickelten Bearbeitungsprinzipien dargestellt.

Am häufigsten wurde der Schwingtopf verwandt, in dem feinkörniges Reaktionsgut ($\varnothing \approx$ 2 bis 5 mm) in Mischung mit Hartstoff gleichen Korndurchmessers einer intensiven Schüttelbewegung ausgesetzt wurde.

An den Oberflächen des Reaktionsgutes treten hierbei die typischen plastisch verformten Ritzfurchen auf mit einer Wallbildung an den Begrenzungslinien, wie sie auch beim Beschuß mit sehr feinen Hartstoffteilchen beobachtet werden. Die im Schwingtopf sich abspielenden Bearbeitungsvorgänge sind nicht alle gleichartig, sondern umfassen in Art und Intensität ein ganzes Spektrum. Durch die große Zahl der Eingriffe wird jedoch bei einer konstanten Bearbeitung ein chemischer Umsatz in gleichbleibender Höhe beobachtet. Nur bei Änderung der äußeren mechanischen Bedingungen treten auf Grund der Verschiebung des Bearbeitungsspektrums starke Änderungen in der Reaktionsgeschwindigkeit ein. Vergleichbare Meßreihen werden deshalb nur bei hoher Konstanz der experimentellen mechanischen Bedingungen erhalten.

Das Schüttelgitter ist eine spezielle Anordnung des Schwingtopfprinzips und ist vor allem zur Messung des chemischen Umsatzes in Abhängigkeit von den mechanischen Parametern, wie Frequenz, Amplitude, Kugelradius und -dichte usw., geeignet.

In der Stiftmühle tritt bei einer entsprechend hohen Drehzahl eine sehr intensive Beanspruchung der Festkörperoberflächen auf, jedoch wird auch hier durch die Stiftanordnung ein breites Bearbeitungsspektrum erhalten.

Bei der Strahlapparatur [33] können die mechanischen Stoßbedingungen in angebbaren engen Grenzen gehalten werden. Da die stoßenden Hartstoffteilchen ihre hohe kinetische Energie in einem mit Schallgeschwindigkeit sich bewegenden Gasstrahl erhalten, ist der chemische Umsatz mit einem hohen Gasverbrauch verbunden. Andererseits wird durch die relativ kleine Stoßzahl nur eine sehr niedrige Reaktionsausbeute erhalten. Der Einsatz der Strahlapparatur erweist sich besonders dann als vorteilhaft, wenn für die Zündung der Reaktion eine hohe Bearbeitungsintensität erforderlich ist und wenn die im Stoßzentrum entstehenden Reaktionsprodukte sehr schnell aus der sog. „heißen“ Zone abgeführt werden sollen.

Bei der Bewegung des Drehrohres findet die mechanische Beanspruchung des mit Hartstoffteilchen gemischten Reaktionsgutes beim Abrollen der Kornteilchen statt. Unter experimentell einfachen Bedingungen kann man in Drehrohren eine recht gute Konstanz der Reaktionsgeschwindigkeit erzielen. Auf Grund der in Rohrwalzen stets vorhandenen Drehdurchführung läßt sich für viele wissenschaftliche Untersuchungen durch mangelnde chemische Asepsis dieser Vorteil nicht ausnutzen.

In der Fallrohrmühle erhalten die Teilchen auf Grund der Fallbeschleunigung ihre für die Bearbeitung notwendige kinetische Energie, deren Höhe im wesentlichen nur von der Fallstrecke abhängig ist. Bei gleichmäßiger Umdrehung lassen sich bei dieser Versuchsanordnung durch Variation des Plattenabstandes die mechanischen Bedingungen sehr genau einstellen.

Die für die Untersuchungen meist verwendeten Beanspruchungsgeräte, die Schwingmühle und der Siebrüttler, sollen in den folgenden Abschnitten in Verbindung mit den bei der Bearbeitung auftretenden chemischen Problemen ausführlicher behandelt werden.

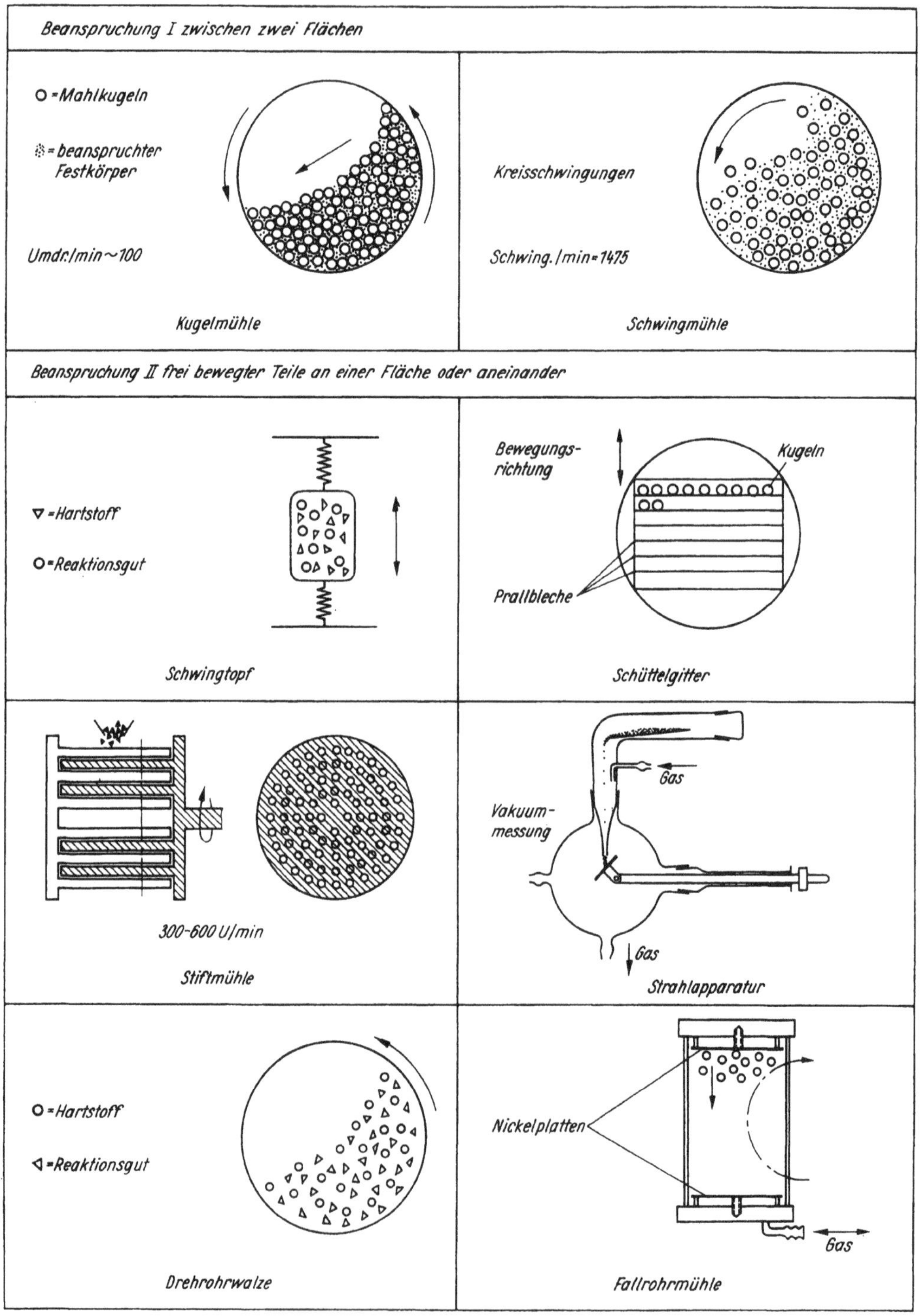

Abb. 5. Beanspruchungsarten zur Untersuchung tribochemischer Reaktionen

2.1. Schwingmühle

Tabelle 1

Technische Daten der verwendeten Schwingmühlen

Typ	Kraftbedarf (kW)	Topfinhalt (ml)	Stahlkugelfüllung (kg)
Vibratom	0,125	500	0,4
LS 06*)	0,4	2 × 600	0,8
LS 16*)	0,63	2 × 1100	2,5
LS 60*)	1,5	2 × 4500	9,0

*) VEB KEFAMA Katzhütte

In Tab. 1 sind die für tribochemische Untersuchungen eingesetzten Schwingmühlentypen und deren wichtigste Daten zusammengestellt. Für Laboratoriumsuntersuchungen eignen sich am besten Mühlen mit kleinem Topfinhalt. Ist der Umsatz einer tribochemischen Reaktion jedoch sehr klein oder wird die präparative Darstellung größerer Mengen einer Substanz auf tribomechanischem Wege angestrebt, sind größere Mühlen, z. B. die LS 60, besonders geeignet. Für technische Prozesse werden Mühlen mit 1000—4000 *l* Füllvolumen verwandt.

Bekanntlich dienen Schwingmühlen zur Zerkleinerung einer Substanz und werden in der Technik vor allem zur Herstellung sehr feiner Pulver eingesetzt. Jeder Bearbeitungsprozeß in der Schwingmühle ist also zunächst mit einer erheblichen Oberflächenvergrößerung verbunden, so daß parallel hiermit oft auch die Geschwindigkeit der tribochemischen Reaktion stark anwächst.

Nach HÜTTIG [34] stellt sich jedoch nach einer von den Mahlbedingungen und dem eingesetzten Pulver abhängigen Bearbeitungsdauer ein sog. Mahlgleichgewicht ein, d. h. bei weiterer Mahldauer ändert sich die Kornverteilungskurve und damit auch die Oberfläche des bearbeiteten Pulvers nicht mehr. Ist dieser Zustand in einer Schwingmühle erreicht, sind die Voraussetzungen für eine stationäre Reaktionsführung gegeben.

Besonders bei langsam verlaufenden Reaktionen bleibt nach Einstellung des HÜTTIGschen Mahlgleichgewichtes das stationäre Reaktionsniveau über lange Zeit erhalten. Entsprechend Tab. 2 läßt sich z. B. die Bildung von Methan bei der mechanischen Bearbeitung von SiC in

Tabelle 2

Die Bildung von Methan bei der Bearbeitung von SiC in der Schwingmühle LS 16

Bearbeitungs-zeit (h)	SiC-Teilchen-größe (μm)	Oberfläche (m^2/g) nach BET	Eisenabrieb (g)	Methanbildung (mg/h)
0	63 — 1600	—	—	—
44	0,1 — 0,2	3,9	0,7	1,85
215	0,3	3,3	0,7	1,65
1674	0,4	4,6	0,6	1,65

H_2-Atmosphäre über mehr als 1674 h konstant halten. Das eingesetzte SiC-Gut wird in den ersten Bearbeitungsstunden um 3 bis 4 Größenordnungen zerkleinert. Spätestens nach 44 Stunden ist die mit einem Teilchengrößenanalysator bestimmte Korngrößenverteilung stationär geworden.

Auch in Porzellan-Schwingmühlen werden für längere Zeit stationäre Reaktionsbedingungen erhalten. Bekanntlich treten in solchen Mühlen nach längerer Bearbeitungsdauer oft größere Mengen Abrieb auf, die die mechanischen Bedingungen in starkem Maße verändern. Mit zunehmender Bearbeitungsdauer geht jedoch die Abriebbildung immer mehr zurück. Es ist wahrscheinlich, daß die mit einer Schicht aus Porzellanpulver überzogenen Kugeln mit fortschreitender Bearbeitung immer weniger angegriffen werden und die gesamte mechanische Stoßenergie in die Deckschicht abfließt. Durch den Rückgang der Abriebsbildung werden aber gerade die für den stationären Reaktionsverlauf erforderlichen Bedingungen immer besser erfüllt.

Die Mahlwirkung einer Schwingmühle ist in hohem Maße auch vom Füllverhältnis abhängig. Wie GROHN [35] gezeigt hat, werden die besten Mahlwirkungen bei einem Füllverhältnis zwischen 1—10% erreicht. Besonders gut lassen sich die Beziehungen zwischen der eingefüllten

Tabelle 3

Die Bildung von Nickelcarbonyl in der LS 16 bei der mechanischen Bearbeitung verschiedener Nickelmengen

Topfvolumen 1,25 l — Füllgut: Nickelpulver + 500 g SiC K 10 (∅ = 2 mm)

eingefüllte Ni-Menge (g)	Reaktionsausbeuten an Nickelcarbonyl (mg Ni/h)	%-Ausbeute/h
0,1	8,6	11,5
1	32	3,2
10	65	0,65
100	100	0,1
1000	150	0,015

Menge des Reaktionsgutes und den bei der Mahlung erhaltenen Reaktionsausbeuten anhand der Nickelcarbonylbildung studieren. Wie Tabelle 3 zeigt, sind die pro Stunde erzielten Prozentausbeuten an Nickelcarbonyl um so größer, je kleiner die Menge des eingesetzten Nickels ist. Andererseits wächst die pro Stunde erzielte Reaktionsausbeute um so langsamer an, je höher die in die Mühle eingefüllte Ausgangsmenge ist. Beispielsweise führt der Übergang von 100 zu 1000 g eingeführter Pulvermenge nur zu einer 50%igen Umsatzsteigerung.

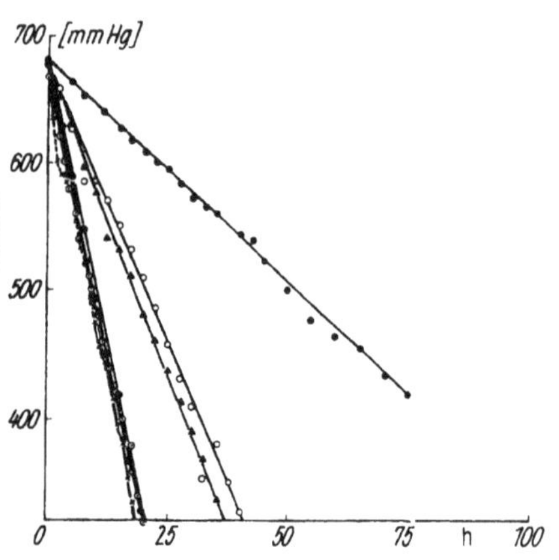

Abb. 6. Methanolzerfall an verschiedenen Mengen Eisenpulver in der Schwingmühle L 16 (Stahltopf, Stahlkugeln)

• 13,9 g Fe (1/4 mol); ○▲ 27,9 g Fe (1/2 mol); ⊕ 55,9 g Fe (1 mol); × 83,7 g Fe (1,1/2 mol); ⊙ 112 g Fe (2 mol)

Noch besser kommt dieses Verhalten bei der mechanisch aktivierten Zersetzung von Methanol [36] zum Ausdruck. Geht man von den kleinen Katalysatormengen aus, so steigt mit zunehmendem Füllverhältnis die Geschwindigkeit der katalytischen Zersetzung parallel hierzu an, bis man einen Grenzwert in der Reaktionsgeschwindigkeit erreicht, der bei weiterer Zugabe von Katalysatorsubstanz nicht überschritten wird. Da die katalytische Zersetzung nur während der Bearbeitung erfolgt, ist anzunehmen, daß auch nur der unmittelbar bearbeitete Anteil des eingefüllten Katalysators den Methanolzerfall katalysiert. Das bedeutet aber, daß der Grenzwert von den „Mühlenbedingungen" (Gewicht, Dichte und Kugelgröße der Mahlkörper, Schwingungsfrequenz und -amplitude usw.) bestimmt wird und damit ein Maß für den sog. „tribochemischen Wirkungsgrad" einer Mühle darstellt (s. Abb. 6).

2.2. Siebrüttler

Die Bearbeitung im Siebrüttler (VEB Labortechnik Elgersburg) beruht auf dem Schüttelprinzip. Das Reaktionsgefäß wird mit körnigem Reaktionsgut und Hartstoffen gleicher Korngröße gefüllt und, wie es in Abb. 7 schematisch dargestellt ist, in horizontaler Richtung mit einer einstellbaren Frequenz (4—20 Hz) und Amplitude (0,3—1,5 cm) in Schwingungen ver-

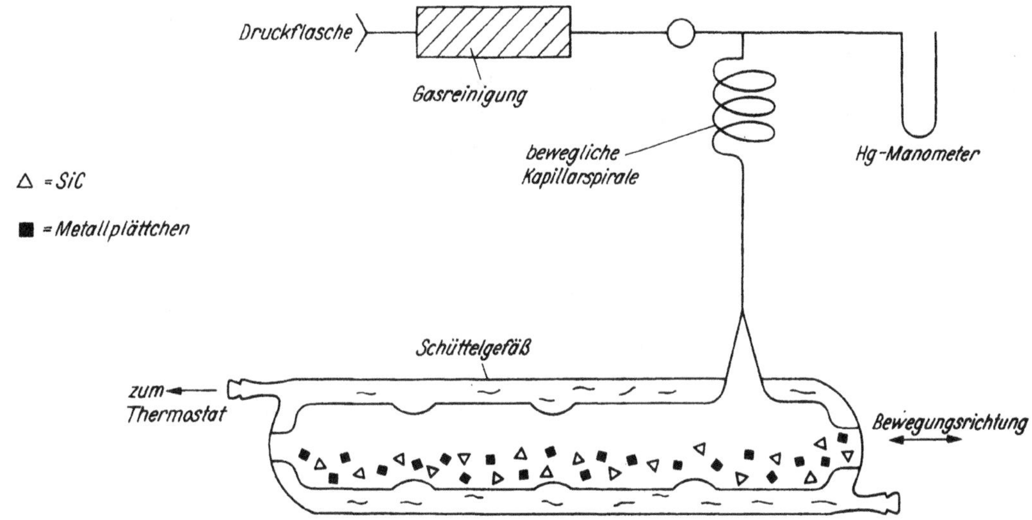

Abb. 7. Schema einer Versuchsanordnung zur Untersuchung tribochemischer Reaktionen

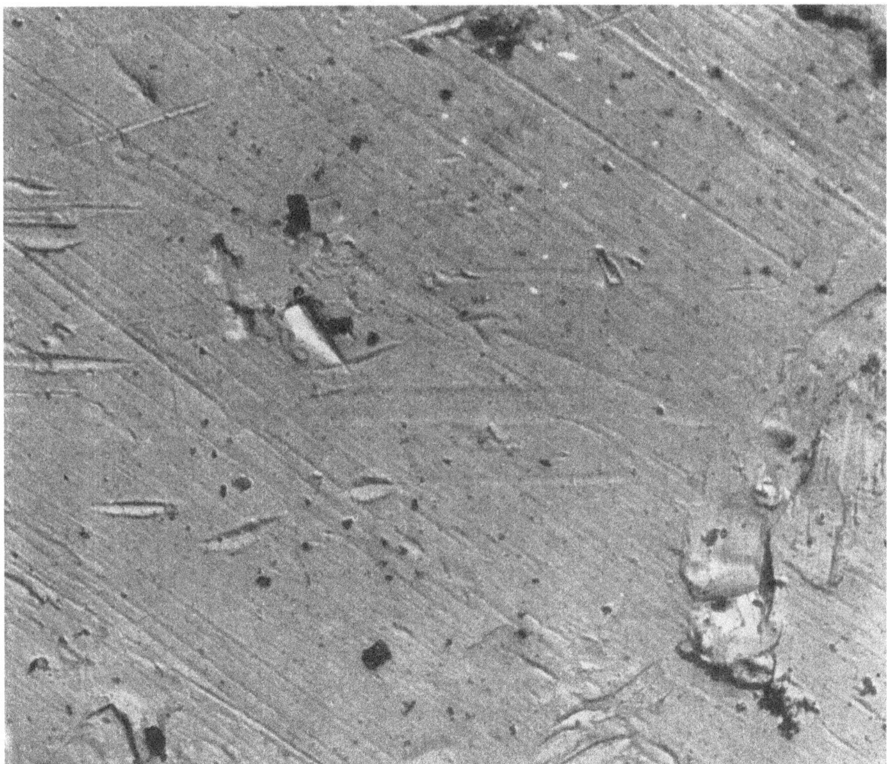

Abb. 8. Oberfläche eines Nickelplättchens kurzzeitig im Siebrüttler mit SiC ($\varnothing \approx$ 1,6 mm) durch Schütteln bearbeitet (Vergr.: 1:6000)

setzt. Als Schüttelgut für Untersuchungen der mechanisch aktivierten Nickelcarbonylbildung wurden z. B. 300 g Nickelplättchen mit den Abmessungen $5 \times 5 \times 2$ mm und 300 g SiC K 10 verwandt. Während der Schwingung des Reaktionsgefäßes führen die einzelnen Teilchen sehr heftige, ungeordnete Bewegungen aus analog der BROWNschen Bewegung sehr feiner, in einer

Suspension aufgeschlämmter Teilchen. Unter diesen Bedingungen findet eine intensive mechanische Beanspruchung der Nickeloberfläche durch die SiC-Teilchen als auch durch gegenseitige Zusammenstöße der Plättchen statt. Die an der Oberfläche der Nickelplättchen erzeugten morphologischen Veränderungen sind aus Abb. 8 zu ersehen.

Die Vorteile dieser Bearbeitungsmethode gegenüber der Schwingmahlung werden durch folgende Faktoren bestimmt:

a) Der Schüttelvorgang ist durch Anwendung zweiwandiger Glasschüttelgefäße gut thermostatierbar, eine wichtige Voraussetzung für die Bestimmung der Reaktionsgeschwindigkeit durch Druckmessung.

b) Bei Verwendung eines Glasschüttelgefäßes besteht die Möglichkeit, die gesamte Apparatur aus Glas schlifffrei herzustellen und durch Ausheizen des Reaktionsgefäßes auf etwa 450° chemisch hoch aseptische Bedingungen zu schaffen.

c) Beim Schütteln wird der Festkörper durch Impulsbearbeitung aktiviert. Die Ergebnisse der nach diesem Bearbeitungsprinzip durchgeführten Untersuchungen mit mehr physikalischer Fragestellung sind deshalb oft in übersichtlicher Weise mit den bei chemischen Untersuchungen im Siebrüttler erhaltenen Ergebnissen zu vergleichen.

d) Der Abrieb ist bei Verwendung von Siebrüttlern relativ gering, so daß sich für längere Zeit im Siebrüttler stationäre mechanische Bedingungen und damit auch ein konstanter Reaktionsverlauf einstellen. In Abb. 9 ist als Beispiel die Bildung von Nickelcarbonyl während einer mehr als 250stündigen Bearbeitung aufgetragen. Dieser stationäre Zustand stellt sich auch dann wieder ein, wenn durch Änderung der äußeren Bedingungen die Reaktionsgeschwindigkeit zeitweilig stärkeren Schwankungen unterworfen war. Außerdem werden im Siebrüttler fast immer stationäre Zustände erhalten, in Schwingmühlen dagegen nur in besonderen Fällen.

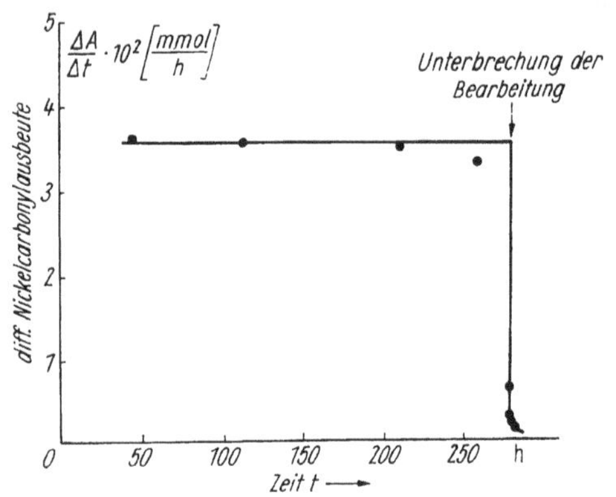

Abb. 9. Reaktionsverlauf der Nickelcarbonylbildung bei der Bearbeitung von Nickelblechen

Bei Bearbeitung von Metallplättchen mit einer geringen Oberfläche wird die Höhe des stationären Reaktionsniveaus durch einen sog. Deckschichten-Effekt beeinflußt.

Dieses Verhalten wird auf die Bildung einer aus Hartstoff, Metall- und Oxidpulver bestehenden Deckschicht zurückgeführt, die nach mikroskopischen Untersuchungen eine Dicke von 1 bis 10 μm erreichen kann. Bei der Bearbeitung wirkt diese Schicht als mechanischer Puffer, da ein Teil der zur Deformation der reagierenden Substanz erforderlichen Stoßenergie bereits in der Deckschicht verbraucht wird.

In stärkerem Maße treten solche reaktionshemmenden Deckschichten bei Zugabe sehr weicher Substanzen, wie Schwefel und Kohlenstoff, auf. Nach Tab. 4 geht z. B. die Methanbildung bei der Erhöhung der Graphit-Konzentration im Reaktionsgefäß zurück, obwohl Graphit die zu aktivierende Komponente der untersuchten chemischen Reaktion darstellt.

Tabelle 4

Abhängigkeit der Methanausbeute von der Menge des zugesetzten Graphits (Siebrüttler)

Hartstoff	Graphit	CH_4-Bildung/Zeiteinheit μg/h
200 g Korund	0,4 g	6
∅ 1,6 mm	1,5 g	<2

Auch bei der Sensibilisierung von Nickel [37] übt der Deckschichteneffekt einen bedeutenden Einfluß auf die Reaktionsgeschwindigkeit aus. Fügt man z. B. dem in der oben angegebenen Zusammensetzung (S. 119) bearbeiteten Reaktionsgut eine sehr geringe Menge Pyrit zu, so wird (s. Abb. 10) in Gegenwart von Kohlenoxid die Nickelcarbonylbildung beschleunigt. Bei Zugabe von mehr als 100 mg macht sich bereits der Deckschichteneffekt bemerkbar. Er fällt mit zunehmender Pyritkonzentration immer stärker ins Gewicht und kompensiert bei sehr hohen FeS_2-Konzentrationen die sensibilisierende Wirkung des Pyrits vollständig.

Für die wichtigsten Bearbeitungsmaschinen sind in Tab. 5 für vier verschiedene Reaktionen die unter Bearbeitung erzielten Reaktionsgeschwindigkeiten zusammengestellt. Im Siebrüttler wird mit Abstand auf Grund der kleinen Bearbeitungsoberfläche der geringste Reaktionsumsatz gemessen, während in den Schwingmühlen zum Teil recht hohe Reaktionsgeschwindigkeiten erzielt werden, die in besonderen Fällen, wie das Kap. 12 zeigt, für präparative Zwecke nutzbar gemacht werden können.

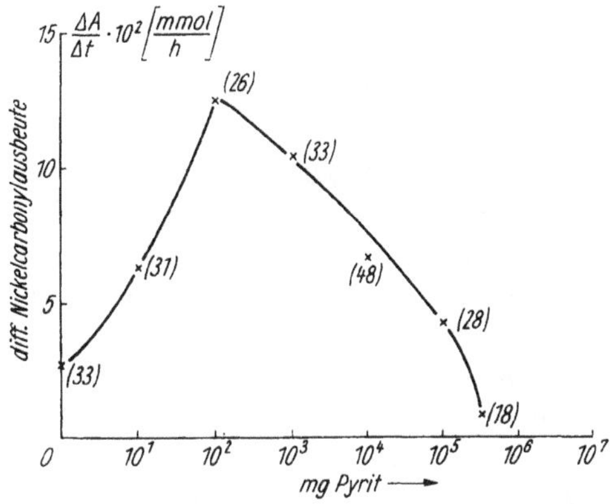

Abb. 10. Abhängigkeit der Ausbeute an Nickelcarbonyl von der Menge des zugegebenen Pyrits (eingeklammerte Zahlen geben die Anzahl der ausgeführten Messungen an)

Tabelle 5

Vergleich des Reaktionsumsatzes in verschiedenen Bearbeitungsmaschinen

Gerätetyp		diff. Ausbeute (mg Me*/h) 1) CH_4	2) $Fe(CO)_5$	3) $Ni(CO)_4$	4) NiO
Siebrüttler	1) SiC (125 g, K 14) 2) SiC (K 10), Eisenplättchen (100 g, 2 × 5 × 5) 3) SiC (250 g, K 10) Nickelpulver (10 g) 4) Korund (250 g, K 14) Nickelspäne (116 g)	0,01	1	2,5	22
Vibratom	1) SiC (25 g), Porzellankugeln (640 g) 2) Eisenpulver (30 g) Porzellankugeln (650 g) 3) SiC (500 g, K 10) Nickelpulver (10 g) 4) Nickelpulver (11,6 g) Porzellankugeln (650 g)	0,05	30	50	350
LS 16	1) SiC (22,7 g) Porzellankugeln (1200 g) 2) – 3) SiC (500 g, K 10) Nickelpulver (10 g) 4) –	0,1	–	65	–
LS 60	1) – 2) Eisenspäne (50 g) Stahlkugeln (14 kg) 3a) Nickelpulver (50 g) Stahlkugeln (7 kg) 3b) Nickelpulver (pyrophor, 50 g) Stahlkugeln (7 kg) 4) Korundtopf (1,1 *l*) Korundkugeln (1,65 kg) Nickelpulver (11,6 g)	–	500	a) 900 b) 7500	2000

*) Me = C, Ni, Fe

3. Übersicht über die untersuchten tribochemischen Reaktionen

Wie im Anhang gezeigt wird, sind auch von anderen Autoren bereits tribochemische Reaktionen ausgeführt worden. Um die Gesetzmäßigkeiten tribochemisch angeregter Reaktionen zu erfassen, ist es jedoch erforderlich, aus den verschiedensten Stoffklassen zahlreiche Reaktionen mit sehr unterschiedlichem kinetischen und thermodynamischen Verhalten zu untersuchen. Die Ursachen der tribochemischen Reaktionsauslösung werden zusammenfassend in den Kap. 4–12 eingehend erörtert. In den folgenden Abschnitten wird hingegen eine Übersicht über das Verhalten und die Besonderheiten der bisher vom Verfasser untersuchten tribochemischen Reaktionen gegeben [38].

Eine größere Auswahl dieser Reaktionen und deren für 25 °C berechneten Reaktionsarbeiten ΔG und Reaktionsenthalpien ΔH sind in Tab. 6 zusammengestellt.

Tabelle 6

Nr.	Reaktion	ΔH 298°K	ΔG 298°K (kcal/mol)	Literatur
	Bildung von Carbonylen			
1	$Ni + 4CO \rightleftharpoons Ni(CO)_4$	−39,1	−1,72	[67]
2–6	analog Fe, Mo, Cr, Mn			
7	$FeS + CO \rightarrow$ Carbonylsulfid			
	Oxydationsreaktionen			
	I. Oxydation mit O_2			
8	$Ni + {}^1/_2O_2 \rightarrow NiO$	−59,3	−51,8	[42]
9–23	analog mit den Metallen Al, Mn, Sb, As, Cr, Fe, Si, Bi, Sn, Zn, Co, Pb, Cu, Hg, Ag und den			
24–25	Nichtmetallen SiC, C			
26	$FeS + O_2 \rightarrow$ Eisenoxid*) $+ SO_2$	−137,6	−129	[42]
27	analog FeS_2			
	II. Oxydation mit H_2O			
28	$Fe + H_2O \rightarrow$ Eisenoxid $+ H_2$	−35,8	−24,0	[80]
29–32	analog Sn, Cd, Al, SiC			
33	$C + 2H_2O \rightarrow CO_2 + 2H_2$	+21,55	+14,9	[55]
	III. Oxydation mit CO			
34	$Ni + CO \rightarrow NiO + C$ (bzw. Ni_3C) (oder C)	−32,9	−19,0	[47]
35	analog Fe			
	IV. Oxydation mit CO_2			
36	$2Ni + CO_2 \rightarrow 2NiO + C$ (oder Ni_3C)	−14,6	−7,4	[47]
37–38	analog Fe, Al			
39	$Cu + CO_2 \rightarrow$ Kupferoxid**) $+ C$	+19,9	+33,5	[44]
	V. Oxydation durch Reaktion mit Festkörpern			
40	$3Ni + KClO_3 \rightarrow 3NiO + KCl$	−133,3	−142,0	[134]
41–47	analog $K_2Cr_2O_7$, $KMnO_4$, BaO_2, $K_2S_2O_8$, KJO_3, PbO_2, J_2			
	Boudouard-Reaktion			
48	$2CO \xrightarrow{Ni} CO_2 + C$	−41,2	−28,63	[47]

Tabelle 6 (Fortsetzung)

Nr.	Reaktion	ΔH 298°K	ΔG 298°K (kcal/mol)	Literatur
	Hydrierungsreaktionen			
49	$SiC + 2H_2 \rightarrow Si + CH_4$	+ 8,8	+14,0	[55]
50	$C + 2H_2 \rightarrow CH_4$	−17,9	−12,1	[53]
51	$2C + 3H_2 \rightarrow C_2H_6$	−20,2	− 7,8	[55]
52−54	analog Bildung von Propan, Butan und Pentan			
55	$Fe_3C + 2H_2 \rightarrow 3Fe + CH_4$	−22,9	−15,6	[54]
56	$Ca + H_2 \rightarrow CaH_2$	−45,1	−35,8	[44]
57	analog Li			
	Zersetzungsreaktionen			
58	$BaO_2 \rightarrow BaO + {}^1/_2O_2$	+17,1	+13,2	[42]
59	$CH_4 \rightarrow C + 2H_2$	+17,9	+12,1	[55]
60	$Ni(CO)_4 \rightarrow Ni + 4CO$	+39,1	+ 1,72	[47]
	Umsetzungen mit Kohlenstoff			
61	$3Fe + C \rightarrow Fe_3C$	+ 5,0	+ 3,5	[55]
62	$3Ni + C \rightarrow Ni_3C$ (oder C)	+11,0	—	[44]
63	$Fe_3O_4 + 2C \rightarrow 2CO_2 + 3Fe$	+78,9	+53,9	[36]
	Sulfidierungsreaktion			
64	$Ni + H_2S \rightarrow NiS + H_2$	−14,38	—	[80]
	Carbonatbildung u. -zersetzung			
65	$CdO + CO_2 \rightleftharpoons CdCO_3$	−23,8	−12,2	[44]
66−68	analog Mg, Zn, Li			
	Katalytische Reaktionen			
	I. Hydrierungen			
69	$2H_2 + O_2 \rightarrow 2H_2O$	−57,8	−54,6	[67]
70	$N_2 + 3H_2 \rightarrow 2NH_3$	−11,1	− 4,0	[135]
71−74	$3Cd + 3H_2O + N_2 \rightarrow 3CdO + 2NH_3$	—	—	
	analog Fe, Ni, Sn			
75−80	$C_6H_6 + 3H_2 \xrightarrow{Cu,Ni,Mn,Zn,Cr,Co} C_6H_{12}$	−49,3	−23,4	[67]
81−82	$C_2H_4 + H_2 \xrightarrow{Fe,Ni} C_2H_6$	−32,7	−24,14	[145]
83	$C + 2H_2 \xrightarrow{Fe} CH_4$	−17,9	−12,1	[53]
84	Zimtsäureesterhydrierung	—	—	[145]
	II. Oxydationsreaktionen			
85	$SO_2 + {}^1/_2O_2 \rightarrow SO_3$	−23,5	−16,73	[115]
	III. Zerfallsreaktionen			
86	$CH_3OH \rightarrow 2H_2 + CO$	+30,61	+ 6,93	[36]
87	$HCOOH \rightarrow H_2 + CO_2$	+ 3,85	−11,56	[64]
	IV. Bildung von Carbonylen			
88	$Ni + 4CO \xrightarrow{H_2S} Ni(CO)_4$	−39,1	− 1,72	[80]
89−90	analog Mo, Fe			
91−93	Absorption von H_2, O_2, N_2 an Korund	—	—	[55]
94	Sorption von H_2 an C (bzw. SiC)	−50,0	—	[55]
95−97	Absorption von Rn, Kr, Ar an Metallen	—	—	[70]
98	Absorption von CO_2 an Metallen	—	—	[70]

*) berechnet für Fe_3O_4 **) berechnet für CuO

3.1. Bildung und Zersetzung von Carbonylen

Schon lange ist die Bildung von Nickelcarbonyl aus Ni und CO bekannt. Diese Reaktion läuft bereits bei Zimmertemperatur mit gut meßbarer Geschwindigkeit ab, wenn aktives und reaktionsfähiges Nickel verwandt wird. Nach Abegg [39] konnte jedoch „die schwierigste Aufgabe — Nickeloberflächen beständiger Wirksamkeit herzustellen — nicht gelöst werden. Die anfangs sehr reaktionsfähigen Nickelspiegel und -pulver, die z. B. bei der Zersetzung von Nickelcarbonyl entstehen, ermüdeten sehr rasch, offenbar weil die reaktionsfähigsten Nickelatome als Nickelcarbonyl entwichen waren". Wie bereits in Abb. 9 (S. 120) gezeigt wurde, kann die Bildung von Carbonyl durch Impaktbearbeitung von Nickel erheblich beschleunigt werden. Sofort nach Unterbrechung der Beanspruchung geht die Reaktion auf kleine Werte zurück entsprechend dem Verbrauch der zurückbleibenden aktivierten Gitterbereiche.

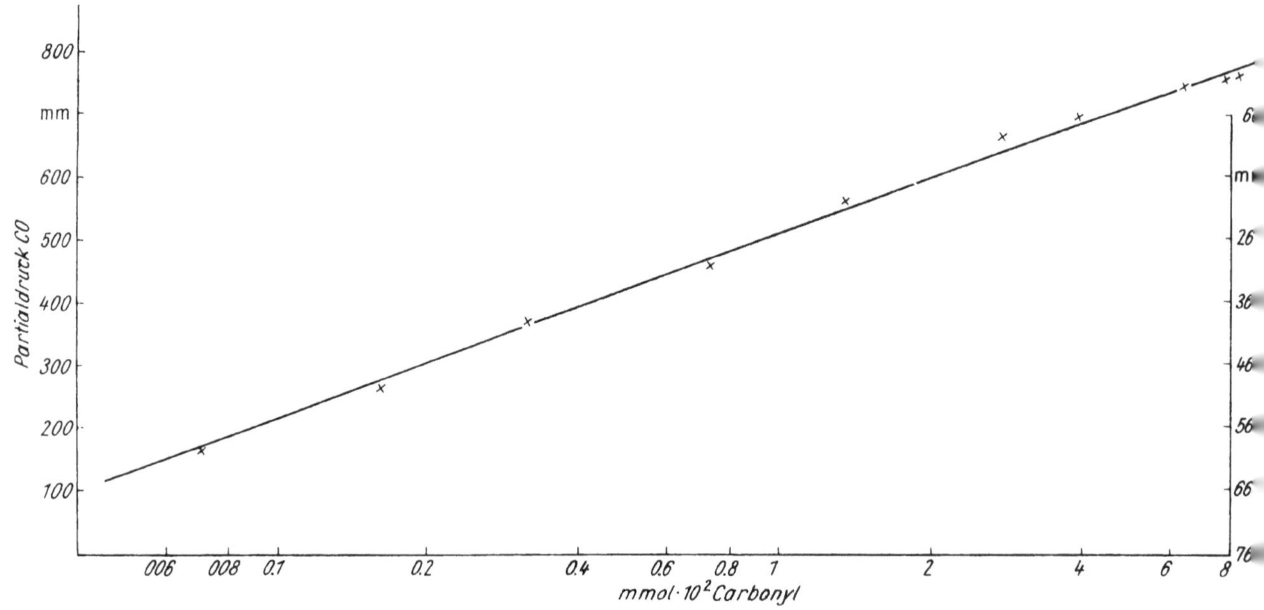

Abb. 11. Ausbeute von Nickelcarbonyl bei verschiedenen Partialdrucken von Luft und CO ($p_{CO} \sim \ln A$ (A = Ausbeute)

Bei fortwährender Bearbeitung besteht jedoch die Möglichkeit, für längere Zeit Nickeloberflächen beständiger Wirksamkeit zu erzeugen. So ändert sich nach Abb. 9 (S. 120) der Reaktionsverlauf während einer 250stündigen Beanspruchung praktisch nicht, wenn die mechanischen Bedingungen bei der Bearbeitung konstant gehalten werden.

Der stationäre Zustand stellt sich auch dann wieder ein, wenn durch Änderung der äußeren Bedingungen (Druck, Temperatur, Frequenz der Bearbeitung) die Bildungsgeschwindigkeit zeitweilig stärkeren Schwankungen unterworfen war.

Bei Bearbeitung ist die Vergiftungsempfindlichkeit der Nickelcarbonylbildung z. B. gegenüber Sauerstoff stark herabgesetzt. Während nach Mittasch [9] bereits Spuren von O_2 genügen, um die Reaktion völlig zum Stillstand zu bringen, reichen während der Bearbeitung hierzu auch größere Mengen an Sauerstoff nicht aus. Wie Abb. 11 zeigt, hängt die Ausbeute weitgehend von dem Verhältnis der Gaspartialdrucke $p_{CO}:p_{O_2}$ ab, d. h. es stellt sich auch in Gegenwart von Sauerstoff ein von dessen Konzentration abhängiger stationärer Zustand ein, der reproduzierbar ist.

Unter Bearbeitung kann man bereits bei Zimmertemperatur den Einfluß von Festkörpern auf die Bildung von Nickelcarbonyl untersuchen.

Wie z. B. Abb. 12 zeigt, üben ähnlich der Wirkung von O_2 auch feste Oxydationsmittel auf die Reaktion einen inhibierenden Einfluß aus. Starke Oxydationsmittel vergiften die Reaktion vollständig, schwache Oxydationsmittel, wie KNO_3, führen zu einer Erniedrigung der Reaktionsgeschwindigkeit. Eingehende Untersuchungen führten zu dem Ergebnis, daß während der Bearbeitung kontinuierlich der Sauerstoff der Oxydationsmittel in einer Festkörperreaktion auf das Nickel übertragen wird und als Ergebnis der Umsetzung, z. B. bei Verwendung von $KClO_3$, NiO und KCl entstehen. Ist dieser Oxydationsvorgang unter Verbrauch von $KClO_3$ zu Ende gegangen, steigt die Carbonylreaktion bei fortlaufender Bearbeitung nahezu auf das ursprüngliche Reaktionsniveau wieder an.

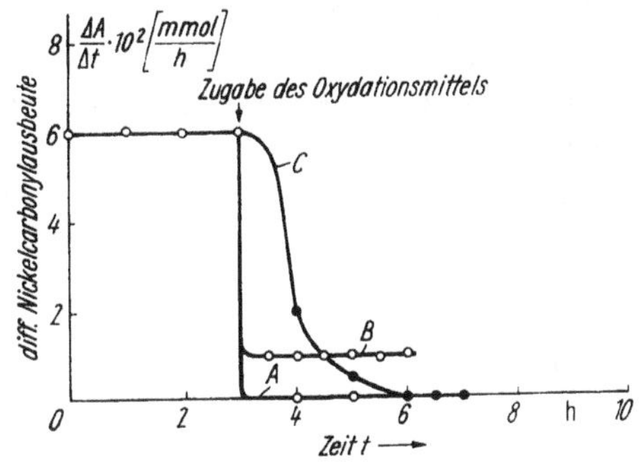

Abb. 12. Reaktionsverlauf der mechanisch angeregten Carbonylbildung bei Zugabe von Oxydationsmitteln

A = Reaktionsverlauf bei Zugabe von $K_2S_2O_8$, KJO_3, $K_2Cr_2O_7$, $KMnO_4$, Jod, $KClO_3$, PbO_2; *B* = Reaktionsverlauf bei Zugabe von KNO_3; *C* = Reaktionsverlauf bei Zugabe von BaO_2

Inhibierend wirken auch Elemente wie Ca und Na auf die Carbonylbildung ein, und zwar durch Wirkung des auf Seite 120 erörterten Deckschichteneffektes. Eine Regenerierung wäre in diesem Fall durch oxydative Behandlung möglich, da die Oxide der entsprechenden Metalle die Carbonylisierungsgeschwindigkeit praktisch nicht verändern.

Insgesamt zeigen die Untersuchungen, daß die Bildung von Carbonyl bei der Impaktbearbeitung viel weniger störanfällig ist und daß unter geeigneten Bedingungen die Möglichkeit zur Regenerierung besteht.

Wie die Kurve *a* der Abb. 13 zeigt, wird auch die Zersetzung von Nickelcarbonyl durch Impaktbearbeitung beschleunigt [44].

Bereits nach kurzer Bearbeitungszeit biegt die Kurve *a* nach unten ab, da durch Erreichen des Gleichgewichtszustandes die Carbonylzersetzung zum Stillstand kommt und eine Nebenreaktion, nämlich die Oxydation von Ni durch CO (s. S. 128), das Reaktionsgeschehen bei weiterer Bearbeitung bestimmt. Bei Bearbeitung ist deshalb die Reaktionsgeschwindigkeit der Nickelcarbonylbildung auch von dem Gehalt an bereits gebildetem Carbonyl abhängig und fällt mit wachsender Carbonylkonzentration immer stärker ab.

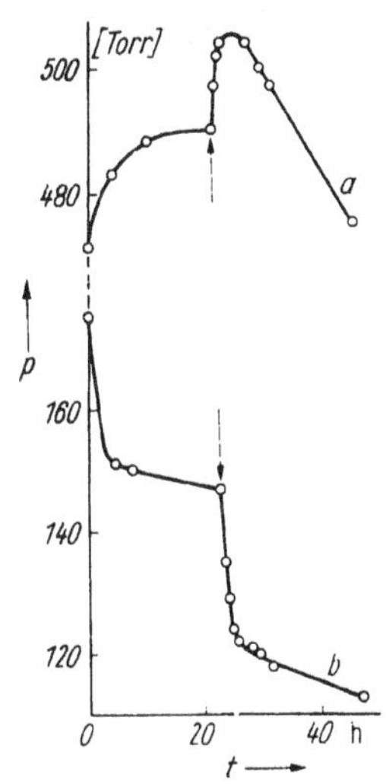

Abb. 13. *a* = Zersetzungsreaktion
b = Bildungsreaktion
↑ + ↓ = Beginn der mechanischen Bearbeitung
Änderung des Reaktionsverlaufs nach Beginn der mechanischen Bearbeitung für das System $Ni + 4CO \rightleftharpoons Ni(CO)_4$ in unmittelbarer Umgebung des Gleichgewichtszustandes

Wie in Kap. 10 noch eingehend erörtert wird, läßt sich die Carbonylbildung durch Zusatz bestimmter Stoffe, insbesondere von H_2S, stark beschleunigen [33]. Dieser Sensibilisierungsvorgang ist aber nicht allein auf die Nickelcarbonylreaktion beschränkt, sondern wird auch bei der Umsetzung von CO mit Eisen [33] und Molybdän [40] beobachtet.

3.2. Oxydationsreaktionen

3.2.1. *Oxydation mit O_2*

Bis auf Gold lassen sich alle Metalle durch Sauerstoff in ihr Oxid überführen. Dennoch sind selbst so unedle Metalle wie Aluminium und Magnesium bei Zimmertemperatur recht stabil. Sie überziehen sich mit einer sehr fest haftenden Oxidhaut, die das Metall vor dem weiteren Angriff schützt. Das Fortschreiten der Oxydation ist damit entscheidend an Diffusionsvorgänge im Oxidgitter gebunden, die in den meisten Fällen den reaktionsbestimmenden Schritt darstellen.

Wie bereits in der Einführung (S. 105) erwähnt wurde, werden durch mechanische Beanspruchung die Oxydationsvorgänge um Größenordnungen beschleunigt. Nach Unterbrechung der

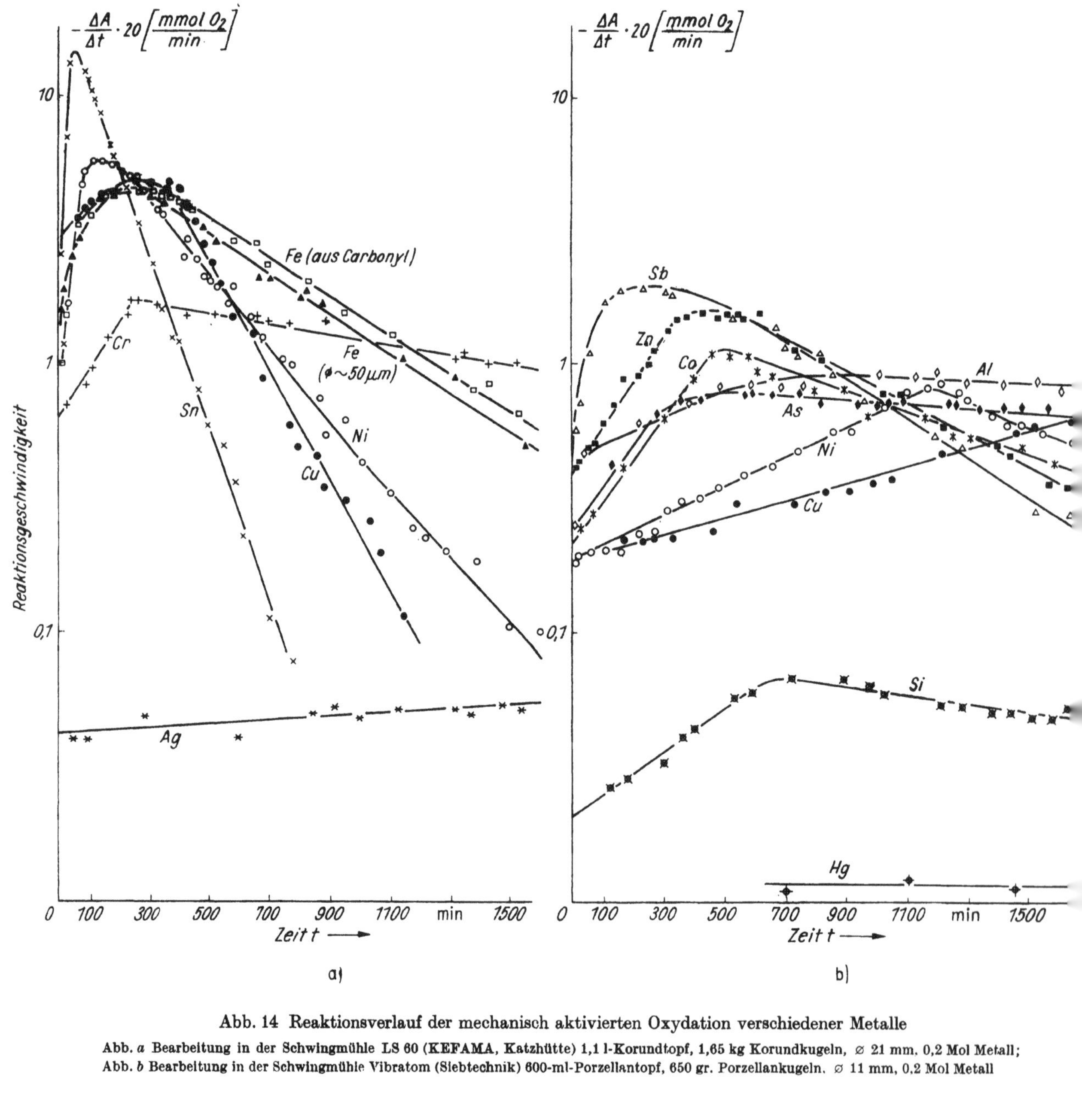

Abb. 14 Reaktionsverlauf der mechanisch aktivierten Oxydation verschiedener Metalle

Abb. *a* Bearbeitung in der Schwingmühle LS 60 (KEFAMA, Katzhütte) 1,1 l-Korundtopf, 1,65 kg Korundkugeln, ⌀ 21 mm, 0,2 Mol Metall; Abb. *b* Bearbeitung in der Schwingmühle Vibratom (Siebtechnik) 600-ml-Porzellantopf, 650 gr. Porzellankugeln, ⌀ 11 mm, 0,2 Mol Metall

Bearbeitung geht die Geschwindigkeit der Oxydation bei den untersuchten Metallen fast momentan wieder auf sehr kleine Werte zurück. Lediglich das Wismut zeigt eine noch über Stunden meßbare Ruh-Reaktion.

In der Technik spielen diese unter dem Namen Reiboxydation bekannten Vorgänge bei der Korrosion mechanisch stark beanspruchter Verschleißteile eine bedeutende Rolle, sie führen oft zur schnellen Abnutzung metallischer Werkstoffe, vermindern ihre Dauerfestigkeit und führen zu vorzeitigen Dauerbrüchen [123, 217].

Wie im Kap. 4 (S. 136) noch eingehend erörtert wird, beruht der durch Bearbeitung erzielte Beschleunigungseffekt im wesentlichen auf der Zerstörung der schützenden Oxidschicht und der Schaffung hoch aktiver Oberflächenbereiche.

Lediglich der Schwefel ließ sich durch Bearbeitung in Sauerstoffatmosphäre praktisch nicht in SO_2 überführen. Bekanntlich zeigt Schwefel ein stark plastisches Verhalten. Sehr wahrscheinlich werden die bei der Impulsbremsung verfügbaren Energiebeträge für Verformungsprozesse im Schwefel verbraucht und stehen deshalb nicht für die energieaufwendigere Aktivierung der Reaktion zur Verfügung.

In Abb. 14 ist der Reaktionsverlauf der Oxydationsreaktion bei der Mahlung einiger Metalle in zwei verschiedenen Schwingmühlen dargestellt. Übereinstimmend zeigen alle Kurven in guter Annäherung einen linearen Anstieg und mit Ausnahme von Ag und Hg auch einen linearen Abfall.

Wie am Beispiel des Nickels gezeigt werden konnte, ist der Anstieg zu Beginn der Mahlung auf eine Vergrößerung der Oberfläche des Metalles zurückzuführen. Erstens steigt nämlich die Reaktionsgeschwindigkeit proportional zu der nach der BET-Methode bestimmten Oberfläche an und zweitens wird die bis zur Erreichung des Maximums erforderliche Mahldauer immer kleiner, je länger die Probe in einem Inertgas vorbearbeitet wird. Es zeigt sich, daß man sofort abfallende Reaktionskurven erhält, wenn die Probe mit einer bis zum Erreichen des Maximums erforderlichen Mahldauer im Vakuum vorgemahlen wird [42].

Die Reaktionsgeschwindigkeit (RG) zu Beginn der Mahlung läßt sich in guter Annäherung durch folgende Gleichung beschreiben:

$$\ln RG = kt + C$$

(k, C = Konstanten, t = Mahldauer).

Eine analoge Funktion erhielten Hüttig und Mitarbeiter [43] für die Zerkleinerungsvorgänge in Kugelmühlen: $\ln H = -kt + C$, wobei H die gewichtsprozentige Häufigkeit einer Kornklasse darstellt und k die Bedeutung des Geschwindigkeitskoeffizienten der Zerkleinerung hat.

Die Reaktionsgeschwindigkeit ändert sich also nach einer für die Zerkleinerungsvorgänge gültigen Beziehung, d. h. sie wird in erster Linie von Mahlvorgängen in einer Schwingmühle bestimmt. Umgekehrt besteht die Möglichkeit, die Kinetik der Zerkleinerungsvorgänge in einfacher Weise durch Verfolgung des Oxydationsverlaufes zu untersuchen.

Auch der abfallende Kurvenzweig läßt sich nach Abb. 14 in guter Annäherung durch eine logarithmische Beziehung beschreiben:

$$\ln RG = -\varkappa t + C'$$

bzw.

$$\frac{\partial c_{Me}}{\partial t} = \varkappa c_{Me},$$

wobei $\frac{\partial c_{Me}}{\partial t} = RG$ und c_{Me} die Konzentration des noch nicht umgesetzten Metalles darstellt. Hiernach ist die Oxydationsgeschwindigkeit direkt proportional der Metallkonzentration im Mahlgefäß. Dieses Ergebnis läßt sich dadurch erklären, daß im untersuchten Meßbereich die

Mahlgutmenge durch Aufnahme von Sauerstoff nur eine relativ geringe Gewichtsänderung erfährt und bei annähernd gleichem Füllverhältnis sich die mechanischen Wirkungen der Mühle nicht wesentlich ändern. Gibt man dagegen in das Mahlgefäß während des Oxydationsvorganges noch eine größere Menge Nickeloxid, so steigt das Füllverhältnis und dementsprechend fällt bei unveränderter Metallmenge (Abb. 15) die Oxydationsgeschwindigkeit sprungartig ab.

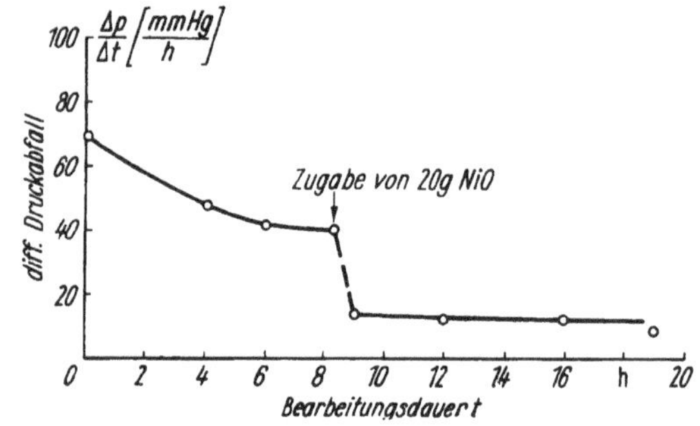

Abb. 15. Reaktionsverlauf der Nickeloxydation bei Zugabe von NiO (16h in Argon vorgemahlen) (Vibratom, 650 g Porzellankugeln, 20 g Nickel)

3.2.2. Oxydation mit Wasser

Die Oxydation der Metalle durch Wasser ist thermodynamisch nur bei den unedleren Metallen möglich, während edlere Metalle, wie z. B. Kupfer und Silber, durch Wasser nicht mehr angegriffen werden. Durch die sehr festhaftenden Oxidschichten erfolgt aber der Angriff des Wassers auch bei unedlen Metallen wie Aluminium sehr langsam und ist bei Zimmertemperatur in vielen Fällen gar nicht meßbar. Bei der Mahlung von Eisen, Zinn oder Aluminium setzt dagegen bei völliger Abwesenheit von Sauerstoff eine sehr heftige Wasserstoffentwicklung ein, die, wie Abb. 35 (S. 146) zeigt, zu einem schnellen Druckanstieg im Reaktionsgefäß führt [80]. Bei Cadmium ist entsprechend seinem edleren Charakter die Wasserstoffentwicklung sehr viel weniger ausgeprägt. Bemerkenswert ist die Tatsache, daß bei Bearbeitung auch Kohlenstoff sich mit Wasser umsetzt, obwohl die Reaktionsarbeit schon stark positiv ist und das Gleichgewicht weitgehend auf der Seite der Ausgangsprodukte liegt [55]. Gleiches gilt für die tribochemische Umsetzung des Kupfers mit Wasser [44].

3.2.3. Oxydation mit CO und CO_2

Für die Oxydation der Metalle durch CO und CO_2 gelten ähnliche Bedingungen wie beim Wasser. Nur unedlere Metalle lassen sich durch CO bzw. CO_2 in ihre Oxide überführen, während edlere Metalle, wie z. B. Kupfer, gegenüber CO und CO_2 auch bei höheren Temperaturen beständig sind [45]. Hinzu kommt die Tatsache, daß diese Reaktionen auch bei weniger edlen Metallen erst bei einigen 100 °C mit meßbarer Geschwindigkeit ablaufen. So setzt sich z. B. Nickel erst bei etwa 270 °C mit CO unter Bildung von NiO und Ni_3C um [46]. Bei höheren Temperaturen (400 °C) ist Ni_3C nicht beständig, so daß freier Kohlenstoff auftritt.

Bei der Bearbeitung von Nickel in CO-Atmosphäre findet die Oxydation von Nickel bereits bei Zimmertemperatur statt und führt bei einer entsprechend langen Bearbeitung im abgeschlossenen System zu einem vollständigen Verbrauch der Gasatmosphäre [47, 154]. In Abb. 16 ist der Druckverlauf bei der Bearbeitung von Nickel in CO-Atmosphäre für verschiedene Reaktionstemperaturen dargestellt. Da Nickel mit CO sehr leicht Carbonyl bildet, wurde ohne Bearbeitung zunächst die Einstellung des Gleichgewichtes abgewartet. War dieser Zustand erreicht, blieb der Druck über mehr als 200 h völlig konstant. Neben der Carbonylreaktion verlaufen also bei Zimmertemperatur keine weiteren meßbaren Reaktionen. Während der mechanischen Bearbeitung nahm dagegen der Druck laufend ab. Hierbei konnte die Bildung von CO_2 festgestellt werden, das gemäß dem Boudouard-Gleichgewicht nach der Gleichung $2CO \rightarrow CO_2 + C$ entstand. Der erste steile Druckabfall wird durch die Boudouard-Reaktion gut erklärt, weil sie mit einer Verminderung der Gasmolzahl auf die Hälfte verbunden ist. Dagegen änderte sich bei tieferen Temperaturen der Gesamtdruck des Reaktionssystems zunächst weniger als bei höherem T, da das nach Boudouard umgesetzte Kohlenoxid durch ständige Verschiebung des Carbonylgleichgewichtes wieder nachgeliefert wurde. Bei höheren Temperaturen

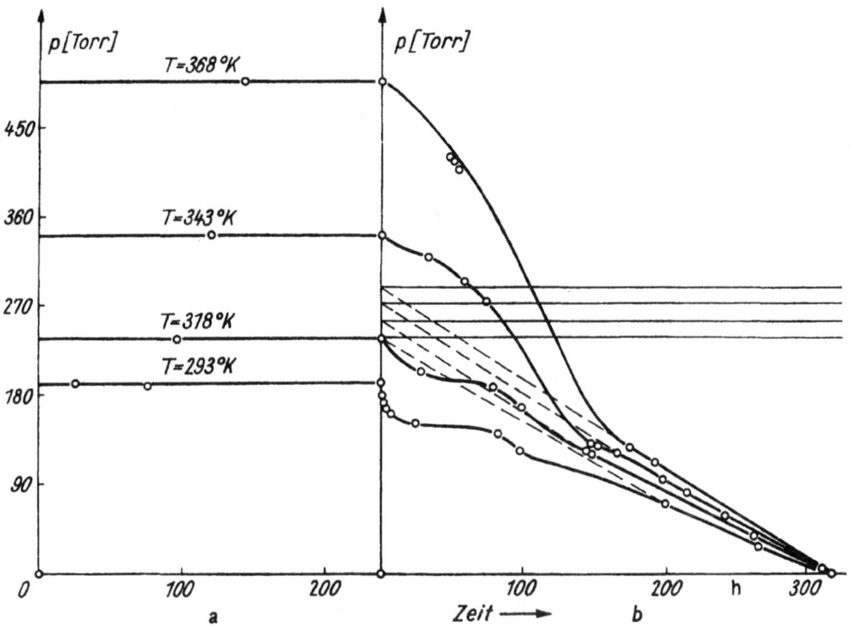

Abb. 16. Druckverlauf im System Ni—CO in Abhängigkeit von der Reaktionszeit für 4 verschiedene Temperaturen — Grenzwerte für die vier verschiedenen Temperaturen, wenn allein die BOUDOUARD-Reaktion im System Ni—CO abläuft; --- rückwärtige, etwa lineare Verlängerungen der letzten Kurventeile; *a*) Ruh-Reaktion; *b*) Reaktion während der mechanischen Bearbeitung

lag das Carbonylgleichgewicht bereits zu Beginn der Bearbeitung schon weitgehend auf der Seite des Kohlenoxides.

Bei längerer Bearbeitung verschwinden schließlich Nickelcarbonyl und Kohlenoxid fast vollständig aus der Gasphase, so daß nach etwa 200 h Mahldauer die weitere Druckabnahme bis zum vollständigen Verbrauch von CO_2 durch die Reaktion $2Ni + CO_2 \rightarrow 2NiO + C$ (oder Ni_3C) bestimmt wird. Der bei dieser Reaktion entstehende Kohlenstoff konnte im Mahlprodukt nachgewiesen werden. Ob er bei der Oxydation des Nickels durch CO_2 elementar oder als Ni_3C auftritt, ist deshalb nicht zu entscheiden, weil unter Bearbeitung das Metall mit freiem Kohlenstoff ebenfalls Ni_3C bildet [44].

Vom thermodynamischen Standpunkt aus ist die Oxydation des Kupfers durch CO_2 von besonderem Interesse, da nach Kap. 9 (S. 158) das Gleichgewicht der Reaktion $4Cu + CO_2 \rightarrow 2Cu_2O + C$ bis zu sehr hohen Temperaturen praktisch ganz auf der Seite der Ausgangsprodukte liegt. Dennoch setzten sich in einer Porzellanschwingmühle bei der Bearbeitung von Spänen aus Elektrolytkupfer mit SiC etwa 6 mmol CO_2/Tag um. Nach einem Verbrauch von 100 mmol CO_2 wurde der in der Mühle entstandene Staub abgesiebt. Eine Analyse ergab einen C-Gehalt von etwa 4% Kohlenstoff [177].

3.3. Hydrierungen von Kohlenstoff und kohlenstoffhaltigen Verbindungen

Die Bildung von Methan aus den Elementen gehört zu den energieaufwendigeren Reaktionen und läuft erst bei sehr hohen Temperaturen mit meßbarer Geschwindigkeit ab. So entsteht nach PRING, BONE und COWARD [48] fast ausschließlich neben Spuren von Äthylen beim Überleiten von H_2 über reinen Kohlenstoff bei 1100°—1200°C Methan. Nach BLACKWOOD [49] setzt sich Holzkohle bereits bei 650°—870°C mit Wasserstoff zu Methan um, während Graphit bei 650°C und 30 Atm. Wasserstoffdruck keine nachweisbaren Mengen CH_4 bildet. Bekannt sind auch die Entkohlungserscheinungen von kohlenstoffhaltigem Eisen in Wasserstoffatmosphäre, die nach SCHMITZ [50] mit merklicher Geschwindigkeit bei Temperaturen um 1000 °C ablaufen. Versuche anderer Autoren [51], im gleichen Temperaturbereich aus Siliciumcarbid und Wasserstoff Methan zu erhalten, führten dagegen zu keinem Erfolg.

Nach neueren Untersuchungen von GALWEY [52] ist die Fähigkeit des Kohlenstoffs, mit Wasserstoff Methan zu bilden, in hohem Maße davon abhängig, ob C als Graphit oder als Metallcarbid vorliegt. So setzt sich Nickelcarbid bei 290 °C bereits quantitativ in Ni und CH_4 um, während eine unter Bildung von freiem Kohlenstoff und Nickel zersetzte Carbidprobe bei der gleichen Temperatur kein Methan mehr liefert. Die Fähigkeit des Kohlenstoffs zur Methanbildung nimmt also in folgender Reihenfolge

$$Me_3C > C_{Holzkohle} > C_{Graphit} > SiC$$

ab und ist beim SiC auch in Übereinstimmung mit den thermodynamischen Berechnungen (s. Tab. 16, S. 158) nicht mehr nachweisbar. Von THIESSEN, HEINICKE und SENZKY [53, 54] wurde der Nachweis erbracht, daß Siliciumcarbid bei der Impaktbearbeitung bereits bei Zimmertemperatur Methan bildet, wobei die Reaktionsgeschwindigkeit durch Zusatz von Nickel oder Eisen größenordnungsmäßig gesteigert werden kann. Nach Tab. 7 [55] liefern aber verschiedene SiC-Sorten unterschiedliche Methanausbeuten, und zwar schwarzes SiC 13 µg/h und grünes SiC 8 µg/h. Diese Unterschiede beruhen auf dem Einfluß des freien Kohlenstoffs im SiC, dessen Methanbildungsgeschwindigkeit gegenüber dem im SiC gebundenen Kohlenstoff beschleunigt ist.

Tabelle 7

Abhängigkeit der Methanbildung vom verwendeten Festkörper (Siebrüttler)

Zusammensetzung des Schüttelgutes	Methanausbeute/Zeiteinheit [µg/h]
300 g grünes SiC (0,063—1,6 mm)	8
200 g grünes SiC (0,063—1,6 mm) + 200 g Armcoeisenspäne	300
200 g grünes SiC (1,6—3,2 mm) + 25 g Carbonyleisenpulver	250
300 g schwarzes SiC (2,0—2,5 mm)	13
100 g grünes SiC (1,6—2,5 mm) + 200 g Armcoeisenspäne (Reaktionsgefäß wurde quer geschüttelt)	510

Auch die differentiellen Methanausbeuten liegen um nahezu eine Größenordnung höher, wenn eine SiC-Probe mit einem größeren Gehalt an freiem Kohlenstoff verwandt wird.

Es konnte jedoch nachgewiesen werden, daß auch der im SiC-Gitter sehr fest gebundene Kohlenstoff bei der Impaktbearbeitung methanisierbar ist. Die Bildung von Methan geht nämlich auch bei sehr langer Mahldauer nicht zurück, obwohl bei Beendigung des Versuches bereits 39% des insgesamt im SiC vorhandenen Kohlenstoffs, d. h. eine vielfache Menge des im Ausgangsmaterial vorhandenen freien Kohlenstoffs, zu Methan umgesetzt waren. Außerdem wurde nachgewiesen, daß mit zunehmender Bearbeitungsdauer der Gehalt an freiem Silicium im Mahlgut zunimmt und nach 1674 Bearbeitungsstunden mit 14 Gew.-% die im unbearbeiteten SiC vorhandene Si-Konzentration (nach GMELIN 0,4—0,6%) [56] ebenfalls um ein Vielfaches übertrifft.

Von dem Reaktionsumsatz kann man sich ein ungefähres Bild machen, wenn man die Stoßausbeute berechnet. So erhält man für die Methanbildung in Schwingmühlen einen Mittelwert von 10^{10}—10^{12} Molekeln/Stoß, der nach HEINICKE, MEYER und SENZKY [57] auch für die Bildung von NH_3 im Vakuumkornstrahlgebläse erhalten wurde.

Bei der Bearbeitung von kohlenstoffhaltigem Eisen mit Korund tritt ebenfalls Methan in nachweisbarer Menge auf. Da sich unter Bearbeitung freier Kohlenstoff und Eisen zu Fe_3C umsetzen, besteht die Möglichkeit, daß die Hydrierung des im Eisen befindlichen Kohlenstoffs über Zementit als Zwischenverbindung verläuft. Bei genügend langer Bearbeitung lassen sich die Oberflächenschichten des eingesetzten Materials weitgehend entkohlen. Außerdem besteht nach Untersuchungen von WISE [58] die Möglichkeit, daß auch der im Gitter eingebaute Kohlenstoff mit eindiffundierendem Wasserstoff (s. S. 133) zu Methan reagiert. Da hierbei eine Kaltversprödung eintritt, spielen diese Vorgänge bei der Untersuchung der Zug- und Dauerfestigkeit mechanisch beanspruchter Stähle eine besondere Rolle und erhalten damit eine hohe technische Bedeutung.

Tabelle 8

Die Zersetzung von Methan bei der mechanischen Bearbeitung von SiC (Schwingmühle LS 60)

Mahlgutfüllung	Partialdruck (mm) H_2	CH_4
SiC	5	300
SiC	11	500
SiC + 100 g Armcoeisenspäne	6	600

Nach Tab. 8 wird Methan bei Schwingmahlung unter Bildung von Wasserstoff wieder zersetzt [55]. Dieser Vorgang dürfte insofern von besonderem Interesse sein, als sich hier eine tribochemische Reaktion mit nur einer festen Ausgangskomponente von beiden Seiten ausführen läßt. Unter Umständen könnte sich hier die Möglichkeit ergeben, ein „tribochemisches Gleichgewicht" messend zu verfolgen. Außerdem sind die Aktivierungsenergien für die Zersetzung von Methan so hoch (s. Tab. 14, S. 153), daß diese Reaktion zur Abschätzung der bei der Impaktbearbeitung umgesetzten Energiebeträge besonders geeignet ist.

Abschließend sei erwähnt, daß die Methanzersetzung unter Bildung von Wasserstoff bei Verwendung eines aus Sinterkorund bestehenden Mahlgefäßes auch durch einfache Gasmahlung möglich ist.

3.4. Tribokatalytische Reaktionen

Bereits in mehreren Arbeiten wurde der Einfluß der Kaltbearbeitung auf die katalytische Wirksamkeit fester Stoffe, insbesondere von Metallen, untersucht [59—63]. Erwartungsgemäß treten auch bei katalytischen Prozessen während oder kurz nach der mechanischen Bearbeitung Zustände besonders hoher Aktivität auf, die mit den bisher angewandten Untersuchungsmethoden nicht erfaßt wurden. So laufen z. B. während des Bearbeitungsprozesses bereits bei Zimmertemperatur u. a. die Ameisensäurezersetzung [64], die Benzolhydrierung [65, 66], die Knallgasreaktion [67], die Methanolzersetzung [36] und die NH_3-Synthese [57] mit meßbarer Geschwindigkeit ab.

In Abb. 17 ist z. B. der Reaktionsverlauf bei der Benzolhydrierung an Nickelblech dargestellt, das kurzzeitig durch Bearbeitung mit Edelkorund aktiviert wurde.

Unmittelbar nach Einsetzen der mechanischen Bearbeitung steigt die Aktivität des Katalysators schnell an und erreicht schon nach kurzer Zeit einen stationären Endwert. Nach Unterbrechung der Bearbeitung klingt die Aktivität langsam wieder ab. Für sehr lange Zeit bleibt jedoch eine Restaktivität erhalten, die noch um mindestens zwei Größenordnungen höher als die an unbearbeiteten Plättchen ist.

Das bei Bearbeitung gemessene Reaktionsniveau wird oft weitgehend von den mechanischen Bedingungen der Bearbeitung beeinflußt. So erhält man zu Beginn der Bearbeitung sehr verschiedene Anstiegskurven, je nachdem, ob dem Katalysatorgut Korund als Hartstoff zugegeben wurde oder nicht.

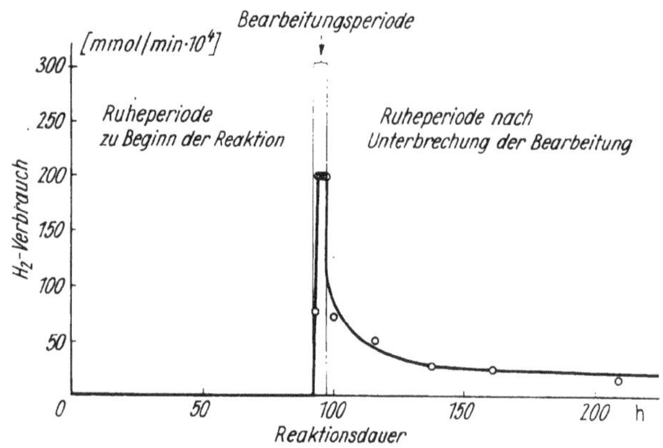

Abb. 17. Der Einfluß der mechanischen Bearbeitung von metallischem Nickel auf dessen katalytische Wirkung bei der Benzolhydrierung

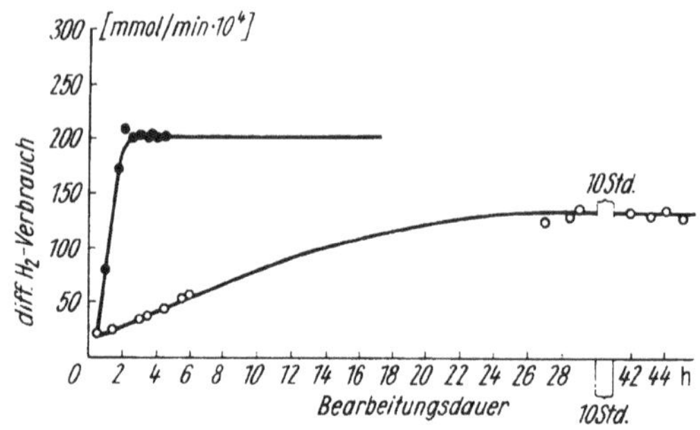

Abb. 18. Einfluß von Hartstoffen auf die Wirkungsweise eines Nickelkatalysators bei der mechanisch aktivierten Benzolhydrierung

○ Reaktionsverlauf beim Schütteln von reinem Nickel; • Reaktionsverlauf unter Zusatz von Korund (⌀ ≈ 1 mm)

Bei Zusatz von Korund wird nach Erreichen des stationären Zustandes entsprechend der höheren Bearbeitungsintensität auch ein größerer Umsatz gemessen als beim Schütteln von reinem Nickel, (siehe Abb. 18).

Eine Abschätzung der spezifischen Oberflächenaktivität ergab Werte von $9 \cdot 10^{-3}$ mmol Benzol/min · m^2, die sogar noch höher liegen als die von DANEŜ und Mitarbeitern [68] erhaltenen Werte für hochaktive pulverförmige Nickelhydrierkatalysatoren ($1{,}3 \cdot 10^{-3}$ mmol Benzol/min · m^2).

Andere katalytische Reaktionen, wie z. B. die Zersetzung von wasserfreiem Methanol [36], sind zum Unterschied von der Benzolhydrierung unmittelbar an den Bearbeitungsprozeß gebunden und gehen nach Unterbrechung der Beanspruchung sehr schnell auf unmeßbar kleine Werte zurück. Dieses Verhalten zeigen vor allem jene Reaktionen, die ohne Bearbeitung erst bei einigen 100 °C einen meßbaren Umsatz liefern.

Die tribochemische Zersetzung von wasserfreiem Methanol an Fe, Ni, Zn, Cu sowie an NiO, Cr_2O_3, CuO und ZnO führt zu CO und H_2. Da Formaldehyd und Ameisensäuremethylester nicht nachgewiesen werden konnten, muß man nach JAHN [69] annehmen, daß die Äquivalenttemperatur der katalytischen Zersetzung an Cu und Zn thermischen Zerfallsbedingungen von über 300 °C entspricht. Wie Abb. 19 zeigt, kann die Ge-

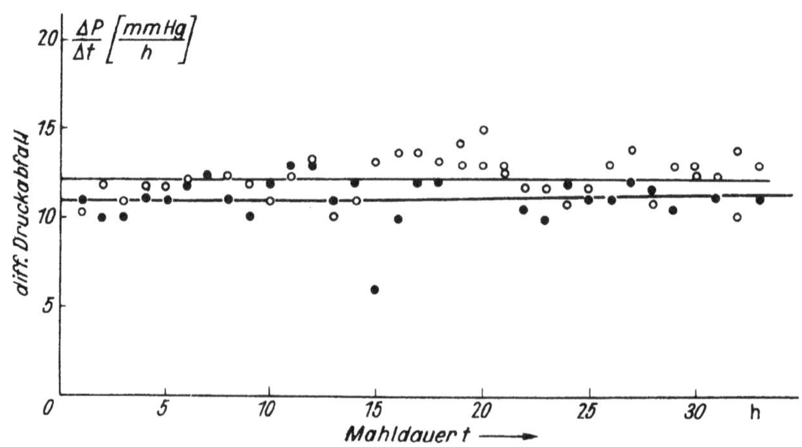

Abb. 19. Mechanisch aktivierter Methanolzerfall an Fe-Pulver bei 25°, Schwingmühle LS 16, Amplitude 4 ≙ 2,25 mm (Stahltopf/Stahlkugeln; 28 g Fe-Pulver)

○ 1. Füllung; • 2. Füllung nach 225 h Mahldauer

schwindigkeit der Zerfallsreaktion über mehrere 100 Stunden nahezu konstant gehalten werden.

Beim Einsatz von Metallkontakten, z. B. von Fe, reagiert das Kohlenoxid in der unter Abschnitt 3.2.3. beschriebenen Weise zu MeO und C bzw. Me_3C weiter, wobei die letzteren Produkte mit dem beim Zerfall entstehenden Wasserstoff Methan und geringe Mengen Äthan liefern.

Es ist oft ein Vorzug der unter Bearbeitung ablaufenden katalytischen Reaktionen, daß Zwischenprodukte gefaßt und somit die Kinetik der Bildung und Zersetzung dieser Produkte in Einzelversuchen studiert werden kann. Ein weiteres Beispiel hierfür sind die in Kap. 10 eingehend beschriebenen Sensibilisierungsvorgänge der Nickelcarbonylbildung.

Unter den in Tab. 6 angeführten Reaktionen sei noch die Bildung von NH_3 bei der Impaktbearbeitung verschiedener Metalle in Gegenwart von Wasser und Stickstoff hervorgehoben. Bei der Mahlung von 0,2 Mol Eisen und 1 g Wasser wurde im Vibratom die Bildung von etwa 10^{-2} mmol NH_3/h gemessen. Bei den übrigen Metallen ging der Umsatz in der Reihenfolge $Fe > Sn > Cd > Ni > Cu$ zurück und lag beim Kupfer bereits an der Nachweisbarkeitsgrenze von NH_3. Wurde statt H_2O reiner Wasserstoff eingesetzt, so ging die Reaktionsgeschwindigkeit ebenfalls stark zurück. Der Mechanismus dieser Reaktion ist bis jetzt noch nicht aufgeklärt. Vermutlich handelt es sich aber um keinen katalytischen Vorgang, sondern um eine mechanisch aktivierte Hydrolyse der unter Bearbeitung entstehenden Nitride.

3.5. Sorptionserscheinungen an mechanisch aktivierten Festkörpern

Bei der Bearbeitung von Festkörpern in Gegenwart von Gasen [55] findet auch dann ein Gasverbrauch statt, wenn das betreffende Gas mit dem Festkörper keine chemische Reaktion einzugehen vermag. Wird z. B. Edelkorund in Wasserstoff-, Sauerstoff- oder Stickstoffatmosphäre auf einem Siebrüttler mechanisch angeregt, so tritt in allen drei Fällen ein Druckabfall ein. Eine physikalische Adsorption reicht allein zur Deutung des Effektes nicht aus, da sich bei der Menge des adsorbierten Gases bis zu 100 Molekülschichten ausbilden müßten.

Wird umgekehrt ein Metall in Gegenwart von Argon bei Temperaturen der flüssigen Luft tribomechanisch beansprucht, so werden ebenfalls manometrisch nachweisbare Mengen Edelgas vom Metall aufgenommen. Da das im Festkörper verbleibende Gas erst bei Temperaturen von 100 °C und darüber wieder austritt, ist dieser Effekt gleichfalls nicht auf eine einfache physikalische Adsorption zurückzuführen [70].

Man darf also annehmen, daß eine mechanisch aktivierte Diffusion in die tieferen Gitterschichten des bearbeiteten Festkörpers erfolgt. Dieser als Triboabsorption bezeichnete Effekt wird in stärkerem Maße von der Intensität der Bearbeitung beeinflußt.

Nach Untersuchungen anderer Autoren [71] läßt sich die mechanisch aktivierte Diffusion von Gasen durch das Gitter des beanspruchten Festkörpers, eine sog. Tribodiffusion, unmittelbar nachweisen. Wird ein an einem Massenspektrometer angeschlossener Eisenzylinder mit einer Wandstärke von 1 mm außen mit feuchtem Sandpapier gerieben, so kann man unmittelbar darauf im Massenspektrometer einen geringen Wasserstoffeinbruch beobachten, der jedoch ausbleibt, wenn die Reibung unter Ausschluß von Feuchtigkeit stattfindet. Nach den im Abschnitt 3.2.2. (S. 128) mitgeteilten Ergebnissen wird bei der Impaktbearbeitung von Eisen in Gegenwart von H_2O Wasserstoff gebildet. Dieser wird teilweise atomar im Gitter gelöst und diffundiert in das Innere des Metalles. Eine durch Bearbeitung aktivierte Diffusion ließ sich auch bei dem umgekehrten Vorgang, der Desorption von Gasen, nachweisen. Nach der Methode von Jech [72] wurden zunächst durch Teslaentladungen radioaktive Edelgasionen bis zu einer Tiefe von 100 Å in Nickeloberflächen hineingeschossen. Wie Abb. 40 (S. 149) zeigt, traten die Edelgasatome bei anschließender Bearbeitung beschleunigt wieder aus dem Gitter aus. Bei Unterbrechung der Bearbeitung ging dieser Prozeß schnell zu Ende. Bei höherer Intensität der Bearbeitung wurde ein verstärkter Gasaustritt beobachtet.

Die Ursache für die Beschleunigung der Diffusionsprozesse liegt in der starken Herabsetzung der „Auflockerungsarbeit" während der Impaktbeanspruchung, durch die im submikroskopischen Bereiche eine Reihe verwickelter Gefügeumbildungen ausgelöst wird.

Sehr viel komplizierter liegen die Verhältnisse bei der Bearbeitung von Kohlenstoff oder Kohlenstoff enthaltenden Festkörpern, wie SiC, Metallcarbiden u. a., in Wasserstoffatmosphäre, da nach TRAPNELL [73] bei der Wechselwirkung von C und H_2 je nach der Struktur des Kohlenstoffs und der herrschenden Temperatur Kapillarkondensation, physikalische Adsorption, Diffusion in das Innere des Kohlenstoffs, Chemisorption und schließlich die Umsetzung zu Methan erfolgen kann.

So findet zwischen −78° und 300 °C nur eine sehr geringe Adsorption von Wasserstoff statt. Bei Temperaturen von 300° bis 600 °C hängt die Sorptionsgeschwindigkeit exponentiell von der Temperatur ab, so daß in diesem Bereich mit einer aktivierten Wasserstoffchemisorption zu rechnen ist. Bei noch höheren Temperaturen steigt die Sorptionsgeschwindigkeit proportional T an, so daß die Diffusion in das Innere zum geschwindigkeitsbestimmenden Schritt der Sorption wird.

Für Graphit wurde z. B. eine Aktivierungsenergie von 22 kcal/mol gemessen, die mit zunehmender Menge an chemisorbiertem Wasserstoff auf 33,8 kcal/mol ansteigt. Da nach BLACKWOOD [49] für die Methanbildung aus Wasserstoff und Holzkohle eine Aktivierungsenergie von 30 kcal/mol benötigt wird, muß nach den auf S. 130 gemachten Ausführungen die Aktivierungsenergie der Methanbildung aus Graphit und Wasserstoff noch sehr viel größer sein als der für Holzkohle bestimmte Wert.

Tabelle 9

Wasserstoffsorption an verschiedenen Festkörpern in Abhängigkeit von der Bearbeitungszeit

Maschine	Festkörper	Gesamtbearbeitungszeit (h)	Sorption/Zeiteinh. (mmol/h) · 10^2
Siebrüttler	300 g grünes SiC	600	1,9
	300 g schwarz. SiC	300	4,0
	200 g Korund	75	0,5
	+75 g „norm." SiC	130	1,5
	+75 g „C-reiches" SiC	120	5,1
	+0,4 g Graphit	49	5,3
		86	3,7
		137	2,4
		257	1,1
	+1,5 g Graphit	98	1,5
		245	1,8
Vibratom	640 g Porzellankugeln (ohne SiC-Zusatz)	113	4,4
		34	6,4
	640 g Porzellankugeln und 25 g SiC	81	10,1
		123	10,4
		163	10,6
Schwingmaschine LS 16 (Porzellangefäß)	1200 g Porzellankugeln und 22,7 g SiC	95	12,7
		197	7,3
		295	4,9
		444	3,2
		644	2,6
		873	1,7
		929	1,7

Damit wird die Methanbildung zu dem energieaufwendigsten Schritt bei der Umsetzung von Wasserstoff und Kohlenstoff, während die Chemisorption weniger Energie erfordert.

Es ist deshalb zu erwarten, daß bei der Bearbeitung von Siliciumcarbid oder Graphit nicht nur die Methanbildung auftritt, sondern in starkem Maße auch eine Sorption von Wasserstoff stattfindet. Hierbei werden sich die verschiedenen oben beschriebenen Sorptionsvorgänge an der Gesamtsorption mehr oder weniger stark beteiligen. Eingehende Untersuchungen zeigten jedoch, daß die Chemisorption von Wasserstoff eine entscheidende Rolle im Gesamtprozeß spielt [55].

In Tab. 9 sind die an verschiedenen Festkörpern gemessenen Werte für die Wasserstoffsorption zusammengestellt. In allen untersuchten Fällen wurde bei Bearbeitung ein unterschiedlich starker Wasserstoffverbrauch beobachtet. Bei einem hohen Gehalt an freiem Kohlenstoff im bearbeiteten Festkörper werden jedoch die höchsten Sorptionsgeschwindigkeiten gemessen. Schwarzes SiC nimmt über die doppelte Menge H_2 als grünes SiC auf, „C-reiches“ SiC mehr als die dreifache Menge als „normales“ SiC. Die höchsten Ausbeuten werden im Siebrüttler aber bei der Bearbeitung von Graphit gemessen. Nach längerer Bearbeitungszeit geht die Sorptionsgeschwindigkeit zurück, da sich ein Sättigungszustand einstellt und, wie in Kap. 5 (S. 141) gezeigt wird, unter Bearbeitung ein druckabhängiges Sorptionsgleichgewicht auftritt.

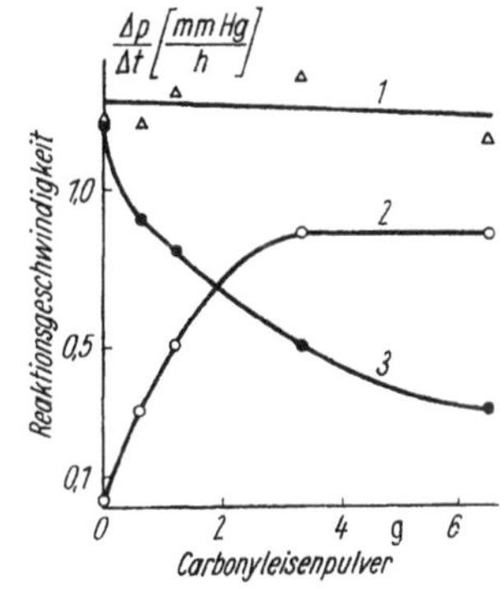

Abb. 20. Reaktionsgeschwindigkeit am SiC in Abhängigkeit von der zugesetzten Eisenmenge (Siebrüttler)

1 – Druckabfall; *2* – CH_4-Bildung; *3* – H_2-Sorption

Werden Metalle, wie Eisen, dem Schüttelgut zugegeben, so wird zwar die Methanbildung erheblich beschleunigt, die Sorptionsgeschwindigkeit nimmt jedoch, wie Abb. 20 zeigt, in gleichem Maße ab.

Nach Kap. 10 (S. 166) katalysieren Metalle die Methanbildung wahrscheinlich unter Herabsetzung der Aktivierungsenergie. Führen die beim Stoß umgesetzten Energiebeträge in Abwesenheit von Eisen im wesentlichen nur zur Bildung von Chemisorbaten, so reichen bei Anwesenheit des Katalysators die Energiebeträge dazu aus, in verstärktem Maße die herabgesetzte Aktivierungsschwelle der Methanbildung zu überwinden.

Hat man SiC längere Zeit in Wasserstoffatmosphäre bearbeitet und setzt dann ein Metall hinzu, so tritt bei weiterer Bearbeitung eine starke Desorption des zuvor im SiC chemisorbierten Wasserstoffes ein. Dieser Effekt beruht wahrscheinlich darauf, daß der im Schüttelgut mit Wasserstoff gesättigte Kohlenstoff mit dem zugesetzten Metall zu Carbid reagiert (vgl. S. 131) und hierbei die chemisorptiven Bindungen zum Wasserstoff gelöst werden.

Tabelle 10

Gegenüberstellung der sorbierten und ausgeheizten Wasserstoffmenge (Siebrüttler)

Nr.	Festkörper	sorbierte Gasmenge *ml*	ausgeheizte Gasmenge *ml*	Verhältnis der ausgeheizten zur sorbierten Gasmenge in %
1	200 g Korund + 75 g graphitreiches SiC	368	160	44
2	200 g Armcoeisen + 200 g Korund	44	27	61
3	200 g Armcoeisen + 200 g SiC	190	25,5 12	23

Wie Tab. 10 zeigt, ist der Betrag des vom Eisen aufgenommenen Wasserstoffes bedeutend kleiner als die vom Siliciumcarbid chemisorbierte H_2-Menge. Werden die im bearbeiteten Reaktionsgut vorhandenen Metall- und SiC-Anteile getrennt bis auf 500 °C ausgeheizt, so gibt SiC im Verhältnis zur aufgenommenen H_2-Menge viel weniger Wasserstoff ab als Eisen. Der Wasserstoff ist im SiC also wesentlich fester gebunden als im Eisen. Durch Ausheizen ließen sich auch nur 20 bis 60% des sorbierten Wasserstoffes zurückgewinnen, woraus hervorgeht, daß der Wasserstoff chemisorptiv am Kohlenstoff gebunden ist. Für die Vorgänge der Methanbildung auf Nickeloberflächen hat Galwey [52] folgendes Schema angegeben:

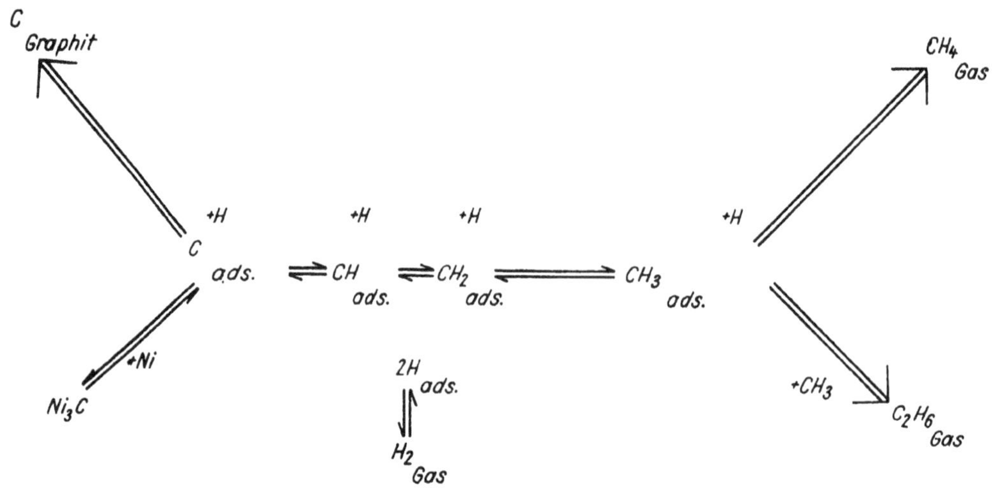

Nach den vorliegenden Untersuchungen ist dieses Schema auch für jene Vorgänge anwendbar, die bei Wechselwirkung von Wasserstoff mit SiC und Kohlenstoff unter Impaktbearbeitung ablaufen. Ein grundlegender Unterschied besteht jedoch darin, daß durch die hohen Energieumsetzungen bei der Impulsbremsung .der Reaktionsschritt $C_{Graphit} \leftrightharpoons C_{ads}$ bei Bearbeitung reversibel ist.

Nach Peters [18] spielen diese Vorgänge auch bei der Freisetzung von Methan aus Fettkohlen und Anthraziten eine bedeutende Rolle und sind oft die Ursache für die gefürchteten Schlagwetterexplosionen. Bei der Freisetzung von Methan in Lagerstätten spielen wahrscheinlich geomechanische Vorgänge eine bedeutende Rolle.

Da die Tribosorptionsvorgänge den chemischen Reaktionsprozessen vorgelagert sind, kommt ihnen vor allem bei der Erforschung der Kinetik tribochemischer Reaktionen eine maßgebliche Bedeutung zu.

4. Der Reaktionsverlauf bei der mechanischen Bearbeitung von Festkörpern

Bei den bisher untersuchten Reaktionen (s. Tab. 6, S. 122) wird durch mechanische Bearbeitung in allen Fällen eine Zunahme der Reaktionsfähigkeit erzielt. Die relative und absolute Erhöhung der Reaktionsgeschwindigkeit wie auch der Reaktionsverlauf sind jedoch bei den einzelnen Reaktionen außerordentlich verschieden und nicht nur von den physikalischen und chemischen Eigenschaften der Festkörper, sondern in starkem Maße auch von der Art und Intensität der mechanischen Bearbeitung abhängig. Abbildung 21 zeigt, daß man bei tribochemischen Reaktionen vier verschiedene Reaktionsphasen unterscheidet:

1. Die Reaktion im unbearbeiteten Zustand,
2. die Ankling-Reaktion,
3. die Fahr-Reaktion und
4. die Ruh-Reaktion.

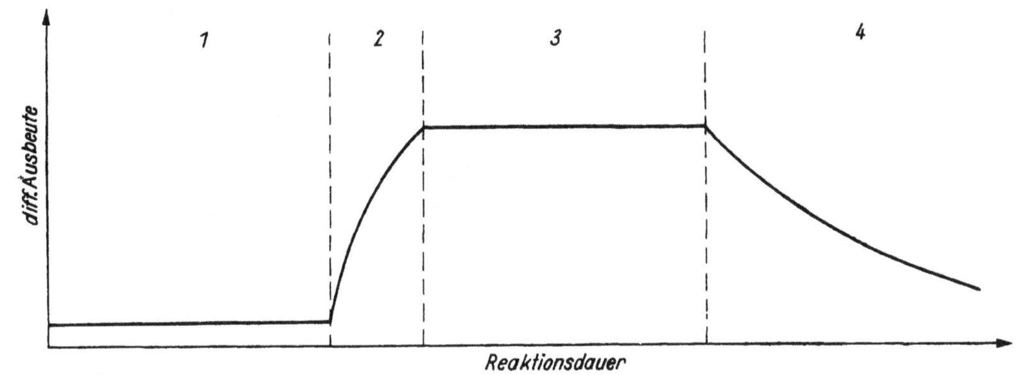

Abb. 21. Schema eines tribochemischen Reaktionsverlaufes

1 – Reaktion im unbearbeiteten Zustand; *2* – Ankling-Reaktion; *3* – Fahr-Reaktion; *4* – Ruh-Reaktion

In den folgenden Abschnitten sollen hierzu einige prinzipielle Bemerkungen gemacht werden. *Ad 1.:* Die meisten untersuchten Reaktionen laufen bei Zimmertemperatur mit so geringer Geschwindigkeit ab, daß sie selbst mit empfindlichen Analysenmethoden nicht mehr meßbar sind. Wie bereits in der Einführung erörtert wurde, kann man aber die Reaktivität fester Körper durch Erzeugung eines aktiven Zustandes oft bedeutend steigern und auf diese Weise bereits bei Zimmertemperatur eine hohe Reaktionsgeschwindigkeit erzielen. Verwendet man beispielsweise Nickelblech für die Carbonylbildung, so ist die Reaktionsgeschwindigkeit außerordentlich klein. Bei Verwendung von Pulvern, die durch Zersetzung von Oxalat hergestellt wurden, verläuft die Reaktion bei gleicher Temperatur dagegen äußerst stürmisch. Bearbeitet man jene in ihrer Ausgangsaktivität recht unterschiedlichen Stoffe, so ist die hierbei erzielte Reaktionserhöhung von der Aktivität jener Stoffe abhängig. So steigt in dem erwähnten Beispiel der Umsatz nur auf das Doppelte, wenn hochaktive Nickelpulver bearbeitet werden; bei der Verwendung von Blechen wird dagegen eine Reaktionssteigerung von ein bis zwei Größenordnungen erzielt. Die meisten der untersuchten Reaktionen, z. B. die Pyritröstung, der Methanolzerfall oder die Ammoniak-Synthese, verlaufen ohne Bearbeitung jedoch erst bei Temperaturen von einigen 100 °C.

Zur Schaffung gleicher Ausgangsbedingungen wurden für die vorliegenden Untersuchungen fast in allen Fällen Festkörper eingesetzt, deren Reaktionsfähigkeit im unbearbeiteten Zustand praktisch Null war.

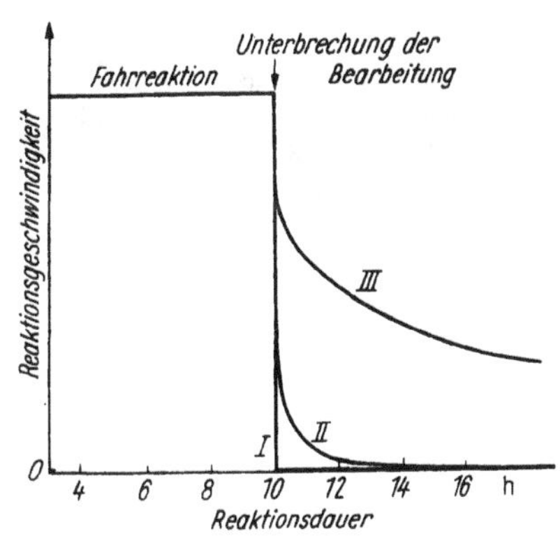

Abb. 22. Abklingkurven für 3 verschiedene tribochemische Reaktionen

I – Methanbildung; *II* – Nickelcarbonylbildung; *III* – Benzolhydrierung

Ad 2. bis 4.: In Abb. 22 sind drei typische Beispiele für die unter Bearbeitung auftretenden Reaktionsmöglichkeiten dargestellt. Übereinstimmendes Verhalten zeigen die Reaktionen in der Einstellung eines stationären Zustandes bei konstanter Bearbeitung. Wesentliche Unterschiede bestehen dagegen in der nach Unterbrechung der Bearbeitung gemessenen Ruh-Reaktion.

So geht im Falle der Nickelcarbonylbildung unmittelbar nach Beendigung der Bearbeitung die Reaktionsgeschwindigkeit sehr schnell um annähernd eine Größenordnung zurück und wird dann auf einer sehr niedrigen Reaktionsebene langsam immer kleiner. Nach Unterbrechung der Bearbeitung bleibt also noch eine gewisse Restaktivität erhalten im Sinne des oben erörterten aktiven Zustandes. Die auf der Nickeloberfläche verbliebenen aktiven Bereiche werden aber durch Umsetzung mit CO langsam abgebaut, so daß die Reaktionsgeschwindigkeit immer mehr

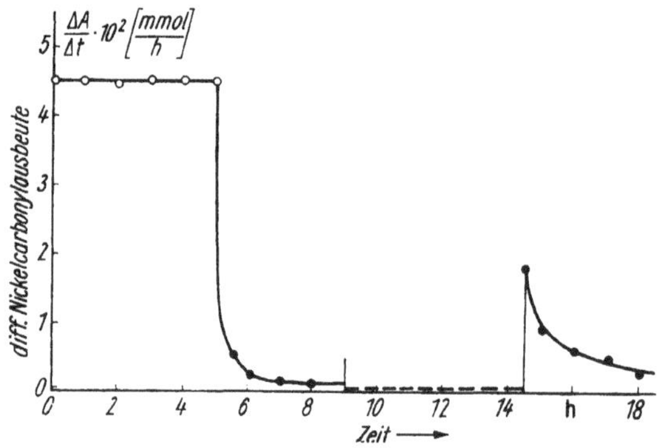

Abb. 23. Ruh-Kurven nach Bearbeitung in CO- und N_2-Atmosphäre

○ Fahr-Reaktion unter CO-Atmosphäre; • Ruh-Reaktion unter CO-Atmosphäre; --- Bearbeitung unter N_2-Atmosphäre

zurückgeht. Wird die Bearbeitung unter einer Inertgasatmosphäre ausgeführt, so liegen die anschließend gemessenen Ruh-Werte höher als nach der Bearbeitung in Kohlenoxid. Wie die Abb. 23 zeigt, liegen die absoluten Ruh-Werte aber immer noch weit unterhalb der in CO gemessenen Fahr-Werte. Die Dauer des Überlebens der unmittelbar beim Stoßprozeß erzeugten hochaktiven Zustände ist entsprechend ihrem hohen Gehalt an überschüssiger freier Energie also äußerst kurz. In Übereinstimmung mit den in Abb. 23 dargestellten Ergebnissen geht hiernach der größte Teil der Aktivität für die Reaktion verloren, wenn diese von dem Bearbeitungsprozeß getrennt wird.

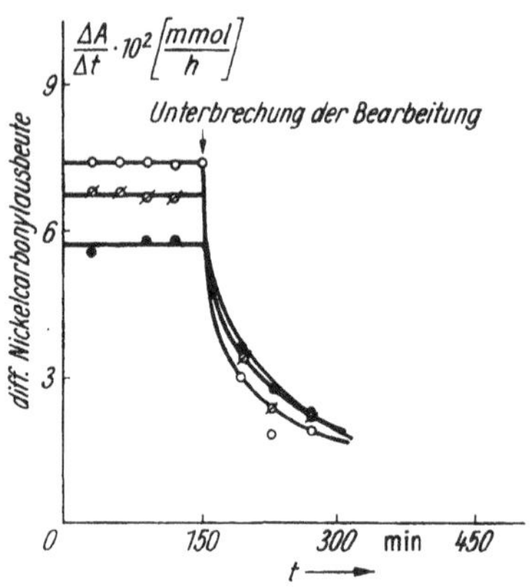

Abb. 24. Abklingkurven nach Bearbeitung bei verschiedener Frequenz (Siebrüttler; 100 g Ni-Späne; 300 g SiC K 10)

○ Frequenz von 10,4 Hz; × Frequenz von 9,6 Hz; • Frequenz von 8,4 Hz

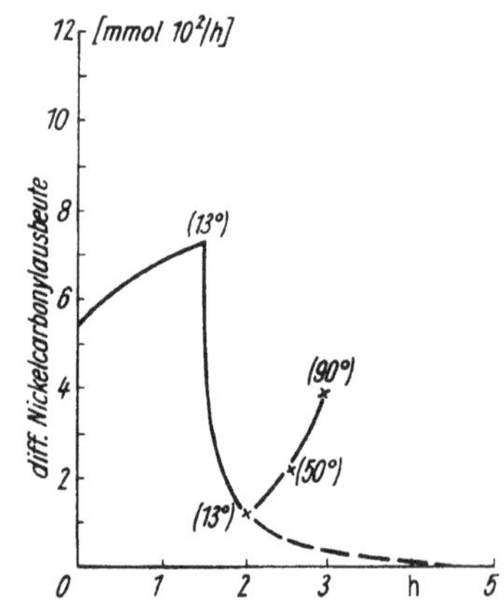

Abb. 25. Abklingkurve für die Nickelcarbonylreaktion bei ansteigenden Temperaturen

Der Unterschied zwischen Ruh- und Fahr-Reaktion wird (s. Abb. 24) mit wachsender Bearbeitungsintensität noch verstärkt [74]. Während die Fahr-Reaktion bei Erhöhung der Schüttelfrequenz zunehmend größere Ausbeuten liefert, wird die nach Unterbrechung der Bearbeitung gemessene Ruh-Reaktion nur wenig davon beeinflußt. Es überleben für eine längere Zeitdauer nach der Bearbeitung also nur solche aktiven Zustände, die bei der gegebenen Temperatur bereits eine zu geringe Beweglichkeit haben, um sich unter weiterer Abgabe von überschüssiger freier Energie in Richtung einer Gleichgewichtsform nach Gibbs'Curie-Wulff umzulagern.

Wie Abb. 34 zeigt, werden diese Zustände von der vorangegangenen Intensität der Bearbeitung nicht sehr wesentlich beeinflußt. Bei Erhöhung der Temperatur während des Abklingprozesses werden auch noch die weniger aktiven Bereiche in die Reaktion einbezogen, indem diese die für die Reaktion erforderliche Aktivierungsenergie durch Zuführung thermischer Energie erhalten (s. Abb. 25).

Die bei der Benzolhydrierung gemessenen Ruh-Kurven (s. Abb. 17, S. 132) zeigen insofern ein anderes Verhalten, als sie sehr viel langsamer auf kleinere Werte zurückgehen, so daß selbst nach einer Reaktionsdauer von über 100 Std. die Hydrierung noch mit meßbarer Geschwindigkeit abläuft.

Dieses von der Carbonylreaktion unterschiedliche Verhalten erklärt sich daraus, daß die nach Bearbeitung verbleibende Restaktivität nicht durch Reaktion verbraucht, sondern nur sehr langsam durch Umlagerung abgebaut wird. An dem Rückgang der katalytischen Aktivität sind auch maßgeblich Sorptionsprozesse auf der Katalysatoroberfläche beteiligt [145].

Zu dem dritten Reaktionstyp gehört die mechanisch aktivierte Methanbildung aus den Elementen bzw. aus Siliciumcarbid und Wasserstoff entsprechend der Abb. 26.

Der Abklingvorgang der mechanisch erzeugten hochaktiven Zustände verläuft so schnell, daß mit den üblichen

Meßmethoden die Ruh-Reaktion nicht mehr verfolgt werden kann. Praktisch werden diese Reaktionen ausschließlich durch die im Stoßzentrum während der Bearbeitung lokalisierten hohen Energien gezündet, während nach dem schnellen Abfließen dieser örtlich gestauten Energien die eingefrorene Aktivität hierzu nicht mehr imstande ist. In solchen Fällen zeigen tribochemische Reaktionen bei Unterbrechung der Bearbeitung den ausgeprägten Verlauf einer „Rechteckkurve".

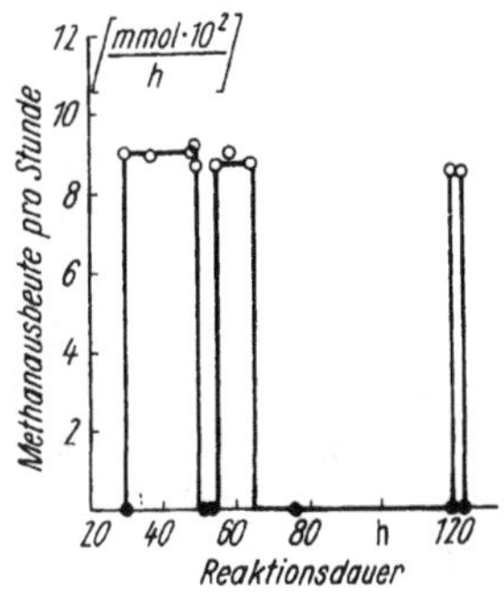

Abb. 26. Reaktionskurven für die Methanbildung bei Unterbrechung der mechanischen Anregung

o Reaktion bei mechanischer Bearbeitung; • Reaktion ohne mechanische Bearbeitung

Die eingefrorene Aktivität, die sich z. B. in einer Erhöhung der Versetzungsdichte im bearbeiteten Festkörper äußert und nach FRICKE (s. Kap. 1, S. 108) auf röntgenographischem Weg auch quantitativ erfaßbar ist, kann besonders bei Verwendung von Schwingmühlen oft zu unerwarteten Reaktionseffekten führen. So kommt es z. B. bei der Mahlung von Eisen in Sauerstoffatmosphäre zu großen Reaktionssprüngen, die, wie Abb. 27 zeigt, mit ihren maximalen Werten die stationäre Geschwindigkeit der tribochemischen Reaktion um nahezu drei Größenordnungen übertreffen. Die Zahl und das zeitliche Auftreten dieser Sprünge waren bei mehrfacher Wiederholung unterschiedlich [42]. Auch bei der Mahlung von Mangan in einem Vibratom traten größere Reaktionssprünge in zeitlich unterschiedlicher Aufeinanderfolge auf.

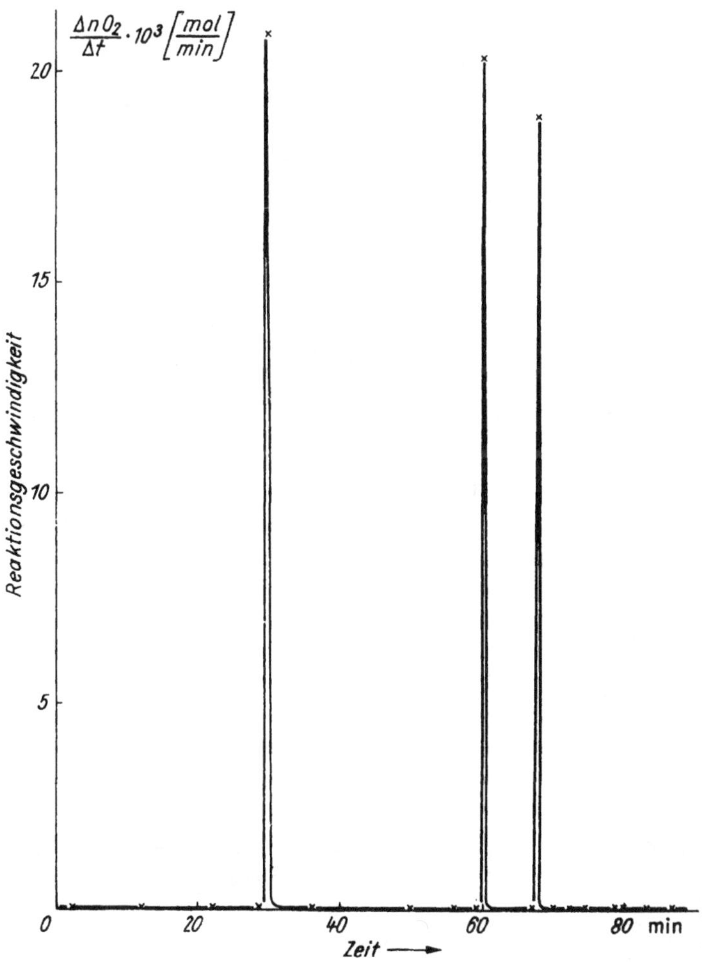

Abb. 27. Das Auftreten von Reaktionssprüngen bei der mechanischen Bearbeitung von Eisencarbonylpulver unter Sauerstoffatmosphäre (Vibratom 0,6 l; 650 g Porzellankugeln, 10 g Eisencarbonylpulver)

Dieser Effekt ist nur durch Anhäufung von Gitterstörungen im Mahlgut während der Bearbeitung zu erklären. Nach der in Kap. 1, S. 109 erörterten Arbeit von SCHRADER tritt während der Mahlung tatsächlich eine erhebliche Zunahme solcher Störungen auf, die nach Beendigung der Bearbeitung im Gitter verbleiben. Auf den Reaktionsverlauf wirkt sich eine solche Erhöhung zunächst nicht merkbar aus.

Bekanntlich verläuft der Oxydationsprozeß unter Abgabe von Wärme, die bei tribochemischer Reaktionsführung normalerweise so schnell abgeführt wird, daß es praktisch zu keiner makroskopischen Temperaturerhöhung im Mahlgefäß kommt. Wird jedoch durch Erhöhung der Umsatzgeschwindigkeit mehr Wärme im Bearbeitungsgefäß erzeugt, als durch Wärmeleitung abfließt, so kommt es, falls die Reaktion durch Temperaturerhöhung beschleunigt wird, zu einem Aufschaukeln des Reaktionsprozesses. Höhere Temperaturen führen jedoch wieder zur Ausheilung von Gitterstörungen und damit zu einer Herabsetzung der Reaktionsgeschwindigkeit. Auch durch Bedeckung der Oberfläche mit einer Oxidschicht geht der Umsatz zurück, so daß mehr Wärme abgeleitet als gebildet wird und sich wieder die ursprüngliche Temperatur einstellt. Im Laufe der weiteren Mahlung werden erneut Gitterstörungen erzeugt, bis sich beim Erreichen eines kritischen Wertes das Wechselspiel zwischen Temperatur, Erhöhung der Reaktionsgeschwindigkeit und Ausheilung von Gitterstörungen wiederholt.

Wird durch Erhöhung der Bearbeitungsintensität die tribochemische Reaktion beschleunigt, z. B. durch Verwendung einer größeren Schwingmühle, so kann die Zeit bis zum Auftreten eines Reaktionssprunges wesentlich verkürzt werden. Bei der Mahlung von Mangan auf der Schwingmühle (LS 60) konnte z. B. unmittelbar nach Einsetzen der Bearbeitung der erste Sprung beobachtet werden, wobei der Reaktionsverlauf mehrere Sekunden von einer hellen Flammenerscheinung in der Schwingmühle begleitet war. Auf den Mahlkörpern konnten daraufhin Brennflecke und kleine Zonen aus geschmolzenem Mangan beobachtet werden, in deren Umgebung das braune Oxid niedergeschlagen war.

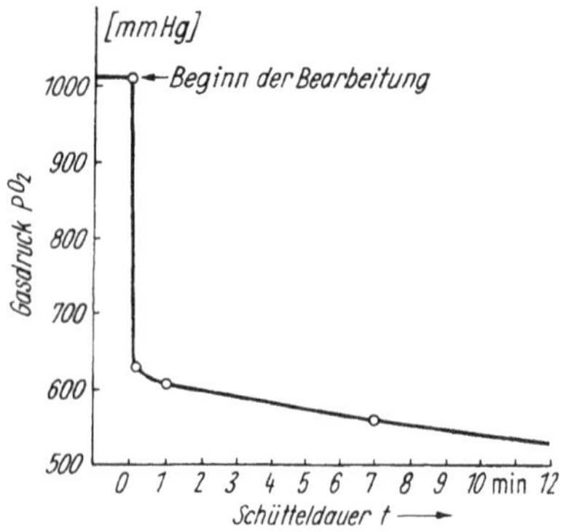

Abb. 28. Sauerstoffverbrauch bei der mechanischen Bearbeitung von vorbearbeitetem Eisen

Die Mahldauer bis zum Auftreten eines Reaktionssprunges kann auch dadurch verkürzt werden, daß die Mahlgutprobe im Vakuum vorbearbeitet wird. Wie Abb. 28 zeigt, wird beim vorgemahlenen Eisen ebenfalls zu Beginn der Bearbeitung ein Reaktionssprung beobachtet, der bei langen Vormahlzeiten so spontan erfolgt, daß er in eine Wärmeexplosion übergeht. In einem Fall kam es dabei zur Sprengung des Mahlgefäßes.

Diese Untersuchungen sind insofern von Interesse, als sie einen Modellfall für die durch Schlag ausgelösten Explosionsreaktionen darstellen. Bei sehr schlagempfindlichen Explosivstoffen ist es sehr schwer, die zur mechanischen Auslösung führenden Einzelschritte experimentell zu verfolgen. In dem vorliegenden Beispiel kann man dagegen die Reaktionsgeschwindigkeit durch Wahl einer geeigneten Reaktion und durch Variierung der Intensitätsparameter sehr genau steuern und die Reaktionsschritte bis zum Auftreten einer Explosion verfolgen.

Auf der gleichen Ursache, die das Auftreten von Reaktionssprüngen erklärt, beruhen auch die von Naeser und Scholz beschriebenen Explosionsvorgänge, die beim mehrmaligen Walzen bestimmter Pulver, z. B. WO_3 oder Fe_2O_3, beobachtet werden [15]. Nach vier bis fünf Durchgängen durch die Walze können sehr heftige Explosionen auftreten. In diesem Fall sind es nicht chemische Reaktionen, deren Reaktionsenthalpie die Reaktion stark beschleunigt, sondern Rekristallisationsvorgänge unter Abgabe überschüssiger freier Energie, die sich nach einem gleichen Mechanismus spontan aufschaukeln, so daß schon geringe Energieumsätze heftige Explosionswirkungen auslösen können. Nach Untersuchun-

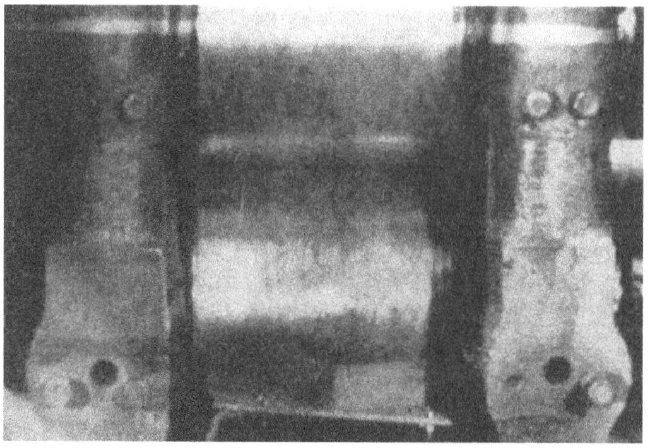

A)

gen von Heinicke, Friedrich und Hennig [75] werden hierbei Stahlwalzen mit einem Durchmesser von ≈ 200 mm zertrümmert (s. Abb. 29).

Die beim Ausheizen von Graphitstäben eines Atomreaktors in England hervorgerufene Explosion dürfte auf gleiche Ursachen zurückzuführen sein.

B)

C)

Abb. 29. Das Auftreten von Explosionen durch Walzen von Fe_2O_3

Bild *A*: Nach 1- bis 3maligem Walzen des Pulvers keine Explosion; Bild *B*: Nach 3- bis 5maligem Walzen zum Teil heftige Explosionen; Bild *C*: Eine durch Explosion zerbrochene Walze (⌀ ≈ 200 mm)

5. Druckabhängigkeit tribochemischer Reaktionen

Für kinetische Untersuchungen spielt die Bestimmung der Reaktionsordnung eine bedeutende Rolle. Im allgemeinen sind heterogene Reaktionen gegenüber Umsetzungen in der Gasphase von niedrigerer Ordnung. So fand Hinshelwood [76], daß z. B. der Jodwasserstoffzerfall im Gasraum nach der zweiten Ordnung, an Platinoberflächen dagegen nach erster Ordnung vor sich geht. In vielen Fällen ist die Reaktion von erster Ordnung, wenn das Gas auf Grund einer schwachen Sorption nur einen Teil der Oberfläche besetzt und die Besetzungsdichte dem jeweiligen Gasdruck proportional ist. Sind dagegen die Wechselwirkungskräfte zwischen Gas und Festkörper sehr hoch, so findet schon bei kleinen Gasdrucken eine nahezu vollständige Oberflächenbesetzung statt, so daß sich die Konzentration der Reaktionsteilnehmer in der Adsorptionsschicht, der eigentlich reagierenden Phase, mit wachsendem Gasdruck nicht mehr ändert und damit auch die Reaktionsgeschwindigkeit konstant bleibt. In diesem Fall liegt eine Reaktion nullter Ordnung vor. Beispiele hierfür sind der Ameisensäurezerfall und die Zersetzung von NH_3 an Wolfram. Vielfach sind die Verhältnisse bei heterogenen Reaktionen recht verwickelt, und es werden gebrochene Ordnungen gemessen, die meistens zwischen Null und Eins liegen.

Für eine Reihe tribochemischer Reaktionen wurde zur Bestimmung der Reaktionsordnung die Abhängigkeit der Reaktionsgeschwindigkeit vom Partialdruck der gasförmigen Reaktionsteilnehmer gemessen, wobei folgende Ergebnisse erhalten wurden:

5.1. Zersetzung von Bariumperoxid

Wie die Abb. 30 zeigt, ist die Zersetzung von Bariumperoxid über mehr als zwei Größenordnungen hinweg druckunabhängig, also von nullter Ordnung. Der schwache Abfall der oberen Geraden ist auf einen Verbrauch an BaO_2 im Bearbeitungsgefäß zurückzuführen, da nach Abb. 30 die Zersetzungsgeschwindigkeit stark vom Füllverhältnis abhängig ist.

5.2. Bildung von Methan aus den Elementen

Auch die Bildung von Methan aus den Elementen bzw. aus Wasserstoff und Siliciumcarbid ist in einem weiten Druckbereich von nullter Ordnung, und zwar unabhängig von Art und Menge des zugesetzten Katalysators. Nach Blackwood [49] gilt aber für einen sehr weiten Druckbereich (bis 50 kg/cm²) folgende Beziehung: $RG = k \cdot p_{H_2}$ ($t = 650°$ bis 870 °C), d. h. die Methanbildung ist von erster Ordnung, wenn die Reaktion am unbearbeiteten System gemessen wird.

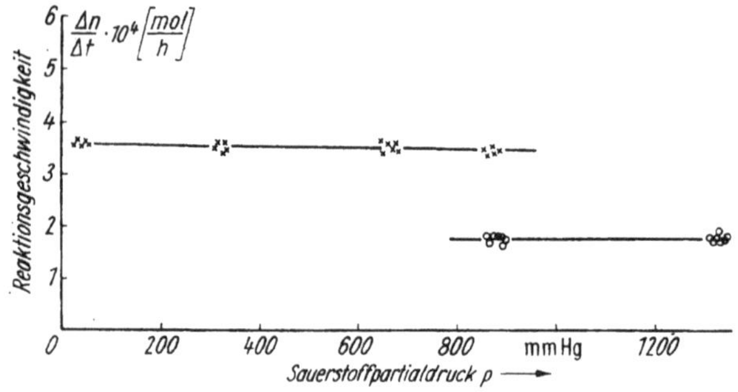

Abb. 30. Zersetzungsgeschwindigkeit von BaO_2 bei Schwingmahlung in Abhängigkeit vom Sauerstoffpartialdruck (Schwingmühle: Vibratom 0,5 l)

× 0,5 mol BaO_2 + 650 g Porzellankugeln; ○ 0,2 mol BaO_2 + 650 g Porzellankugeln

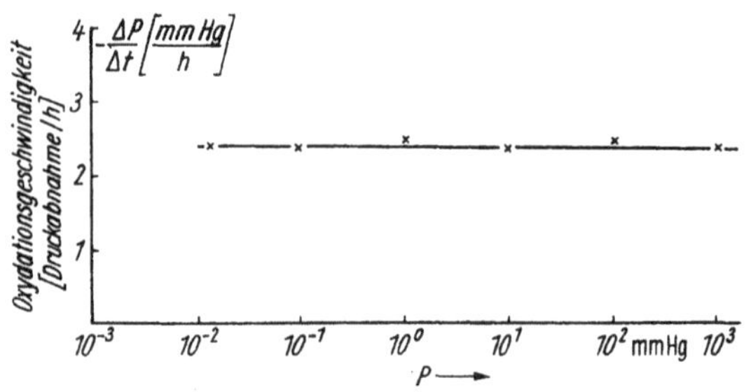

Abb. 31. Die mechanisch aktivierte Oxydation von Ni in Abhängigkeit vom O_2-Partialdruck. (Siebrüttler; 1 mol Ni-Späne, 1 mol Ni-plättchen, 250 g Al_2O_3)

5.3. Oxydation von Eisen und Nickel

Bei der Eisen- und Nickeloxydation wurde über nahezu fünf Größenordnungen hinweg (von 10^{-2} bis 10^3 mm Hg) die Druckabhängigkeit der Reaktion gemessen, die ebenfalls, wie das Beispiel des Nickels in Abb. 31 zeigt, im gesamten Bereich praktisch Null ist.

Für die Oxydation des Eisens über Null Grad wird von Roberts [77] folgende Gleichung angegeben:

$$RG = A\, p^{0,28}\, e^{-\frac{13000}{RT}}$$

Hiernach ist die in Ruhe gemessene Oxydationsreaktion schwach druckabhängig, sie besitzt also eine höhere Reaktionsordnung als die tribochemische Reaktion.

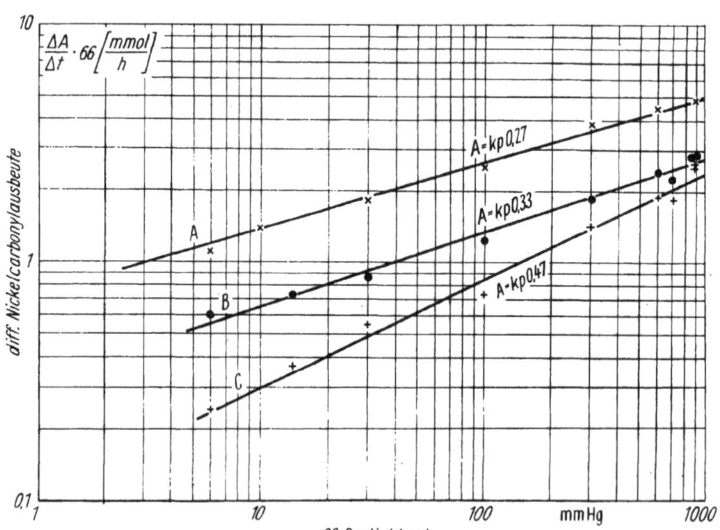

Abb. 32. Abhängigkeit der Nickelcarbonylausbeute vom Partialdruck (Siebrüttler; 200 g Nickelplättchen; 250 g Hartstoff). *A* – SiC; *B* – Glasbruch; *C* – Glaskugeln

5.4. Bildung von Nickelcarbonyl

MITTASCH [9] untersuchte bei $-2,5\,°C$ die Reaktionsordnung der Bildung von Nickelcarbonyl und erhielt unter Vernachlässigung der Rück-Reaktion die Gleichung $\frac{dx}{dt} = k\,x^2$ (2. Ordnung).

Wie die Abb. 32 zeigt, wird im Siebrüttler bei mechanischer Bearbeitung von Nickelplättchen ebenfalls eine niedrigere Ordnung als die von MITTASCH angegebene gefunden. Die hierbei gemessenen numerischen Werte schwanken jedoch in einem gewissen Bereich und sind z. B. in geringem Maße auch von der Art der verwendeten Hartstoffe abhängig. So wird beim Einsatz von Glaskugeln neben einer kleineren Reaktionsgeschwindigkeit eine höhere Reaktionsordnung gefunden als bei der Verwendung scharfkantiger und härterer Teilchen.

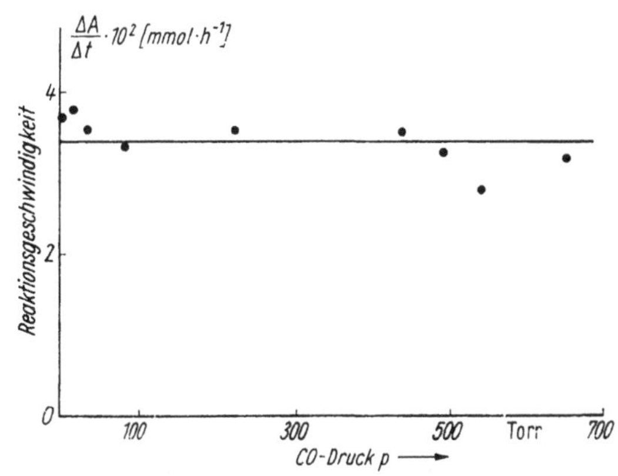

Abb. 33. Die Geschwindigkeit der Nickelcarbonylbildung in Abhängigkeit vom CO-Partialdruck bei 100°K.

Die Ursache für die Abnahme der Reaktionsordnung unter Einfluß der mechanischen Bearbeitung beruht vor allem darauf, daß die Geschwindigkeit der Reaktion durch den Stoffumsatz an den hoch aktivierten Stoßzentren bestimmt wird, die durch ihren Gehalt an hoher überschüssiger freier Energie gegenüber den unbeanspruchten Festkörperoberflächen eine stark erhöhte Adsorptions- und Reaktionsbereitschaft besitzen. Es ist deshalb verständlich, daß die Ordnung der Impaktreaktion kleinere Werte annimmt als die vergleichbare Reaktion am unbearbeiteten Festkörper und bei Umsetzungen, die vorwiegend ihre Aktivierungsenergie aus den hoch aktivierten Bereichen der Trefferstelle beziehen, bis zum Wert Null abfällt. In diesem Fall hängt die Geschwindigkeit der Reaktion weniger vom Partialdruck des gasförmigen Reaktionspartners als vom Zustand des aktivierten Festkörpers ab, denn in Analogie zu den Verdampfungs- und Elektrolysevorgängen, die ebenfalls nullter Ordnung sind, laufen jene Impaktreaktionen nur in dem Maße ab, wie die hierzu notwendige Energie durch Impulsbremsung dem Festkörper zugeführt wird.

Bei der Nickelcarbonylbildung ist dagegen keine Druckunabhängigkeit zu erwarten, da diese bei Zimmertemperatur auch als Ruh-Reaktion ablaufen kann. Die während der Bearbeitung erzielten Ausbeuten werden deshalb nicht allein an den hochaktiven Bereichen der Trefferstelle erzeugt, sondern auch an Bereichen geringerer Aktivität, die nach abgeschlossener Bearbeitung für eine längere Dauer reaktionsfähig bleiben. Durch die Verwendung verschiedener Arten und Formen von Hartstoffen sind die Anteile hoher und niedriger Aktivität bei der Bearbeitung offenbar verschieden, so daß auch die Ordnung der Reaktion sich ändert, und zwar in Richtung höherer Werte, wenn weniger harte und scharfkantige Projektile bei der Stoßbearbeitung verwendet werden.

Durch Erniedrigung der Temperatur kann man die aus der Ruh-Reaktion stammenden Ausbeuteanteile auf unmeßbar kleine Werte herabsetzen, so daß der chemische Umsatz ausschließlich durch die an der Trefferstelle erzeugten hochaktiven Bereiche bestimmt wird. Eingehend wird das Temperaturverhalten der Nickelcarbonylbildung im Kap. 8, S. 151 behandelt.

Die Abb. 33 zeigt, daß die Druckabhängigkeit der ausschließlich tribochemisch angeregten Nickelcarbonylbildung bei Temperaturen der flüssigen Luft tatsächlich von nullter Ordnung ist [84].

5.5. Tribosorption von Gasen

Bei der Untersuchung der Druckabhängigkeit der durch Bearbeitung aktivierten Sorption von Gasen wurde hingegen eine stark mit dem Druck sich ändernde Sorptionsgeschwindigkeit gemessen [55]. Wie die Kurve in Abb. 34 zeigt, geht z. B. die Wasserstoffsorption bei der Bearbeitung von Siliciumcarbid in Gegenwart von Eisen mit abnehmendem Druck stark zurück und steigt anschließend wieder an, wenn man zu hohen H_2-Drucken zurückkehrt. Der anfangs gemessene Sorptionswert wird jedoch nicht wieder erreicht, da auf Grund einer zunehmenden Wasserstoffkonzentration an der Oberfläche des bearbeiteten Materials die Sorptionstendenz mit der Bearbeitungsdauer immer mehr zurückgeht.

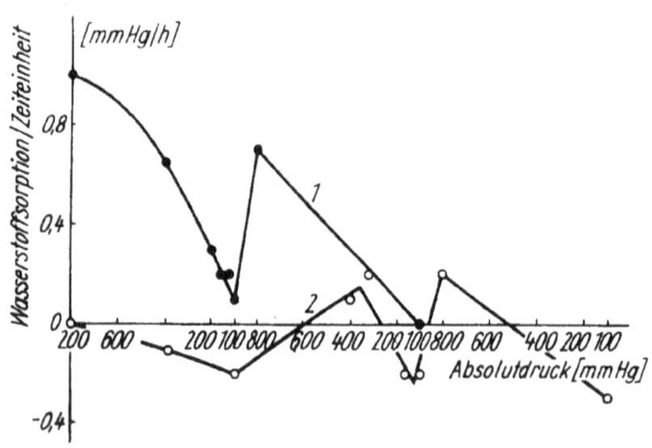

Abb. 34. Druckabhängigkeit der Wasserstoffsorption (Siebrüttler)

Kurve 1: an 200 g frisch eingesetztem SiC und 40 g Eisenpulver; *Kurve 2:* an 200 g SiC (mit Wasserstoff gesättigt) und 50 g Carbonyleisenpulver

Bei der Bearbeitung H_2-gesättigter Oberflächen im niederen Druckbereich kommt es umgekehrt zu einer Desorption (Abb. 34, Kurve 2). Da die Vorgänge der Desorption und Adsorption beliebig wiederholbar sind, läßt sich also von beiden Seiten unter Bearbeitung reversibel ein *tribochemisches Sorptionsgleichgewicht* einstellen, das druckabhängig ist. Die mechanische Bearbeitung beschleunigt beide Prozesse durch die Bereitstellung der hierfür notwendigen Aktivierungsenergie. Es ist deshalb verständlich, daß bei der Sorption die Geschwindigkeit des Gaseintritts und -austritts stark abhängig vom äußeren Gasdruck und von der Konzentration sorbierter Gase in der bearbeiteten Oberflächenschicht des Festkörpers ist.

6. Das „tribochemische Gleichgewicht“

Nach den in Kap. 3, S. 125 gemachten Ausführungen werden sowohl die Bildung als auch die Zersetzung chemischer Produkte durch mechanische Bearbeitung beschleunigt.

Besonders gut lassen sich die Verhältnisse am System

$$Ni + 4CO \leftrightharpoons Ni(CO)_4$$

studieren. Mit zunehmender Nickelcarbonylkonzentration im Reaktionsgemisch geht mit fortschreitender Bearbeitung die Geschwindigkeit der Carbonylbildung zurück. Durch den Einfluß der Zersetzungsreaktion wird schließlich die experimentell meßbare Geschwindigkeit der Bildungsreaktion so gering, daß sie von langsameren Nebenreaktionen überlagert wird.

Auch nach den Untersuchungen über die Bildung und Zersetzung von Methan stellt sich wahrscheinlich ein von der Konzentration der Reaktionspartner abhängiges „tribochemisches Gleichgewicht“ ein [55].

Peters [31] beobachtete derartige „Gleichgewichte“ bei der Mahlung von Zinkcarbonat. Er wies bereits darauf hin, daß es sich nicht um thermodynamische Gleichgewichtszustände handelt und daß die bei Mahlung gemessenen „tribochemischen Gleichgewichtsdrucke“ um Größenordnungen höher liegen als die aus thermodynamischen Daten berechneten Drucke.

Ein „tribochemisches Gleichgewicht“ stellt vielmehr einen stationären Reaktionszustand dar, der mit dem thermodynamisch definierten Gleichgewichtszustand lediglich darin übereinstimmt, daß die Konzentration der Reaktionspartner bei gleichbleibenden äußeren Bedingungen sich nicht ändert.

Im Unterschied zum thermodynamischen Gleichgewicht hängt die Einstellung eines „tribochemischen Gleichgewichtes" aber nicht nur von der Zusammensetzung der gasförmigen, sondern von der Konzentration aller anwesenden Reaktionspartner ab, d. h. auch die Zusammensetzung des bearbeiteten Festkörpergemisches beeinflußt die Lage des stationären Zustandes. Es ist anzunehmen, daß die Mühlenbedingungen, insbesondere die Intensität der Bearbeitung, ebenfalls auf das „tribochemische Gleichgewicht" einwirken.

Bei strahlungschemischen Umsetzungen [78] und bei den durch elektrische Entladungen ausgelösten chemischen Reaktionen [79] treten in geeigneten Systemen ebenfalls stationäre Zustände auf, die in keinem Zusammenhang zu den thermodynamischen Gleichgewichtszuständen stehen. Analog zu den Vorgängen bei der tribomechanischen Anregung laufen die hier erörterten chemischen Reaktionen unter Zufuhr von Energie ab, die sich mit den Gesetzen der reversiblen Thermodynamik nicht beschreiben läßt.

7. Der Einfluß der Bearbeitungsintensität auf tribochemische Reaktionen

Bei der Impulsbremsung treten an der Trefferstelle hohe Spannungen auf, die die Elastizitätsgrenze weit übersteigen und zur Verformung des beanspruchten Gitterbereiches führen. Da auch die Beschußteilchen diesen hohen Spannungen ausgesetzt sind, werden sie ebenfalls plastisch verformt, wenn die Stoßpartner von etwa gleicher Härte sind. Die hierbei umgesetzte Energie verteilt sich dementsprechend auf beide Körper. Beschießt man Metalle, z. B. Nickel, mit sehr harten Stoffen, wie z. B. SiC-, B_4C- oder Al_2O_3-Teilchen, so kommt es im wesentlichen nur zu einer tiefgreifenden Störung an der Metalloberfläche. Umgekehrt wird der größte Teil der bei der Impulsbremsung ausgetauschten Energie zur Verformung der Stoßteilchen selbst verbraucht, wenn Stoßteilchen sehr geringer Härte, z. B. $CaCO_3$ oder KCl, eingesetzt werden. Durch Wahl der Hartstoffe kann man deshalb die Intensität der Beanspruchung eines Festkörpers variieren. Nach Tab. 11 werden hierdurch auch die chemischen Wirkungen erheblich beeinflußt. Bei der Bildung von Nickelcarbonyl aus Ni und CO werden die höchsten Reaktionsausbeuten erwartungsgemäß bei Verwendung von SiC als Hartstoffteilchen erhalten, während umgekehrt bei Verwendung von KCl als Stoßteilchen die Reaktionsausbeuten unterhalb der Nachweisbarkeitsgrenze liegen.

Tabelle 11

Abhängigkeit der Ausbeute an Nickelcarbonyl von der Art des verwendeten Hartstoffes

Nr.	Hartstoff	Ausbeute in (mmol · 10^2)	Härte nach Mohs	Mikrohärte H_M (kg/mm²) bei 50 g Prüflast
1	Siliciumcarbid	7,6	9	5200
2	Kieselsteinbruch (Quarz)	2,4	6	1475
3	Flußspat	0,7	4	178
4	Marmor	0,2	3	133
5	Kaliumchlorid	$<0{,}01$	2	22

Der Einfluß von Hartstoffen auf tribochemische Umsetzungen läßt sich auch in anderen Bearbeitungsgeräten, z. B. in der Schwingmühle nachweisen. Eine kleine Menge SiC bewirkte nach Zugabe zum Reaktionsgut eine erhebliche Beschleunigung der Bildung von H_2, wenn auf einer Stahlschwingmühle (Typ LS 60) Eisenpulver in Gegenwart von Wasser gemahlen wurde

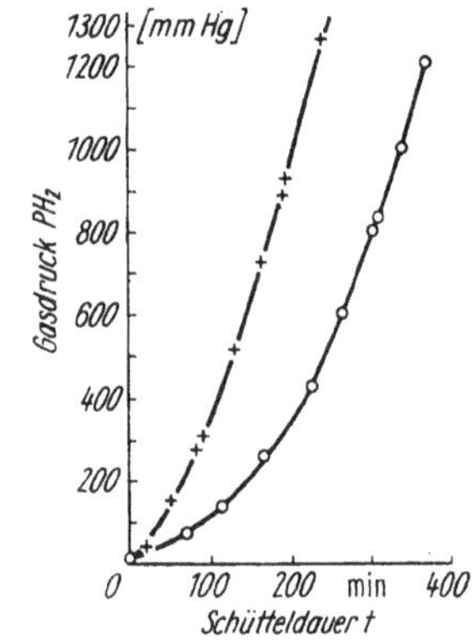

Abb. 35. Wasserzersetzung an mechanisch bearbeitetem Eisen
○ ohne SiC-Zusatz; + mit SiC-Zusatz

[80], (s. Abb. 35). Die Tab. 12 gibt an, daß in gleicher Weise auch die Geschwindigkeit der Nickelcarbonylbildung in einer Porzellanschwingmühle stark erhöht werden kann.

Tabelle 12

Die Geschwindigkeit der Nickelcarbonylbildung in Abhängigkeit von der Mahlgutzusammensetzung (LS 06)

Mahlgut	Ausbeute/Zeiteinheit (mg/h)
10 g Ni + 500 g Porzellankugeln ⌀ 10,5 mm	4,3
10 g Ni + 500 g Porzellankugeln ⌀ 21,5 mm	8,2
10 g Ni + 500 g Porzellankugeln ⌀ 21,5 mm + 30 g SiC K 150	21,5

Die Intensität der Bearbeitung läßt sich auch dadurch steigern, daß die kinetischen Bewegungsgrößen der Stoßteilchen höhere Werte erhalten, z. B. durch Zunahme ihrer Masse oder Geschwindigkeit. Bei Einzelstoßvorgängen lassen sich diese Parameter in übersichtlicher Weise variieren, doch sind die hierbei erzielten chemischen Ausbeuten weit unterhalb der Nachweisbarkeitsgrenze. Bei der Summierung einer großen Zahl von Einzelstößen ist die genaue Festlegung der Bewegungsgrößen sehr schwer möglich, und es wird nur ein mehr oder weniger breites Spektrum erhalten.

Wie die folgenden Abschnitte zeigen, lassen sich aber auch noch unter diesen Bedingungen Beziehungen zwischen der Intensität der Bearbeitung und den entsprechenden chemischen Ausbeuten herstellen.

a) Nach AUERBACH-HORT [81] gilt für die Geschwindigkeit eines Gases, das als Gasstrahl nach Durchlaufen eines Druckgefälles in einen gasverdünnten Raum eintritt, näherungsweise folgender Ausdruck: $G \sim \sqrt{\frac{p_1 - p_2}{\varrho}}$, wobei G die Geschwindigkeit, $p_1 - p_2$ die Druckdifferenz an der Austrittsdüse und ϱ die Dichte des Gases darstellen. Mischt man dem Gase kleine Mengen Festkörperteilchen zu, so werden diese entsprechend der Gasgeschwindigkeit beschleunigt und können in einem Kornstrahlgebläse (s. S. 115) zur Oberflächenbearbeitung dienen.

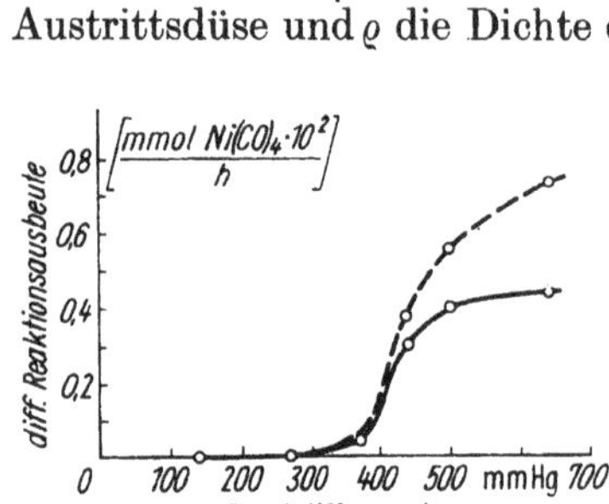

Abb. 36. Abhängigkeit der Nickelcarbonylausbeute von der Druckdifferenz im Vakuum-Kornstrahlgebläse
— gemessen;
--- auf 1 Atmosphäre umgerechnet

Abbildung 36 gibt die bei der Bearbeitung einer Nickeloberfläche durch Strahlbeschuß mit SiC und Kohlenoxid erhaltene Carbonylausbeute in Abhängigkeit von der Druckdifferenz Δp an. Obwohl nach Kap. 5 die Reaktion druckabhängig ist, also normalerweise mit abnehmendem Druck zurückgeht, steigt mit wachsendem Δp, bzw. mit fallenden Absolutdrucken im Reaktionsgefäß die Ausbeute ständig an [80]. Bei kleinem Δp und hohem p im Reaktionsgefäß wirkt wahrscheinlich der aerodynamische Stau an der beschossenen Nickeloberfläche hemmend auf die Impaktvorgänge ein, so daß bis zu einer Differenz von $\Delta p \approx 300$ mm die Ausbeute zunächst nur geringfügig, bei weiterer Zunahme von Δp dann aber sehr schnell um eine ganze Größenordnung ansteigt. Insgesamt läßt sich feststellen, daß bei einer Erhöhung der kinetischen Energie des Beschußmaterials ($\Delta p \sim v^2$) die chemische Reaktionsbereitschaft des bearbeiteten Festkörpers in eindeutiger Weise anwächst.

b) Übersichtliche energetische Untersuchungen lassen sich im Schüttelgitter und in der Fallrohrmühle [80] ausführen (s. Kap. 2., S. 115). Im Schüttelgitter wurden z. B. Stahl- bzw. Glaskugeln verschiedenen Durchmessers zwischen parallel im Abstand von 10 mm angeordneten Nickelblechen mit einer Frequenz von 600 Schwingungen/min hin- und herbewegt. Durch Wahl verschiedener Kugelgrößen konnte die Masse und damit die kinetische Energie des Stoßes variiert werden. In der Fallrohrmühle erhalten die Kugeln ihre kinetische Energie durch freien Fall auf Nickelplatten, die im Abstand von 30 cm in einem drehbaren, vakuumdicht verschlossenen Glaszylinder angeordnet waren. Da bei Variierung der Kugelgrößen die Geschwindigkeit der aufprallenden Teilchen sich nicht ändert, ließ sich die Abhängigkeit der Reaktionsausbeute von der Masse der eingesetzten Kugeln und damit auch von deren kinetischer Energie unmittelbar bestimmen.

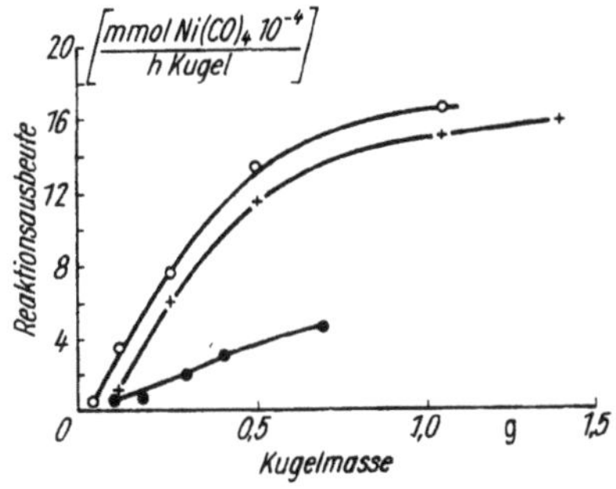

Abb. 37. Abhängigkeit der Nickelcarbonylausbeute von der Kugelmasse

o Stahlkugeln im Fallrohr; + Stahlkugeln im Schütteltopf; • Glaskugeln im Schütteltopf

Die hierbei erhaltenen Meßergebnisse sind in Abb. 37 zusammengestellt. Für beide Versuchsanordnungen ist der für Stahlkugeln gemessene Kurvenverlauf annähernd gleich. Niedriger liegt dagegen die Kurve bei Verwendung von Glaskugeln, deren Dichte etwa dreimal kleiner ist als die des Stahls. Übereinstimmend zeigen alle drei Kurven zunächst einen linearen Anstieg, der erst bei größeren Kugelmassen nach unten abweicht.

Bei Verwendung von Kugeln kleinerer Masse wird die Proportionalität zwischen kinetischer Energie der stoßenden Teilchen und der Reaktionsausbeute für Stahl- als auch für Glaskugeln etwa im Bereich einer Größenordnung erfüllt. Die Abweichung der Kurve von der linear ansteigenden theoretischen Geraden läßt sich durch Analyse der Stoßprozesse deuten [82].

c) Es konnte gezeigt werden, daß in Schwingmühlen der tribochemische Reaktionsumsatz direkt proportional ist dem Energiefluß in das Reaktionsgefäß [44].

d) Quantitative Beziehungen zwischen der Intensität der Bearbeitung und der Reaktionsgeschwindigkeit lassen sich auch bei Anwendung des Schüttelprinzips (s. Abb. 5, S. 116) durch Änderung von Schwingungsfrequenz (f) und Amplitude (a) erhalten. Denn bekanntlich sind diese Größen mit der Schwingungsenergie (E_s) des Systems durch folgende Beziehung verknüpft:

$$E_s \sim f^2 \cdot a^2 \tag{1}$$

In einem Siebrüttler konnte die Frequenz im Bereich von 3,5 bis 22 Hz und die Amplitude im Bereich von 2,9 bis 7,4 mm variiert werden. Die Untersuchungen wurden mit einem aus Metallplättchen und Hartstoffkörnern bestehenden Schüttelgut in einem zylindrischen Glasreaktionsgefäß ausgeführt (s. S. 119). Mit Zunahme der Intensitätsparameter (f und a) wird die turbulente Bewegung des Schüttelgutes immer mehr verstärkt entsprechend der Erhöhung der kinetischen Energie von Gasteilchen bei äußerer Zufuhr von Wärmeenergie. Die Bewegungsgrößen der Teilchen sind zum Unterschied von dem unter b) beschriebenen Beispiel nicht gleichartig. Durch ihre relativ große Zahl ($\approx 10^4$ Teilchen) stellt sich vermutlich ein charakteristisches der MAXWELL-Verteilung entsprechendes Spektrum ein, dessen Maximum sich mit zunehmender Frequenz und Amplitude in Richtung höherer Werte verschiebt.

Wie in den Abb. 38 und 39 dargestellt ist, sind die untersuchten tribochemischen Reaktionen sehr stark von der Intensität der Bearbeitung abhängig. So steigt z. B. bei der Erhöhung der Frequenz auf den dreifachen Wert die Reaktionsgeschwindigkeit um nahezu eine Größenordnung an. Für die Abhängigkeit der Reaktionsgeschwindigkeit (RG) von der Frequenz ergibt sich übereinstimmend für alle 6 untersuchten Reaktionen (Cu-, Al-, Fe- und Ni-Oxydation, sowie $Ni(CO)_4$- und CH_4-Bildung) folgende Beziehung:

$$RG \sim f^2. \tag{2}$$

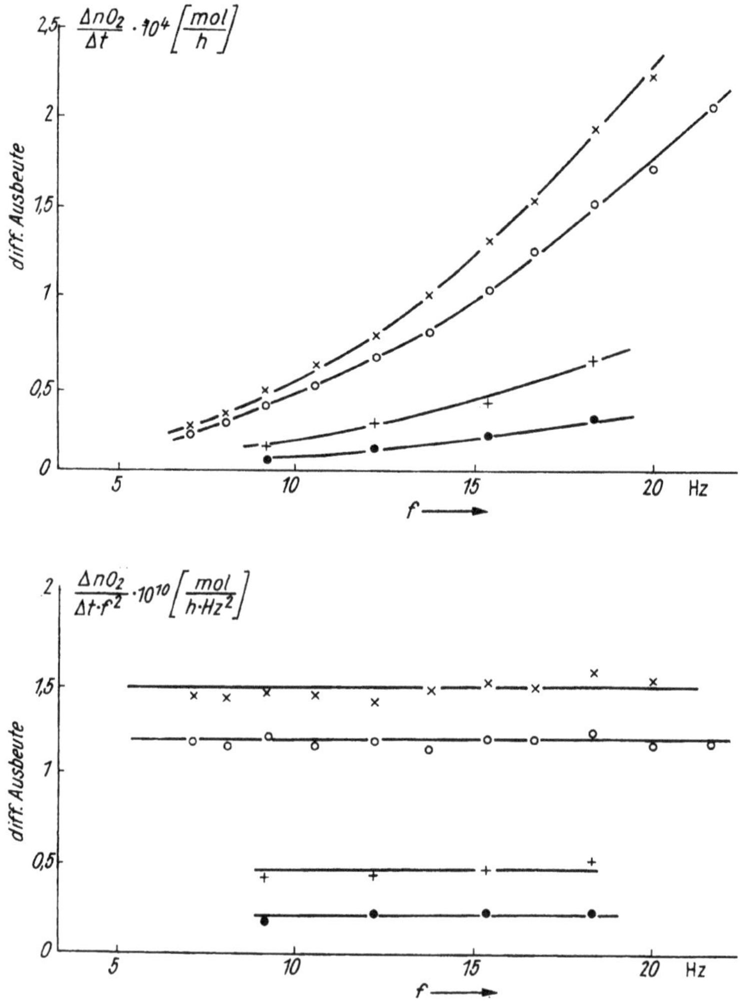

Abb. 38. Die mechanisch aktivierte Metalloxidbildung in Abhängigkeit von der Bearbeitungsintensität

× Eisen; ∘ Nickel; + Kupfer; • Aluminium

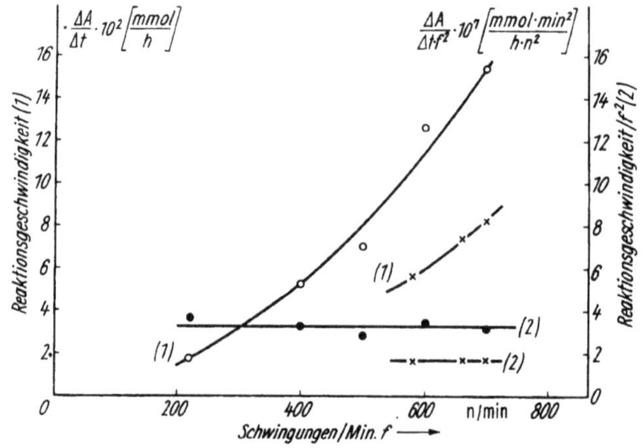

Abb. 39. Reaktionsgeschwindigkeit von Stoßreaktionen in Abhängigkeit von der Frequenz der mechanischen Schwingungen

× Nickelcarbonylbildung; ∘ , • Methanbildung

Tabelle 13 zeigt, daß zwischen der Reaktionsgeschwindigkeit und der Schwingungsamplitude a eine analoge Beziehung besteht:

$$RG \sim a^2 \tag{3}$$

Dann gilt aber auch:

$$RG \sim f^2 a^2. \tag{4}$$

Da $E_s \sim f^2 a^2$ ist,

gilt

$$RG \sim E_s. \tag{5}$$

Die Schwingungsenergie als Ausdruck für die Intensität der mechanischen Beanspruchung ist also innerhalb der angegebenen Grenzen durch eine lineare Beziehung mit der Reaktionsgeschwindigkeit verbunden. Im Zusammenhang mit den vorangegangenen Untersuchungen ist ihr eine allgemeinere Bedeutung zuzuordnen. Sie verbindet in einfacher Weise rein mechanische und chemische Meßgrößen und ist ein Ausdruck dafür, daß die hier untersuchten chemischen Wirkungen durch mechanische Ursachen ausgelöst werden. Die Beziehung (5) wird deshalb die „*tribochemische Energiebeziehung*" genannt.

Tabelle 13

Die Geschwindigkeit der Oxydation von Eisen in Abhängigkeit von der Bearbeitungsamplitude

(Siebrüttler, VEB-Labortechnik; 112 g Armco-Eisenspäne, 200 g Korund K 14)

Amplitude a (cm)	a^2	RG (mol/h) · 10^5	$RG/a^2 \cdot 10^6$
2,9	8,4	1,37	1,63
3,7	13,7	2,31	1,67
5,5	30,2	5,18	1,72
6,7	44,9	7,42	1,65
7,4	54,8	8,85	1,62

e) Die Intensität der Bearbeitung beeinflußt nach den oben erörterten Beziehungen nicht nur rein chemische Umsetzungen, sondern auch physikalisch-chemische und physikalische Prozesse. So hängen die unter Impaktbearbeitung ablaufenden Sorptions- und Desorptionsprozesse ebenfalls linear von der mechanischen Schwingungsenergie des Systems ab.

Unter Anwendung der von Jech entwickelten Methode der Markierung von Oberflächen mittels radioaktiver Edelgasionen läßt sich diese Beziehung besonders exakt nachweisen [83]. Wie Jech gezeigt hat, werden Edelgasionen durch Teslaentladungen etwa bis zu 100 Å in die Oberfläche eines Festkörpers hineingeschossen [72]. Sowohl durch Temperung und durch chemische Behandlung als auch durch Bearbeitung der Oberfläche werden diese Gase mehr oder weniger vollständig wieder in Freiheit gesetzt. Der Verlauf des Gasaustritts läßt sich mit empfindlichen radiochemischen Methoden sehr genau verfolgen. Wie aus Abb. 40 ersichtlich ist, wird ohne Beanspruchung der Oberfläche praktisch kein Gas desorbiert. Bei Bearbeitung tritt wie bei chemischen Reaktionen eine Ankling-Phase, ein stationärer Zustand und nach Unterbrechung der Beanspruchung eine Ruh-Phase auf, wobei mit

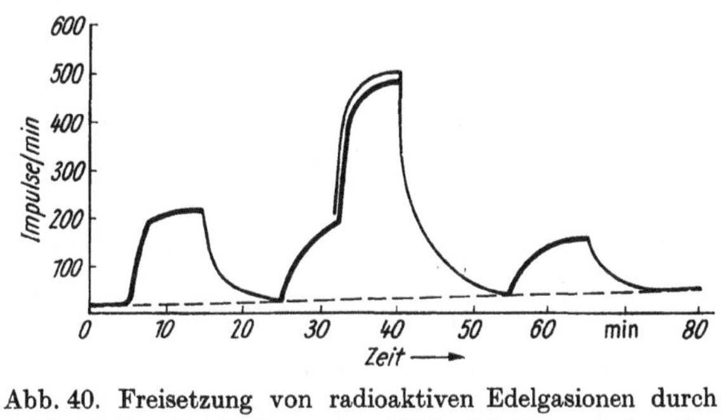

Abb. 40. Freisetzung von radioaktiven Edelgasionen durch mechanische Bearbeitung in Abhängigkeit von der Beanspruchungsintensität

Bearbeitungsphase bei 4,2 Hz; Bearbeitungsphase bei 7,2 Hz; Ruhphase; Nullinie zunehmender Verarmung der Oberfläche an Edelgasen das stationäre Niveau auf entsprechend kleinere Werte abfällt.

In guter Annäherung ließ sich auch hier die Proportionalität zwischen der Gasaustrittsgeschwindigkeit und der Intensität der Bearbeitung (E_s) nachweisen.

Bei der Bearbeitung von SiC in H_2-Atmosphäre wird in Gegenwart von Eisenpulver nach Kap. 3 Wasserstoff sorbiert, ein mechanisch aktivierter Prozeß, dessen Geschwindigkeit sich ebenfalls in befriedigender Weise nach der oben abgeleiteten Energiebeziehung ändert.

Obwohl die unter *a*) bis *e*) beschriebenen Vorgänge ihrem Wesen nach sehr voneinander verschieden sind, zeigen sie ein weitgehend übereinstimmendes Verhalten in ihrer Abhängigkeit von der Bearbeitungsintensität (E_s). In mehr oder weniger weiten Grenzen hängt die Geschwindigkeit jener Prozesse linear von der bei der Impulsbremsung umgesetzten kinetischen Energie ab. Es ist anzunehmen, daß höhere Beträge umgesetzter Energie zu einer stärkeren Impaktaufheizung an der Trefferstelle führen und die überschüssige freie Energie des Systems hierdurch ansteigt, die ihrerseits in verstärktem Maße die oben erörterten Prozesse beschleunigt.

8. Die Aktivierungsenergie tribochemischer Reaktionen

Wie bereits in der Einführung erörtert wurde (S. 107), ist die erhöhte Reaktionsgeschwindigkeit an aktivierten Festkörpern vor allem auf die Herabsetzung der Aktivierungsenergie der Reaktion zurückzuführen. Wird diese Energie ausschließlich thermisch aus dem Wärmereservoir der Umgebung zugeführt, so läßt sie sich aus der Temperaturabhängigkeit der Geschwindigkeitskonstanten nach der Gleichung $k = \text{const.}\, e^{-A/RT}$ berechnen. Die Methode versagt jedoch, wenn die Aktivierungsenergie nicht thermisch, sondern auf andere Weise, z. B. in Form von Lichtenergie, auf das System übertragen wird.

Bekanntlich reagieren Wasserstoff und Chlor bei Zimmertemperatur nicht miteinander, wenn die Gase im Dunkeln aufbewahrt werden. Erst bei Temperaturen von nahezu 300 °C wird die für einen meßbaren Umsatz notwendige Aktivierungsenergie aufgebracht. Die Reaktion läßt sich aber bereits bei Zimmertemperatur durch Einwirkung von Licht zünden. Da die Temperatur unter diesen Bedingungen keinen wesentlichen Einfluß auf die Geschwindigkeit der Reaktion ausübt, würde die bei niederen Temperaturen vorgenommene Bestimmung der Aktivierungsenergie aus der Temperaturabhängigkeit der Geschwindigkeitskonstanten viel zu kleine Werte liefern, die im Grenzfall sogar Null wären.

Ähnlich liegen die Verhältnisse auch bei mechanisch aktivierten Festkörperreaktionen, die ihre Aktivierungswärme in erster Linie aus den beim Stoß umgesetzten Energien beziehen. Erwartungsgemäß müssen dementsprechend die bei Bearbeitung experimentell bestimmten Werte der Aktivierungsenergie gegenüber den an unbearbeiteten Festkörpern gemessenen Werten immer nach unten abweichen. Sie haben aber damit ihre eigentliche Bedeutung als Maß für die Aktivierungsschwelle verloren und sind nur formale Größen. Ist z. B. die scheinbare Aktivierungsenergie einer tribochemischen Reaktion Null, so besagt dieser Wert lediglich, daß die Reaktion in gewissen Grenzen temperaturunabhängig ist und daß die erforderliche Aktivierungsenergie nicht dem thermischen Energievorrat der Umgebung entnommen wird.

Der Bestimmung der Aktivierungsenergie einer Impaktreaktion kommt aber insofern eine Bedeutung zu, als sich aus ihrer Größe der Temperatureinfluß auf die Reaktion abschätzen läßt, der bei einer Reihe mechanisch aktivierter Reaktionen nicht zu vernachlässigen ist.

In den folgenden Abschnitten sollen die Zusammenhänge zwischen mechanischer und thermischer Aktivierung anhand experimenteller Ergebnisse näher erörtert werden.

Nach Kap. 4. läßt sich die Nickelcarbonylbildung durch Bearbeitung erheblich beschleunigen, sie läuft jedoch auch nach Unterbrechung der Bearbeitung noch immer mit meßbarer Geschwindigkeit ab. Wird also genügend aktives Nickel für die Reaktion verwandt, so reichen die bereits bei Zimmertemperatur thermisch zur Verfügung stehenden Energiebeträge zur Aufbringung der Aktivierungswärme aus, die nach MITTASCH [9] etwa 10 kcal/mol beträgt. Führt man durch Bearbeitung zusätzlich dem System Energiebeträge in der angegebenen Größenordnung zu, so tritt eine Beschleunigung der Reaktion ein. Ihre Geschwindigkeit wird unter diesen Bedingungen sowohl von dem Ausmaß der zugeführten mechanischen Energie als auch von der Temperatur bestimmt. Da hierbei der Wärmevorrat des Systems nicht die alleinige Quelle für die Aktivierung der Reaktion darstellt, müßten die Temperaturabhängigkeit und die daraus berechenbare scheinbare Aktivierungsenergie gegenüber den Werten der Ruh-Reaktion erniedrigt sein.

Bei Zimmertemperatur wird in der Tat der stark erniedrigte Wert von etwa 2 kcal/mol für die Fahr-Reaktion (Tab. 14, S. 153) gegenüber 10 kcal/mol für die Ruh-Reaktion im unbearbeiteten Zustand gemessen.

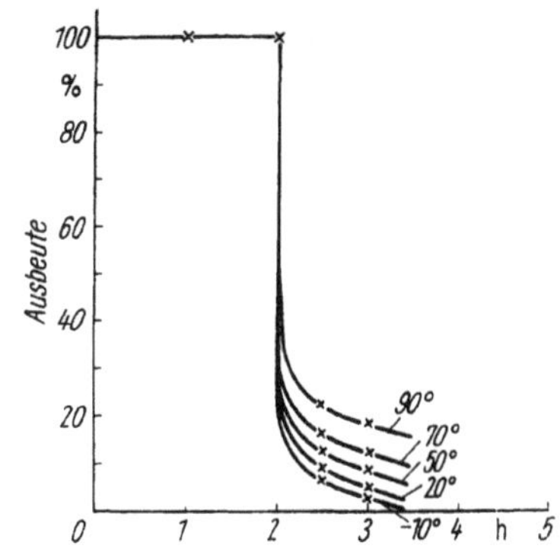

Abb. 41. Temperaturabhängigkeit des Abklingvorganges bei der Nickelcarbonylbildung (Ausbeute während der mechanischen Einwirkung = 100%)

Die unterschiedliche Temperaturabhängigkeit von Fahr- und Ruh-Reaktion ist aus Abb. 41 zu ersehen. Bei höheren Temperaturen verlaufen die Abklingkurven flacher, mit fallendem T werden sie dagegen immer steiler und der aus dem Stoßvorgang sich ergebende Reaktionsanteil wird im Verhältnis zum thermischen Anteil immer größer und bestimmt bei weiterer Erniedrigung der Temperatur schließlich allein den Reaktionsverlauf. Damit geht auch die Temperaturabhängigkeit der Fahr-Reaktion immer mehr zurück und wird, wie Abb. 42 zeigt, bei entsprechend niedrigen Temperaturen Null [84].

Die Ruh-Reaktion fällt dagegen, im logarithmischen Maßstab aufgetragen, auch bei tiefen Temperaturen linear ab und geht schließlich auf unmeßbar kleine Werte zurück. Sie zeigt damit einen für rein thermisch angeregte Reaktionen charakteristischen Verlauf.

Die Geschwindigkeit der Fahr-Reaktion steigt nach Durchlaufen eines Minimums bei weiterer Temperaturabnahme dagegen wieder an. Die scheinbare Aktivierungsenergie nimmt in diesem Bereich sogar negative Werte an. Eine Anregung der Nickelcarbonylbildung durch Zufuhr thermischer Energie aus der Umgebung kann in dem Gebiet sehr tiefer Temperaturen also mit Sicherheit ausgeschlossen werden. Der Anstieg der Temperaturkurve hat sehr wahrscheinlich seine Ursache in einem verstärkten Energiestau an der Treffstelle bei tiefen Temperaturen, bedingt durch die zunehmende Härte

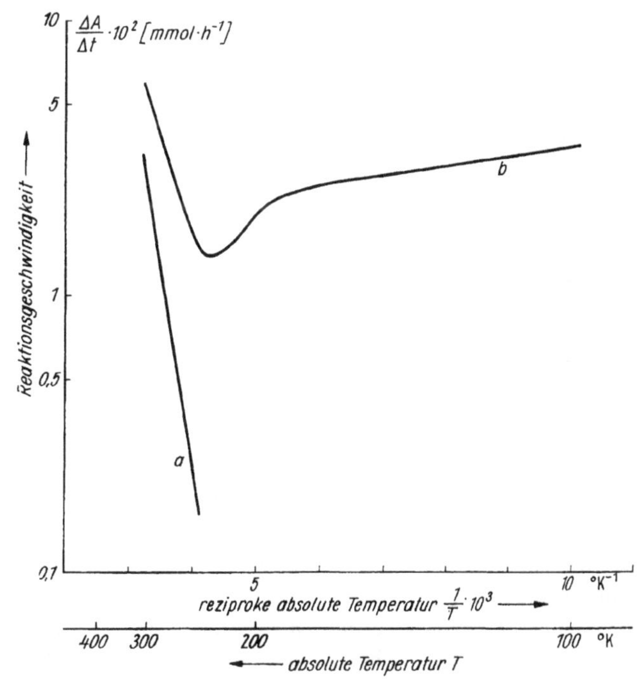

Abb. 42. Temperaturabhängigkeit der mechanisch aktivierten Nickelcarbonylbildung

a – für mechanisch vorbearbeitetes Nickel; *b* – während der mechanischen Bearbeitung des Nickels mit fallender Temperatur. Hinzu kommt eine verstärkte physikalische Adsorption der gasförmigen Phase bei sehr tiefen Temperaturen. Hierdurch wird aber die Reaktionswahrscheinlichkeit erhöht, mit der die Nickelcarbonylbildung in der sehr kurzlebigen Plasmablase erfolgt.

Zeigen Reaktionen bei Zimmertemperatur keinen merklichen Umsatz, so ist die durch mechanische Aktivierung erzielte Reaktionsgeschwindigkeit bereits unter Normalbedingungen nahezu temperaturunabhängig und die experimentell bestimmte Aktivierungsenergie nur wenig von Null verschieden. So verläuft z. B. die Oxydation von Nickel durch CO_2 erst bei einigen 100 °C. Bei mechanischer Bearbeitung des Nickels ist dementsprechend die zwischen 20 ° und 95 °C gemessene Reaktionsgeschwindigkeit praktisch temperaturunabhängig [48] (s. Abb. 43).

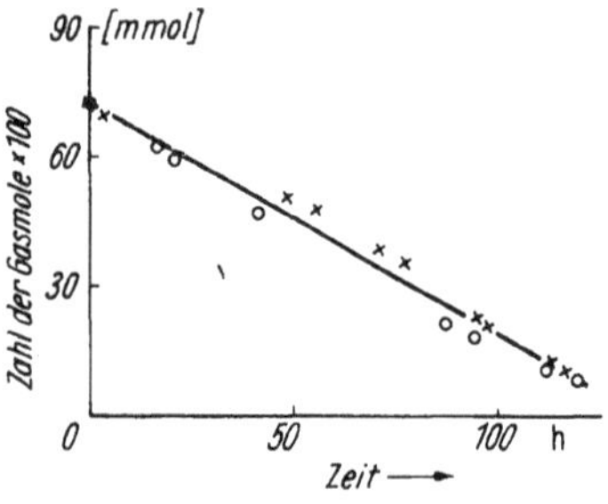

Abb. 43. Abnahme der Gasmenge im System CO_2-Ni bei verschiedenen Temperaturen

× bei 95 °C gemessen; ○ bei 20 °C gemessen

Auch die stoßaktivierte Umsetzung von Zinn mit Benzylchlorid ist nach Grohn und Paudert [85] im Temperaturintervall von 5 ° bis 150 °C nahezu konstant.

Ähnliche Ergebnisse wurden bei der mechanisch aktivierten Oxydation von Metallen durch Sauerstoff erhalten. Während ohne Bearbeitung für die Oxydation von Eisen eine Aktivierungsenergie von 13 kcal/mol bestimmt wurde (s. Kap. 5.), ist der unter Stoßbeanspruchung gemessene Wert um ein bis zwei Größenordnungen kleiner (Abb. 44).

Die Temperaturabhängigkeit der experimentell bestimmten Aktivierungsenergie ist auch hier deutlich feststellbar, jedoch sehr viel weniger ausgeprägt als bei der oben erörterten Nickelcarbonylbildung.

Wie die Abb. 45 und die Tab. 14 zeigen, ist die unter Bearbeitung gemessene Aktivierungsenergie katalytischer Reaktionen ebenfalls bedeutend kleiner als an unbearbeiteten Kontakten,

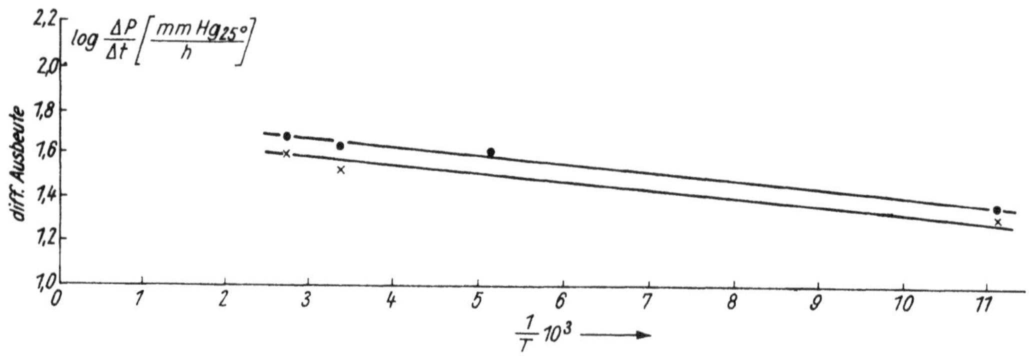

Abb. 44. Temperaturabhängigkeit der mechanisch aktivierten Oxydation von Eisen und Nickel im Siebrüttler

• 2 mol Eisenspäne (C 100); 2 g Carbonyleisen; 150 g Korund K 14; × 2 mol Nickelspäne; 250 g Korund K 14

ihr numerischer Wert hängt außerdem noch von den mechanischen Bedingungen bei der Bearbeitung ab.

In Tab. 14 sind die unter Impaktbearbeitung erhaltenen scheinbaren Aktivierungsenergien für die bisher untersuchten Systeme zusammengefaßt und den Werten gegenübergestellt, die an unbearbeiteten Festkörpern gemessen wurden. Nicht in jedem Fall entsprechen die ohne und mit Bearbeitung untersuchten Reaktionssysteme einander völlig. Sie können deshalb nur bedingt miteinander verglichen werden. Insgesamt liegen jedoch die an unbearbeiteten Festkörpern bestimmten Aktivierungswärmen oft um eine Größenordnung und mehr über den Werten der

Tabelle 14

Scheinbare Aktivierungsenergien tribochemischer Reaktionen

(experimentell bestimmt aus der Temperaturabhängigkeit der Reaktionsgeschwindigkeit)

Nr.	Reaktion	Aktivierungsenergien bei mechanischer Bearbeitung von Festkörpern				Aktivierungsenergien an unbearbeiteten Festkörpern			
		E^* kcal/mol	Temper. Bereich °C	Kontakt	Literatur	E^* kcal/mol	Temper. Bereich °C	Kontakt	Literatur
1*a*)	$Ni + 4CO \rightarrow Ni(CO)_4$	2,1	0—10	—	[64]	10,2	0—10	—	[9]
1*b*)	$Ni + 4CO \rightarrow Ni(CO)_4$	0,82	−40—17	—	[64]				
1*c*)	$Ni + 4CO \rightarrow Ni(CO)_4$	0	−40	—	[84]				
1*d*)	$Ni + 4CO \rightarrow Ni(CO)_4$	negativ	−183——40	—	[84]				
2*a*)	$Fe + O_2 \rightarrow$ Eisenoxid	0,32	25—90	—	[42]	13	>0	—	[77]
2*b*)	$Fe + O_2 \rightarrow$ Eisenoxid	0,16	−183—25	—	[42]				
3)	$C + 2H_2 \rightarrow CH_4$	< 2	10—90	C, SiC	[55]	30	650—870	C	[49]
4)	$CH_4 \rightarrow C + H_2$	—	40	SiC u. Kor.***)	[55]	95 —	1400— 1700	C Kor.	[136] —
5)	$5Ni + CO_2 \rightarrow Ni_3C + 2NiO$	0,3	20—95	—	[47]	—	—	—	—
6)	$CH_3OH \rightarrow CO + 2H_2$	3—5	18—45	Fe	[36]	35	300—400	ZnO	[137]
7)	$C_6H_6 + 3H_2 \rightarrow C_6H_{12}$	6	25—70	Ni	[145]	10,6	25—100	Ni	[138]
8)	$C + H_2O \rightarrow CO(CO_2)$**) $+ H_2$	—	25	C	[55]	35	1000-1160	Graphit	[139]
9)	Ameisensäurezerfall	—	30	Ni	[64]	11,5 18—25	120—200	Ni Ni	[140] [141]
10)	$3H_2 + N_2 \rightarrow 2NH_3$	—	25	Fe akt.	[57]	14		Fe	[142]
11)	H_2-Chemisorption	—	25	SiC und C	[55]	22,0—33,8		C	[143]
12)	CH_4-Chemisorption	—	40	Kor., SiC und C	[55]	53	700	C	[144]

*) E = scheinbare Aktivierungsenergie **) = bei mechanischer Bearbeitung ***) = Korund

entsprechenden tribochemischen Reaktionen. Bedeutende Unterschiede bestehen auch in der Temperatur, bei der die Reaktionen mit meßbarer Geschwindigkeit ablaufen. Bei rein thermischer Aktivierung sind hierzu oft einige 100 °C erforderlich, während es bei mechanischer Aktivierung bei Raumtemperatur und sogar bei Temperaturen der flüssigen Luft zu einem meßbaren Umsatz kommt.

Zum Vergleich ist unter den angeführten Reaktionen besonders die Methanbildung aus den Elementen geeignet. Nach Untersuchungen von Blackwood [49] ist die Methanbildung an sehr reinen Holzkohlen erst oberhalb von 600 °C analytisch nachzuweisen. Die Aktivierungsenergie beträgt für den untersuchten Temperaturbereich von 650° bis 870 °C 30 kcal/mol, die der tribochemischen Reaktion bei Zimmertemperatur weniger als 2 kcal/mol. Der letzte Wert ist nach bisherigen Ergebnissen wahrscheinlich nicht sehr wesentlich von Null verschieden. Hieraus folgt, daß bei mechanischer Bearbeitung die Aktivierungswärme für die Methanreaktion fast ausschließlich durch die beim Stoßprozeß umgesetzten hohen Energiebeträge von mindestens 30 kcal/mol bestritten wird. Auch die in Kap. 4 (S. 139) erörterten Ergebnisse, daß nach Unterbrechung der Bearbeitung die Methanbildung sehr schnell auf unmeßbar kleine Werte zurückgeht, sprechen für die vorherrschende Bildung von Methan in der durch Stoß induzierten Energieblase.

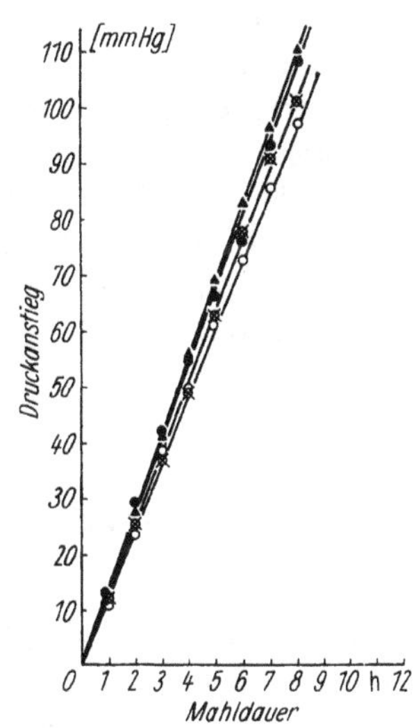

Abb. 45. Methanolzerfall an Fe-Pulver in der Schwingmühle LS 16 bei unterschiedlichen Temperaturen Amplitude, Stellung 4 ≙ 2,25 mm

▲ T = 35 °C (110 mm Hg/8h);
• T = 30 °C (108 mm Hg/8h);
× T = 25 °C (101 mm Hg/8h);
○ T = 97 °C (97 mm Hg/8h)

Sehr hoch liegt die Aktivierungswärme für die Zersetzung von CH_4. Auch die Chemisorption von Methan an Kohlenstoff ist mit einer Aktivierungsenergie von 53 kcal/mol verbunden. Unter Bearbeitung ließ sich die Zersetzung nach Kap. 3 sowohl in einer mit SiC- und Porzellankugeln als auch in einer nur mit Sinterkorundkugeln gefüllten Schwingmühle erreichen. Hieraus kann man folgern, daß die beim Stoß umgesetzten Energiebeträge auch sehr energieaufwendige Reaktionen mit einer Aktivierungsenergie über 50 kcal/mol zünden können.

Für die Methanbildung läßt sich eine Temperatur angeben, bei der die Reaktionsgeschwindigkeit ohne Bearbeitung einen Wert hat, der mit dem unter Impaktbearbeitung bei $T = 18°$ gemessenen Umsatz übereinstimmt. Durch Vergleich der in Tab. 4 (S. 120) angeführten Werte für die Methanbildung bei der Bearbeitung von graphitischem Kohlenstoff mit den von BLACKWOOD [49] bei hohen Temperaturen gewonnenen Ergebnissen erhält man eine Temperatur von 637 °C. Sie wird als „korrespondierende Temperatur der tribochemischen Reaktion" bezeichnet und ist dadurch charakterisiert, daß einmal durch mechanische, andermal durch thermische Aktivierung ein gleich hoher Reaktionsumsatz erzielt wird.

Die Anregungsbedingungen sind in beiden Fällen jedoch sehr unterschiedlich. Während bei rein thermischer Aktivierung sich die gesamte Festkörpersubstanz auf einer gleichmäßig hohen Temperatur befindet, ist unter Bearbeitung bei Zimmertemperatur jeweils nur ein kleiner Teil des Festkörpers hoch aktiviert und reaktionsfähig, so daß die meßbare Gesamttemperatur im Festkörper 18 °C praktisch nicht überschreitet. In der durch Stoß erzeugten Energieblase müssen also noch weitaus höhere als der korrespondierenden Temperatur entsprechende Energiezustände vorliegen. Dafür spricht z. B. auch die durch Bearbeitung erreichbare Methanzersetzung und, wie im folgenden Kapitel gezeigt wird, die Methanbildung bei der Bearbeitung von Siliciumcarbid.

Der genaue Wert der korrespondierenden Temperatur ist sowohl von der Natur des eingesetzten Kohlenstoffs als auch von der Art und Intensität der mechanischen Beanspruchung abhängig. So liefern z. B. die von BLACKWOOD [49] eingesetzten Holzkohlesorten bei 650 °C bereits nachweisbare Mengen Methan, während reiner Graphit bei der gleichen Temperatur und 30 Atm. Wasserstoffdruck noch kein Methan bildet. Dementsprechend würde ein Vergleich mit thermisch aktiviertem Graphit zu einer viel höheren korrespondierenden Temperatur als der oben berechneten führen. Andererseits ist nach Tab. 5 (S. 121) auch der durch Bearbeitung erzielte Umsatz in den einzelnen Bearbeitungsmaschinen größenordnungsmäßig verschieden. Der oben angegebene Wert zur Berechnung der korrespondierenden Temperatur wurde bei der Methanbildung im Siebrüttler ermittelt. Man kann annehmen, daß bei Verwendung von Schwingmühlen ebenfalls ein höherer Wert für $T_{korr.}$ erhalten wird.

9. Reaktionsbeeinflussende Faktoren bei der Impaktbearbeitung

Die reaktionsauslösende bzw. -erhöhende Wirkung der Impaktbearbeitung ist auf verschiedene Ursachen zurückzuführen, die sich in den meisten Fällen mehr oder weniger überlagern und dadurch das Reaktionsgeschehen oft recht komplizieren.

Durch Wahl eines geeigneten chemischen Systems ist es jedoch möglich, die reaktionsbeeinflussenden Faktoren bei der Impaktbearbeitung zu bestimmen und ihren Einfluß auf den Reaktionsablauf getrennt zu untersuchen.

a) Handelt es sich um zwei oder mehr Festkörper, die bereits bei niederen Temperaturen miteinander reagieren, so ist der erzielte Umsatz davon abhängig, in welchem Maße diese Körper miteinander in eine für die Verbindungsbildung erforderliche Berührung gebracht und die hierbei entstehenden Produkte aus der Reaktionszone entfernt werden. Die Diffusion der Festkörper ist bei niederen Temperaturen oft so klein, daß bei vielen Umsetzungen dieser Vorgang den geschwindigkeitsbestimmenden Schritt der Reaktion darstellt.

Auch bei heterogenen Reaktionen, z. B. der Oxydation von Metallen, wird die Geschwindigkeit der Reaktion oft ausschlaggebend von Transportvorgängen durch die auf Festkörperoberflächen haftende Deckschicht bestimmt, so daß jene Festkörper trotz ihrer hohen Reaktionsbereitschaft gegen gewisse chemische Einflüsse außerordentlich stabil sind. So ist z. B. das Aluminium durch seine festhaftende Oxidschicht bei 18 °C gegen Sauerstoff äußerst beständig. Eine reine Aluminiumoberfläche bildet jedoch so schnell mit O_2 eine Sauerstoffdeckschicht, daß z. B. ein Schweißen von Aluminium in Gegenwart von Luftsauerstoff nicht möglich ist.

Diese rein mechanische Transportfunktion der Impaktbearbeitung kann oft einen bestimmenden Einfluß auf das Reaktionsgeschehen ausüben. So vergiften z. B. schon geringe Mengen von Sauerstoff die Nickelcarbonylreaktion aus Ni und CO vollständig. Bei Bearbeitung wird diese Vergiftung stark zurückgedrängt. Vergiftete Proben können bei Abwesenheit von Sauerstoff durch den Beanspruchungsprozeß sogar wieder vollständig regeneriert werden (S. 125).

Ähnliche Effekte wurden ebenfalls bei der Vergiftung von Nickelkatalysatoren mit Tiophen festgestellt [65]. Die unter Impaktbearbeitung um Größenordnungen erhöhte Oxydationsgeschwindigkeit von Metallen dürfte im wesentlichen auf die Entfernung von Deckschichten zurückzuführen sein.

Der Einfluß des Transport- und des Deckschichteneffektes läßt sich weitgehend ausschalten, wenn für die Untersuchungen heterogene Reaktionen mit nur einer Festkörperkomponente oder katalytische Reaktionen mit gasförmigen Reaktionspartnern herangezogen werden wie z. B. die Nickelcarbonylbildung, die Methanbildung sowie die Benzolhydrierung. Diese Reaktionen sind deshalb besonders für systematische Untersuchungen geeignet, zumal durch die Gegenwart von nur einer Festkörperkomponente Änderungen der Aktivität sowie auftretende Gleichgewichtsverschiebungen Schlußfolgerungen über den energetischen Zustand des bearbeiteten Festkörpers ermöglichen. Wie in der Einführung erwähnt wurde, kann die Gleichgewichtseinstellung bei der Nickelcarbonylbildung zur Berechnung der Aktivität bzw. der überschüssigen freien Energie der Nickelkomponente dienen.

b) Nach den in Kap. 4 (S. 138) gemachten Ausführungen wird der aktive Zustand eines Festkörpers auch durch Impaktbearbeitung mehr oder weniger stark erhöht, so daß nach Unterbrechung der Beanspruchung eine gegenüber dem unbearbeiteten Zustand gesteigerte Restaktivität zurückbleibt, die im Hüttigschen Sinne durch die Zunahme der überschüssigen freien Energie des Systems und durch die Herabsetzung der Aktivierungsenergie gedeutet werden kann. Die nach Bearbeitung eingefrorene „Störaktivität“ ist oft beachtlich. So bildet ein im Vakuum bearbeitetes Gemisch von kohlenstoffhaltigem SiC und Metallspänen noch geringe Mengen Methan, wenn nach Unterbrechung der Bearbeitung Wasserstoff zugegeben wird. Diese sogenannte Ruh-Reaktion ist ohne Vorbearbeitung nach Galwey erst bei einigen 100 °C zu erwarten [52].

Es verlaufen jedoch nur solche chemischen Umsetzungen, die bei Zimmertemperatur thermodynamisch möglich sind, bzw. deren Reaktionsarbeit ΔG negativ ist. Wie Tab. 15 zeigt, ist diese Bedingung für die Nickelcarbonylbildung wie auch für die Methanbildung aus den Elementen erfüllt, so daß prinzipiell schon eine Reaktion mit ungestörten in ihrem Grundzustand befindlichen Festkörpern möglich ist. Bekanntlich werden auch bei diesen Reaktionen, besonders bei der Nickelcarbonylbildung, oft beachtliche Ruh-Ausbeuten erhalten.

Mit zunehmender Aktivität wird nicht nur die Geschwindigkeit eines Prozesses heraufgesetzt, sondern auch die Reaktionsarbeit in Richtung negativer Werte verschoben [9]. Es ist deshalb durchaus möglich, daß bei Zimmertemperatur ein aktiver Festkörper eine Reaktion einzugehen vermag, die an einem entsprechenden Körper im Grundzustand durch die ungünstigere Gleichgewichtslage nicht mehr abläuft. Dementsprechend lassen sich auch bei Verwendung mecha-

Tabelle 15

Berechnete Gleichgewichtskonstanten bei verschiedenen Temperaturen

Nr.	Reaktion	$\Delta G_{298\,°K}$ kcal/Formelumsatz	Kp**) 298 °K	1000 °K	2000 °K	T °K für $Kp = 1$	Äquiv. $Kp_{exp.}$	T °K Äquiv.
1	$Ni + 4CO \leftrightharpoons Ni(CO)_4$	−1,72*)	10^{1}	10^{-37}	—	314	—	—
2	$C_{gr.} + 2H_2 \leftrightharpoons CH_4$	−12,1	10^{9}	10^{-1}	10^{-2}	930	$<10^{4}$	>532
3*a*	$C + 2H_2O \leftrightharpoons CO_2 + 2H_2$	+19,2	10^{-14}	10^{0}	10^{2}	980	$>10^{-4}$	>530
3*b*	$C + H_2O \leftrightharpoons CO + H_2$	—	—	10^{0}	10^{3}	980	—	—
4*a*	$Fe_3O_4 + 2C \leftrightharpoons 2CO_2 + 3Fe$	+54	10^{-40}	10^{1}	10^{10}	940	$>10^{-8}$	>650
4*b*	$Fe_3O_4 + 4C \leftrightharpoons 4CO + 3Fe$	—	—	10^{1}	10^{19}	960	—	—
5*a*	$2MgO + C \leftrightharpoons CO_2 + 2Mg$	+178	10^{-131}	10^{-31}	10^{-6}	2550	$>10^{-5}$	>2100
5*b*	$MgO + C \leftrightharpoons CO + Mg$	—	—	10^{-16}	10^{-1}	2100	—	—

*) nach Landolt-Börnstein II, 4, 6. Auflage (1961), 236

**) nach Selected Values of chemical thermodynamics properties, National Bureau of Standard (1952)

nisch aktivierter Körper noch Reaktionen erwarten, deren aus den Standard-Werten berechnete Reaktionsarbeit positiv ist.

Nach Untersuchungen von FRICKE [5] und HÜTTIG [6] sind die Beträge der überschüssigen freien Energie eines aktiven Festkörpers in den meisten Fällen jedoch gering. Bei hochaktivem Nickel betragen sie etwa 1 kcal/mol [9], für oxidische Systeme liegen sie im Bereich von 1 bis 10 kcal/mol, und nur in seltenen Fällen übersteigen sie die Grenze von 10 kcal/mol, z. B. beim α-Fe_2O_3, dessen überschüssige Reaktionsenthalpie bis zu 13 kcal/mol beträgt.

Die in Tab. 15 unter Nr. 3—5 angeführten Reaktionen lassen sich also nicht mehr durch die Annahme deuten, daß durch die mechanische Stoßbeanspruchung ein einfaches Herausbrechen submikroskopischer Bereiche erfolgt und die chemische Umsetzung in der beschriebenen Weise erst nach abgeschlossener Bearbeitung an den zurückbleibenden eingefrorenen Störbereichen abläuft.

Die in Spalte 3 eingetragenen positiven Werte für die Reaktionsarbeit sind z. B. bei der von GROHN und Mitarbeitern [86] untersuchten Umsetzung von MgO mit C so hoch, daß sie nicht mehr durch die Aktivität jener Störbereiche kompensiert werden können.

c) Der Ablauf jener Reaktionen (Tab. 15, Nr. 3—5) läßt sich durch Einwirkung sehr hoher Energiezustände erklären, wie sie unmittelbar bei der Impulsbremsung in submikroskopischen Bereichen auftreten. Nach der für höhere Temperaturen berechneten Gleichgewichtskonstanten werden diese Reaktionen mit wachsendem T immer wahrscheinlicher und bei 2000 °C liegen die Gleichgewichte jener Reaktionen z. T. ganz auf der rechten Seite. Daß die Reaktionen unter Bearbeitung schon bei Zimmertemperatur ablaufen, weist darauf hin, daß im Beanspruchungszentrum örtlich ein sehr hoher kurzzeitiger Energiestau vorherrschen muß.

Die Frage, ob dieser quasiadiabatische Energiestau einen Zustand bewirkt, bei dem sich möglicherweise ein örtlich und zeitliches begrenztes thermodynamisches Gleichgewicht einstellt, ist mit Hilfe der in Tab. 15 angeführten Reaktionen nicht sicher zu entscheiden.

So haben z. B. BOWDEN und Mitarbeiter [87] gezeigt, daß beim Gleiten von Metallstiften, die gleichzeitig als Thermoelement dienten, auf rotierenden Glas- oder Metallscheiben Temperaturen bis zu 1000 °C auftreten, wobei die Temperaturblitze weniger als 10^{-4} sek dauern (hot spots). Die Höhe der Temperaturspitzen hängt von den mechanischen Eigenschaften der Reibungskomponenten, der Belastung und von der Gleitgeschwindigkeit ab. Aber schon bei verhältnismäßig kleinen Normalkräften und Geschwindigkeiten werden Oberflächentemperaturen von mehreren 100 °C erreicht.

Es bleibt jedoch fraglich, ob der Begriff der Temperatur für die hohen beim submikroskopischen Stoßprozeß auftretenden Energiezustände ebenfalls noch anwendbar ist. Die bei der Impulsbremsung aktivierten submikroskopischen Volumenbereiche sind so klein und die Zeit für die Existenz der Energieblase ist so kurz, daß sich wahrscheinlich kein thermodynamisches Gleichgewicht einstellt.

Um einen Anschluß an die Betrachtungsweise thermodynamischer Räume zu gewinnen, ist es zweckmäßig, den Begriff der „Äquivalenttemperatur" einzuführen. Diese bezeichnet diejenige Temperatur, bei der die durch Impulsbremsung beobachteten chemischen Umsetzungen in makroskopischen Räumen ablaufen würden.

Die von BOWDEN und TABOR gemessene Oberflächentemperatur steigt nicht über den Schmelzpunkt des beanspruchten Stoffes an. Damit ist jedoch noch nicht gesagt, daß kurzzeitig nicht noch höhere über dem Schmelzpunkt liegende Äquivalenttemperaturen auftreten können, die dann allerdings nicht mehr vom Thermoelement angezeigt werden, das bereits eine größere Zahl von örtlich und zeitlich getrennten Energiezuständen summiert. Dafür spricht die unterschiedliche Lebensdauer der von THIESSEN und Mitarbeitern gemessenen Impaktblitze und der von BOWDEN und TABOR beobachteten „hot spots". So werden die Maxima der beim elementaren Stoßprozeß auftretenden Tribolumineszenzkurven in $\approx 10^{-7}$ sek, die der Strahlungskurven der hot spots in $2 \cdot 10^{-3}$ sek erreicht [87]. Für die Existenzdauer hoher Energiezustände, deren Äquivalenttemperaturen weit über dem Schmelzpunkt liegen, ist dementsprechend auch eine Zeit von $\approx 10^{-7}$ sek anzunehmen gegenüber 10^{-4} sek für die von BOWDEN und TABOR gemessenen Temperaturblitze.

Ähnliche Verhältnisse herrschen nach RUMPF [89] im Zusammenhang mit den Energieumsetzungen auch bei schnell verlaufenden Bruchvorgängen. Nach theoretischen Berechnungen kommt es bei einer schnell verlaufenden Bruchfortpflanzung zu einer örtlich so hohen Energiekonzentration, daß die hieraus berechenbare Äquivalenttemperatur die Schmelztemperatur erheblich überschreiten und um 10^5 Grad ansteigen kann. Die Ausdehnung der „heißen Zone" beträgt bei der Erzeugung extrem hoher Äquivalenttemperaturen nur wenige 100 Å, während in einem seitlichen Abstand von 2,8 mm die Temperaturerhöhungen nur noch 0,1—1° betragen.

Bei der Impaktbearbeitung wird der Abfluß der gestauten Energie durch den stark gestörten Zustand des Gitters hinausgezögert, so daß der quasiadiabatische Zustand hoher Energiekonzentration dadurch eine höhere Lebensdauer erhält.

Auch die in Tab. 15 unter Nr. 3—5 angeführten chemischen Reaktionen sprechen für die Existenz hoher Äquivalenttemperaturen, da ein meßbarer Umsatz aus Gleichgewichtsgründen nur bei den entsprechend hohen Temperaturen erfolgt.

Unter Berücksichtigung der Gleichgewichtslage lassen sich für die einzelnen Reaktionen Äquivalenttemperaturen berechnen, die im Stoßzentrum kurzzeitig auftreten müssen, um den experimentell beobachteten Reaktionsverlauf deuten zu können. Die in der letzten Spalte der Tab. 15 eingetragenen Werte stellen aber nur eine untere Grenze dar und sagen nichts über die absolute Größe der in der heißen Zone herrschenden Äquivalenttemperaturen aus. Daß selbst noch Reaktionen mit extremer Gleichgewichtslage, wie die Reduktion von MgO mit C, bei Bearbeitung ablaufen, deutet darauf hin, daß man mit Äquivalenttemperaturen von weit über 2000°K zu rechnen hat.

Bei den Reaktionen 3 bis 5 trat als Reaktionsprodukt CO_2 auf. Nach der Gleichgewichtslage ist für Hochtemperaturreaktionen die Bildung von CO zu erwarten, das sich jedoch unter Bearbeitung in einer zweiten Reaktionsstufe nach der Gleichung $2CO \rightarrow CO_2 + C$ schnell in CO_2 umwandeln kann. Nach Kap. 3. ist dieser Reaktionsverlauf sehr wahrscheinlich. Für die thermodynamischen Überlegungen ergeben sich daraus jedoch keine prinzipiellen Änderungen, da sich die Gleichgewichtslage der über CO verlaufenden Reaktionen analog zu den unter Nr. 3*a* bis 5*a* der Tab. 15 formulierten Umsetzungen verändert.

Auch die Bildung von Methan aus Siliciumcarbid und Wasserstoff gehört zu den besonders energieaufwendigen Reaktionen und ist ohne Bearbeitung selbst bei Temperaturen von über 1000 °C nicht beobachtet worden [51]. So sind etwa 230 kcal/mol aufzubringen, um ein zentralgebundenes Kohlenstoffatom vom Gitterverband völlig abzutrennen. Bekanntlich ist SiC bis nahezu 3000 °K beständig.

Tabelle 16

Berechnete Gleichgewichtskonstanten bei verschiedenen Temperaturen

Nr.	Reaktion	$\Delta G_{298\,°K}$ kcal/Formelumsatz	Kp*) 298°K	1000°K	2000°K	3000°K	T°K für $Kp = 1$
1	$SiC + 2H_2 \leftrightarrows Si + CH_4$	+14	10^{-10}	10^{-6}	10^{-5}	10^{-3}	>4000°
2	$SiC \leftrightarrows Si + C$	+26,1	10^{-19}	10^{-6}	10^{-2}	10^{0}	3050°
3*a*	$4Cu + CO_2 \leftrightarrows 2Cu_2O + C$	+24,3	10^{-18}	10^{-11}	10^{-9}	10^{-8}	–
3*b*	$2Cu + CO \leftrightarrows Cu_2O + C$	–	–	10^{-6}	10^{-7}	10^{-7}	–
4*a*	$2Cu + CO_2 \leftrightarrows 2CuO + C$	+33,5	10^{-24}	10^{-14}	10^{-12}	10^{-11}	–
4*b*	$Cu + CO \leftrightarrows CuO + C$	–	–	10^{-7}	10^{-8}	10^{-8}	–

*) nach Selected Values of chemical Thermodynamics properties, National Bureau of Standard (1952)

Wie aus Tab. 16 ersichtlich ist, liegt das thermodynamische Gleichgewicht dieser Reaktion bis zu sehr hohen Temperaturen (> 4000 °K) auf der Seite der Ausgangsprodukte. Der Ablauf der Reaktion wird thermodynamisch also erst bei Temperaturen möglich, bei denen auf Grund des Methangleichgewichtes (Tab. 15, S. 156) praktisch kein Methan mehr entsteht. Die bei Stoßbearbeitung beobachtete Bildung von Methan ist also durch die Gleichung $SiC + 2H_2 \leftrightarrows Si + CH_4$ auch dann nicht zu erklären, wenn man die Thermodynamik reversibler Prozesse auf submikroskopische Räume anwendet.

Da Methan mit fallender Temperatur aber thermodynamisch immer stabiler wird, liegt es nahe anzunehmen, daß zunächst SiC im Zentrum der heißen Zone zersetzt wird und der hierbei auftretende Kohlenstoff erst in der Abklingphase sich mit Wasserstoff zu Methan umsetzt, daß die Reaktion also in zwei Stufen nach den Gleichungen

$$SiC \rightarrow Si + C$$

$$C + 2H_2 \rightarrow CH_4$$

abläuft.

Aber auch die Zersetzung von SiC ist bis zu hohen Temperaturen sehr unwahrscheinlich. Erst oberhalb von 3000 °K wird die Gleichgewichtskonstante positiv. Bekanntlich verläuft entsprechend der Gleichgewichtslage die Bildung von SiC erst bei 2300 °K mit genügender Geschwindigkeit [90]. Die Zersetzungstemperatur liegt etwa bei 2500 °K, wenn das bei dieser Temperatur aus dem Gitterverband absublimierte Silicium die Möglichkeit hat, aus dem Reaktionsraum zu entweichen [91]; sie ist also eine Funktion des herrschenden Si-Dampfdruckes.

Bei Bearbeitung wird mit fortschreitender Zersetzung des SiC freies Silicium im Mahlgut angereichert (in einem Beispiel bis zu 14% freies Si). Hierdurch wird die Methanbildungsgeschwindigkeit und damit auch die Zersetzungsgeschwindigkeit des SiC praktisch nicht beeinflußt, obwohl anzunehmen ist, daß mit zunehmender Si-Konzentration im Mahlgut auch in der heißen Zone des Stoßzentrums der Anteil des freien Si ansteigt und sich an der Gleichgewichtseinstellung beteiligt.

Auf Grund der Unabhängigkeit der Zersetzungsgeschwindigkeit des SiC vom Si-Gehalt liegt die Schlußfolgerung nahe, daß in der heißen Zone die Äquivalenttemperaturen noch weit mehr als 3000 °K betragen, also in einem Bereich liegen, in dem die Gleichgewichtskonstante stark positiv wird, oder daß es erwartungsgemäß nicht zur Einstellung des thermodynamischen Gleichgewichtes kommt. Die letzte Annahme wird durch das Reaktionsverhalten des Kupfers bei der Impaktoxydation mit CO_2 bestätigt.

In Tab. 16 sind die berechneten Gleichgewichtskonstanten der Oxydation des Kupfers durch CO_2 eingetragen. Da die Möglichkeit besteht, daß bei höheren Temperaturen CO_2 mit C nach dem BOUDOUARD-Gleichgewicht zu CO reagiert und dieses dann als Oxydationsmittel auftritt (die Gleichgewichtskonstante für die Reaktion $CO_2 + C \rightleftharpoons 2CO$ wird oberhalb 1000 °K positiv), wurden auch für CO die entsprechenden Gleichgewichtskonstanten berechnet. Bei 298 °K liegt dagegen das BOUDOUARD-Gleichgewicht so weit auf der Seite des CO_2, daß für diese Temperatur beim Einsatz von reinem CO_2 die Reaktion mit CO ausgeschlossen werden kann. Die $Kp_{298\,°K}$-Werte für CO wurden deshalb aus der Tab. 16 fortgelassen.

Insgesamt ergeben sich für den untersuchten Temperaturbereich so stark negative Gleichgewichtskonstanten, daß der Ablauf der unter Schwingmahlung beobachteten Reaktion vom thermodynamischen Standpunkt aus praktisch nicht möglich sein sollte. Da die Reaktion unter Schwingmahlbedingungen jedoch mit gut meßbarer Geschwindigkeit abläuft, muß man umgekehrt annehmen, daß sich das reversible thermodynamische Gleichgewicht in der Plasmazone nicht einstellt.

Man könnte meinen, daß der Energiestau nicht in genügendem Maße quasiadiabatisch ist und bereits bei der Impaktaufheizung einzelne Reaktionsteilnehmer aus der heißen Zone entweichen, so daß durch eine extreme Verarmung eines Reaktionspartners die experimentell beobachtete Reaktion doch noch durch eine in der Plasmablase bei hohen Temperaturen schnell erfolgende Gleichgewichtseinstellung erklärt werden könnte. In erster Linie würden aber die leichter verdampfbaren Stoffe und vor allem Gase entweichen und die hochschmelzenden Stoffe angereichert zurückbleiben. Da bei der Oxydation des Kupfers mit CO_2 aber gerade die sehr schwer schmelzbaren Reaktionsprodukte auf der rechten Seite der Reaktionsgleichung stehen, würde durch Entweichen von einzelnen Reaktionskomponenten die umgekehrte Reaktion, nämlich die Freisetzung von CO_2 und Kupfer, gefördert werden. Damit bestätigen aber diese Überlegungen die THIESSENschen Auffassungen, daß auf die submikroskopischen Räume die Thermodynamik nicht mehr anwendbar ist und das Nebeneinander der hochaktivierten Bestandteile einer anderen als der MAXWELL-Statistik folgt.

Die Reaktionen im Stoßplasma sind mit denen im elektrischen Flammenbogen, in elektrischen Funkenentladungen und in nichtstationären Gasplasmen zu vergleichen, in dem die Reaktionspartner kurzzeitig so stark aktiviert werden, daß thermodynamisch nicht zu erwartende Reaktionen ablaufen. So sind z. B. die Gleichgewichtskonstanten für die Reaktion $Cu + H_2O \rightarrow CuO + H_2$ zwischen 300° und 2000 °K extrem negativ, so daß auch bei höheren Temperaturen die Bildung von Kupferoxid nicht zu erwarten wäre. Nach SALMON [92] findet jedoch im elektrischen Lichtbogen zwischen Kupferelektroden eine Zersetzung des H_2O-Dampfes unter Bildung von Wasserstoff und Kupferoxid statt. Auch unter Bearbeitung verläuft diese Umsetzung des Kupfers mit Wasser in Analogie zu der Reaktion im Lichtbogen in der oben angegebenen Richtung.

Nach PETERS ist der „Ablauf der mechanochemischen Reaktionen immer in Betracht zu ziehen, wenn mechanische Kräfte auf ein Feststoffsystem einwirken, bei dem vom Standpunkt der Thermodynamik Reaktionsmöglichkeiten vorhanden sind" [93]. Die oben erörterte Reaktion des Kupfers mit CO_2 zeigt jedoch, daß unter Bearbeitung auch solche Reaktionen zu erwarten sind, die vom Standpunkt der Thermodynamik nicht ablaufen dürften. Gleiche Verhältnisse liegen bei Plasmareaktionen vor, die durch schnelles Einfrieren keine Möglichkeit besitzen, in den thermodynamischen Gleichgewichtszustand überzugehen.

Eine sehr bekannte Reaktion dieser Art ist die Bildung von Ozon aus Sauerstoff durch elektrische Entladungen und in nichtstationären Plasmen [94]. Die Gleichgewichtskonstante der Reaktion $3O_2 \rightarrow 2O_3$ beträgt bei Zimmertemperatur $\approx 10^{-57}$ und bei extrem hohen Temperaturen $\approx 10^{-7}$. Dieser Wert wird nicht überschritten. Im gesamten Temperaturbereich ist Ozon also eine metastabile Verbindung, deren Bildung aus Sauerstoff durch Zufuhr von Wärme auch bei noch so hohen Temperaturen nicht bzw. nur in einem experimentell sehr geringen Umfang möglich ist. Unter den oben angegebenen Bedingungen wird jedoch Ozon entgegen den thermodynamischen Gleichgewichtsbedingungen in 10—12%iger Ausbeute gebildet [95]. Auch strahlungschemische Reaktionen zeigen ein anderes Verhalten als die nach den Gesetzen der Thermodynamik ablaufenden Umsetzungen.

Die von Thiessen vertretene Auffassung, daß durch Stoß in submikroskopischen Räumen ein überkritischer Zustand mit plasmatischem Charakter entsteht [27], findet durch die hier erörterten Ergebnisse ihre volle Bestätigung. Wie die folgenden Abschnitte zeigen, läßt sich auch das unter Bearbeitung bisher nicht geklärte Reaktionsverhalten anderer chemischer Umsetzungen auf der Grundlage des Auftretens überkritischer Zustände zwanglos deuten.

So findet z. B. beim Mörsern von $HgCl_2$ (Sublimat) nach Untersuchungen von Carey-Lea (s. S. 105) eine Zersetzung der Verbindung statt, während durch Zufuhr thermischer Energie $HgCl_2$ unzersetzt absublimiert (304 °C). Peters zieht hieraus den Schluß, daß „thermische Einflüsse bei mechanochemischen Reaktionen nur eine ganz untergeordnete Rolle spielen". Im Sinne von Smekal ist die Zersetzung von $HgCl_2$ auch nicht verständlich, da bei der Reibungsbeanspruchung die umgesetzte Wärme den Betrag der Schmelzwärme nicht überschreiten soll. Auch Bowden und Tabor schließen sich dieser Auffassung an.

Tabelle 17

Berechnete Gleichgewichtskonstanten bei verschiedenen Temperaturen

Nr.	Reaktion	$\Delta G_{298\,°K}$ kcal/mol	Kp 298 °K	1000 °K	2000 °K	3000 °K	T °K für $Kp = 1$
1*)	$HgCl_2 \rightarrow Hg + Cl_2$	+44,0	10^{-32}	10^{-5}	$2 \cdot 10^{0}$	—	1880
2**)	$2\,AgBr \rightarrow 2\,Ag + Br_2$	+45,9	10^{-34}	10^{-6}	10^{-1}	$3 \cdot 10^{0}$	2800

*) nach Landolt-Börnstein II_4, 6. Auflage (1961)

**) nach Selected Values of chemical thermodynamics properties, National Bureau of Standard

Wie Tab. 17 zeigt, ist $HgCl_2$ in der Tat noch über 1000 °K thermodynamisch völlig stabil, so daß die Zufuhr von thermischer Energie in der Größenordnung der Schmelz- und Sublimationswärme lediglich die Verdampfung, aber nicht die Zersetzung zur Folge haben müßte. Sehr wahrscheinlich liegen auch die Temperaturen, bei denen sich noch ein chemisches Gleichgewicht im Sinne der Maxwell-Verteilung einstellt, etwa in der Größenordnung der Schmelzwärme, so daß die Zersetzung des $HgCl_2$ nicht auf Temperaturerhöhungen durch Reibung zurückgeführt werden kann. Die Zersetzung wird hingegen durch jene hohen in der Plasmablase herrschenden Energien ausgelöst, für die nicht mehr die Maxwellsche Temperaturdefinition gültig ist. Unter Berücksichtigung des thermodynamischen Gleichgewichtes vermögen nach Tab. 17 bereits Äquivalenttemperaturen von 2000 °K $HgCl_2$ in die Elemente zu spalten. Auf Grund des schnellen Abklingens der Energiezustände ist nicht zu erwarten, daß die Elemente sich wieder vollständig zu $HgCl_2$ umsetzen.

Ähnliche Verhältnisse liegen bei der stoßaktivierten Zersetzung der Silberhalogenide vor, die bei Temperaturerhöhungen hingegen unzersetzt schmelzen. Als Beispiel sind für AgBr die thermodynamischen Gleichgewichtskonstanten in Tab. 17 angeführt, nach denen AgBr bis über 2000 °K noch stabil ist. Obwohl die Temperatur für $Kp = 1$ noch um 1000 °K höher als beim $HgCl_2$ liegt, sind die im submikroskopischen Bereich erzeugten Äquivalenttemperaturen so hoch, daß das Silberhalogenid gespalten wird.

Bekanntlich läuft die Zersetzung der Silberhalogenide auch beim Belichten und bei der Einwirkung radioaktiver Strahlung ab, d. h. bei Zufuhr diskreter Energiequanten mit einem hinreichend hohen Energiegehalt.

Bringt man mit einem stumpfen Glasstab unsichtbare Striche im Dunkeln auf photographische Schichten, so werden diese wie beim Belichten so verändert, daß beim Entwickeln sichtbare Bilder entstehen [1].

Die chemischen Wirkungen der Impaktbearbeitung gleichen also mehr den durch Licht, durch Entladungen, durch Strahlenbeeinflussung usw. bedingten Effekten als den durch Temperaturerhöhung ausgelösten Wirkungen. Diese Ähnlichkeit in den chemischen Wirkungen beruht im wesentlichen darauf, daß bei Impaktbearbeitung nur für sehr kurze Zeit und in sehr kleinen Räumen hohe Energiezustände konzentriert sind und die Einstellung eines thermodynamischen Gleichgewichtes nicht erfolgt.

Die hier erörterten chemischen Effekte liefern zugleich einen Beweis dafür, daß die von Smekal vertretene Auffassung des athermischen Schmelzens der mechanisch beanspruchten Gitterbereiche zur Deutung der beim Stoß ablaufenden Prozesse nicht ausreichend ist und der Erweiterung in Richtung der von Thiessen entwickelten Vorstellung bedarf.

Als Gegenbeweis für das Auftreten hoher Temperaturen führt Peters [93] die Tatsache an, daß durch Bearbeitung in vielen Fällen die Reaktionen in beiden Richtungen aktiviert werden, daß z. B. die endotherme Zersetzung von Carbonaten als auch deren Synthese aus Oxid und Kohlendioxid durch die Impaktbearbeitung bewirkt werden. Als ein noch besseres Beispiel ließe sich die durch Stoß aktivierte Bildung von Nickelcarbonyl aus Nickel und Kohlenoxid anführen, da sich nach Tab. 15 (S. 156) das Gleichgewicht der Reaktion mit steigender Temperatur sehr schnell zugunsten der Zersetzungsreaktion verschiebt. Bei 1000 °K besitzt die Gleichgewichtskonstante den sehr kleinen Wert von 10^{-37}, und bereits bei 100 °C ist unter Normaldruck das Nickelcarbonyl fast völlig zersetzt.

Dieser scheinbare Widerspruch ist dadurch zu erklären, daß jene Reaktionen bei tribochemischer Beanspruchung ganz anderen Gesetzmäßigkeiten unterliegen als bei einfacher Temperaturbeanspruchung. Die auf thermodynamischer Grundlage berechneten Gleichgewichtskonstanten sagen nichts mehr aus über die Richtung der Reaktion und über den Grad der Umsetzung bei tribochemischer Beanspruchung. Hierfür sind die Konstanten des „tribochemischen Gleichgewichtes" maßgebend, die von ganz anderen Faktoren bestimmt werden als die thermodynamischen Konstanten.

Für die Einstellung eines tribochemischen Gleichgewichtes spielt z. B auch die Konzentration der miteinander reagierenden Festkörperbestandteile eine entscheidende Rolle. So läßt sich bei gleicher Temperatur und gleichem CO_2-Partialdruck in Abhängigkeit von der Festkörperkonzentration sowohl die Carbonatzersetzung als auch die Carbonatbildung erreichen. Bei rein thermischer Anregung hat die Konzentration fester Reaktionsteilnehmer dagegen keinen Einfluß auf die Lage des Gleichgewichtes.

In der Praxis werden die Untersuchungen noch dadurch erschwert, daß bei tribochemischer Beanspruchung verschiedene Effekte sich überlagern und den Reaktionsablauf oft recht kompliziert gestalten. Wie in den Kap. 3—10 anhand der Nickelcarbonylbildung dargelegt wurde, treten unter Bearbeitung z. B. tribochemische und thermische Einflüsse unter bestimmten Bedingungen gleichzeitig auf. Es wird deshalb noch einer systematischen Arbeit bedürfen, um die oft recht verwickelten Zusammenhänge aufzuklären, die bei der Impaktbearbeitung das Reaktionsgeschehen bestimmen.

Aber schon jetzt darf man feststellen, daß der Mechanismus der Anregung tribochemischer Reaktionen im wesentlichen nicht auf einer Temperaturerhöhung beruht, sondern auf der kurzzeitigen Erzeugung eines Magma-Plasma-Zustandes, der mit der Thermodynamik reversibler Vorgänge nicht mehr zu beschreiben ist. Unter diesem Gesichtspunkt darf man mit Recht den tribochemischen Prozessen in der allgemeinen Systematik chemischer Reaktionen eine Sonderstellung einräumen.

10. Sensibilisierung mechanisch aktivierter Reaktionen

Tribochemische Reaktionen können in ihrer Reaktionsgeschwindigkeit durch Zusatz bestimmter Sensibilisatoren mitunter stark beeinflußt werden. Bekanntlich besteht die Wirkungsweise solcher Sensibilisatoren oft in der Herabsetzung der Aktivierungsenergie der Reaktion. Die Ursache hierfür kann z. B. darin bestehen, daß in Gegenwart von Sensibilisatoren ein Reaktionsweg über Zwischenverbindungen eingeschlagen wird, bei dem jeder Einzelschritt eine geringere Aktivierungsenergie benötigt als der Gesamtschritt, oder auch darin, daß einzelne Reaktionskomponenten durch Wechselwirkung mit einem Katalysator aktiviert werden, wie z. B. der Wasserstoff bei Hydrierungsreaktionen.

Da bei der mechanischen Bearbeitung ebenfalls die Aktivierungsenergie der Reaktion (s. Kap. 8.) beeinflußt wird, erschien die Frage nach dem Zusammenwirken von Sensibilisierungs- und Bearbeitungseffekten von besonderem Interesse und wurde deshalb an zahlreichen Reaktionen eingehend untersucht. Anhand von zwei Beispielen, und zwar an der Bildung von Nickelcarbonyl aus Ni und CO in Gegenwart schwefelhaltiger Substanzen [33, 37, 80] und an der Bildung von Methan aus den Elementen in Gegenwart von Metallen [53, 55] sollen die hierbei erhaltenen Ergebnisse in den folgenden Abschnitten zusammenfassend dargestellt werden.

10.1. Sensibilisierung von Carbonylreaktionen

Bei der tribochemisch angeregten Carbonylbildung wird in Gegenwart eines schwefelhaltigen Hartstoffmaterials eine höhere Carbonylausbeute erhalten, als nach der Härte der zugesetzten „Schleifmittel" zu erwarten war. Wie die Abb. 46 zeigt, tritt bei Zugabe der verschiedensten

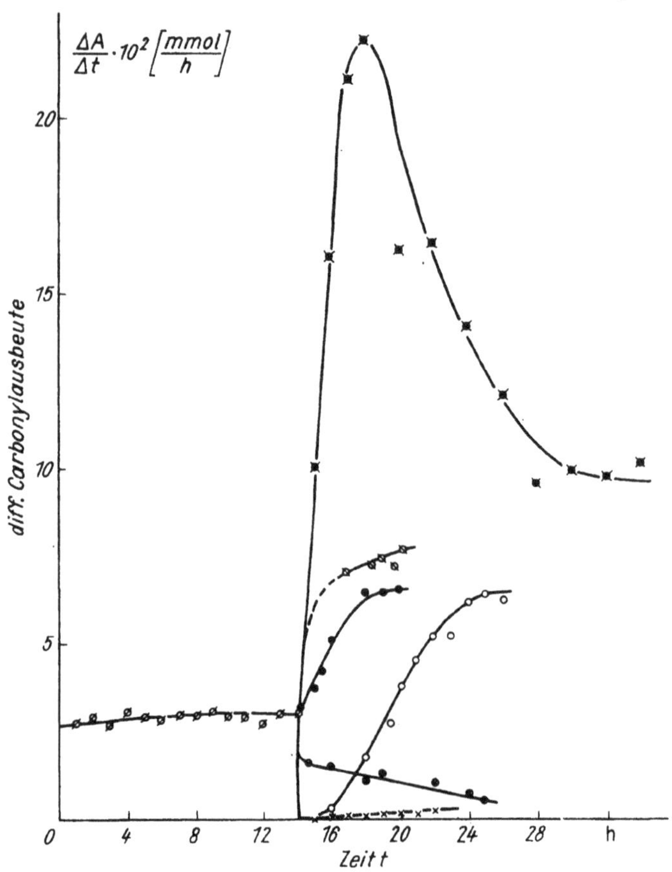

Abb. 46. Reaktionsverlauf der mechanisch angeregten Carbonylbildung bei Zugabe von Schwefel und Schwefelverbindungen

⌀ Reaktionsverlauf der Nickelcarbonylbildung ohne Zugabe von Sensibilisatoren;
ж Reaktionsverlauf der Nickelcarbonylbildung bei Zugabe von Pyrit;
• Reaktionsverlauf der Nickelcarbonylbildung bei Zugabe von FeS;
⊛ Reaktionsverlauf der Nickelcarbonylbildung bei Zugabe von MoS_2;
○ Reaktionsverlauf der Nickelcarbonylbildung bei Zugabe von NiS;
× Reaktionsverlauf der Nickelcarbonylbildung bei Zugabe von S;
⊘ Reaktionsverlauf der Eisencarbonylbildung bei Zugabe von FeS

schwefelhaltigen Substanzen eine mehr oder weniger starke Reaktionsbeschleunigung ein, die nur dann unterdrückt wird, wenn die zugesetzten schwefelhaltigen Substanzen, z. B. MoS_2 oder elementarer Schwefel, auf Grund ihrer stark plastischen Eigenschaften in der Art des Deckschichteneffektes (s. Kap. 2, S. 120) die mechanischen Wirkungen ganz oder teilweise aufheben [33]. Abbildung 47 zeigt, daß der reaktionsfördernde Einfluß von H_2S besonders stark ausgeprägt ist. Unmittelbar nach Zugabe von H_2S steigt die Reaktionsgeschwindigkeit um eine ganze Größenordnung an und bleibt bei weiterer Bearbeitung auf dem hohen Niveau konstant. Nach Abb. 48 sensibilisiert H_2S bereits die Ruh-Reaktion beträchtlich. Unter Bearbeitung wird in Abhängigkeit von der Vorbehandlung des Nickels eine weitere mehr oder weniger stark ausgeprägte Reaktionserhöhung gemessen, z. B. bei Verwendung von gedrehten Nickelspänen um eine kleinere und bei Verwendung von gestanzten Nickelplättchen um eine größere Stufe [33]. Die sensibilisierende Wirkung ist (s. Abb. 47 und 48) sehr viel stärker ausgeprägt als die mechanische; bei gleichzeitiger chemischer und mechanischer Aktivierung erreicht man entsprechend der Abb. 48 jedoch ein Maximum in der Bildungsgeschwindigkeit des Carbonyls.

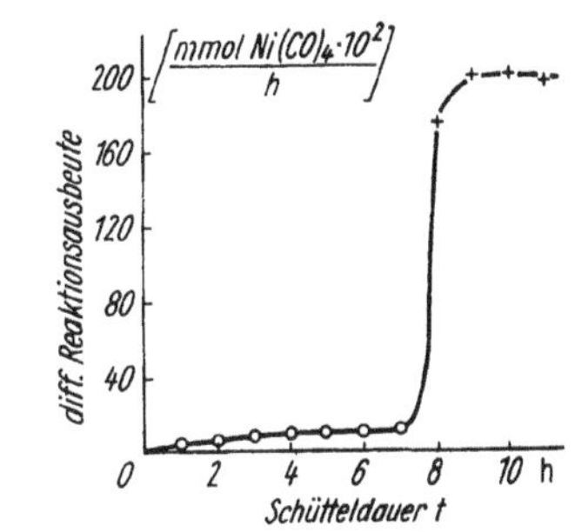

Abb. 47. Die sensibilisierende Wirkung von H_2S auf die mechanisch angeregte Nickelcarbonylreaktion

○ mit reinem CO; + CO mit 5% H_2S

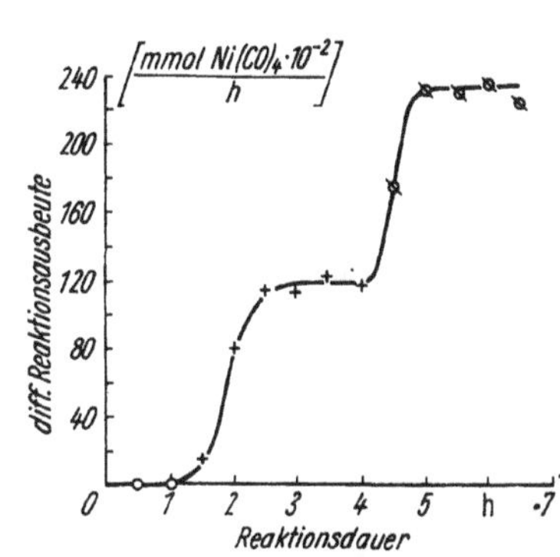

Abb. 48. Der Einfluß von H_2S auf die Nickelcarbonylausbeute mit und ohne Bearbeitung

○ Ruh-Reaktion mit reinem CO; ⊗ Schütteln mit CO + 0,3% H_2S; + Ruh-Reaktion mit CO + 0,3% H_2S

Durch Magnetisierungs- und Adsorptionsmessungen haben DEN BESTEN und SELWOOD [96] gezeigt, daß H_2S chemisorptiv sehr stark an der Nickeloberfläche gebunden ist, so daß selbst bei Temperaturen von 400 °C H_2S nicht mehr desorptiv von der Oberfläche entfernt werden kann. Nach ROBERTS [77] wird auch bei Temperaturen von −80 °C H_2S schnell adsorbiert, während es bei Temperaturen über Null Grad zur Ausbildung mehrerer Sulfidschichten auf Grund der Wanderung der Ni^{++}-Ionen durch die bereits gebildeten Schichten kommt.

Bei intensiver Prallbeanspruchung einer Nickeloberfläche in einer Strahlapparatur läßt sich die Bildung von Nickelsulfid unmittelbar optisch verfolgen, wenn die mit SiC-Teilchen beschossene Oberfläche aus dem Beschußfeld herausbewegt wird. Schon nach kurzer Zeit färbte sich die Beschußfurche in Anwesenheit von H_2S intensiv schwarz. Die röntgenographische Untersuchung der Schwärzung ergab, daß die Schicht aus sehr feinverteiltem, bzw. stark gittergestörtem γ-Nickelsulfid besteht [33].

Daß das γ-Nickelsulfid als Zwischenprodukt bei der Sensibilisierung eine bedeutende Rolle spielt, wird auch bei der mechanisch aktivierten Carbonylbildung aus Nickelcarbonat bewiesen. Während unbearbeitetes Nickelcarbonat nach Abb. 49 kein Carbonyl liefert, tritt bei der mechanischen Bearbeitung auf der Schwingmühle LS 60 in CO-Atmosphäre eine geringe Carbonylbildung ein. Hierbei verläuft die Reaktion über mehrere Stufen, und zwar über das aus $NiCO_3$ durch Dissoziation entstehende Oxid, das durch Bearbeitung zum Metall reduziert wird, aus dem dann in dritter Reaktionsstufe Nickelcarbonyl entsteht [40]. Unter dem sensibilisierenden Einfluß von H_2S wird schon in Ruhe aus dem Carbonat Carbonyl gebildet. Wird jedoch bei Einwirkung von 26%igem H_2S zusätzlich das Carbonat noch mechanisch bearbeitet, so steigt die Carbonylausbeute auf den 80-fachen Wert gegenüber der Ruh-Ausbeute an. In diesem Fall werden die Reaktionsvorgänge durch mechanische Bearbeitung außerordentlich beschleunigt, da sich unmittelbar aus dem Carbonat aktives γ-NiS bilden kann, das in Gegenwart von CO zu Carbonyl weiterreagiert.

Die Weiterreaktion von γ-NiS bzw. das Verschwinden des γ-Nickelsulfidbelages, wie er bei dem oben beschriebenen Versuch in der Strahlapparatur erhalten wurde, läßt sich ebenfalls durch Beobachtung verfolgen, wenn man das γ-NiS in einer CO-Atmosphäre beläßt. Auf Grund von analogen Untersuchungen mit dem entsprechenden Eisensulfid darf man annehmen, daß das aktive γ-NiS mit CO zu einer weiteren Zwischenverbindung, einem sog. Carbonylsulfid, reagiert.

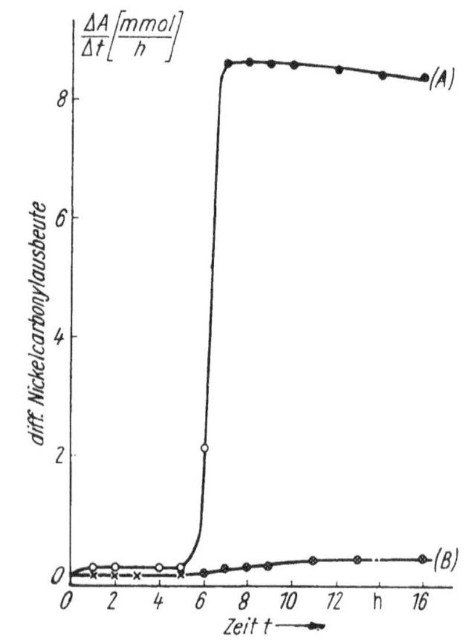

Abb. 49. Einfluß von H_2S auf die Carbonylisierungsfähigkeit von $NiCO_3$ mit und ohne mechanische Anregung

(A) ○ mit CO; • mit CO + 3% H_2S } bei Bearbeitung
(B) × mit CO; ⊗ mit CO + 3% H_2S } in Ruhe

Dieser Reaktionsmechanismus wurde von Hieber [98] bei der Eisencarbonylbildung studiert, die ebenfalls durch H_2S sensibilisierbar ist und bei Bearbeitung sich analog zur $Ni(CO)_4$-Bildung verhält. Unter Hochdruckbedingungen findet eine direkte Reaktion zwischen FeS und CO unter Bildung eines Carbonylsulfids statt, das bei erhöhter Temperatur und erhöhtem Druck nur wenig stabil ist und leicht reines Carbonyl unter Zurücklassung eines Sulfidrestes abspaltet. Es konnte nun gezeigt werden, daß dieses tiefrote dreikernige Carbonylsulfid auch bei der mechanischen Bearbeitung auftritt. Es ist deshalb sehr wahrscheinlich, daß nicht nur im Hochdruckreaktor, sondern auch bei mechanischer Bearbeitung eine Disproportionierung erfolgt und der zurückbleibende Schwefelrest mit weiterem aktivierten Eisen und Kohlenoxid die mehrkernige Zwischenverbindung bildet. Nach Hieber soll auch eine entsprechende Nickelverbindung existieren, die jedoch sehr labil ist und deshalb sofort reines Carbonyl abspaltet. Außerdem ist für die beschleunigte Bildung von 10 Molen Carbonyl nur 1 Mol H_2S erforderlich (Abb. 50).

Das aus H_2S gebildete Sulfid reagiert also mindestens 10 mal mit Kohlenoxid und disproportioniert unter Bildung von Carbonyl. Auch bei der Eisencarbonylbildung reicht ein 6—8%iger Schwefelgehalt aus, um einen beschleunigten Umsatz bis zu 80% der eingesetzten Menge zu erreichen.

Insgesamt verläuft bei Bearbeitung die sensibilisierte Carbonylbildung also nach folgendem Schema:

$$\textit{Metall} + H_2S \xrightarrow{-H_2} \textit{Metallsulfid} \xrightarrow{+CO} \textit{Carbonylsulfid}$$

(Rückführung von *Carbonylsulfid* zu *Metallsulfid*: $-$ *Metallcarbonyl*)

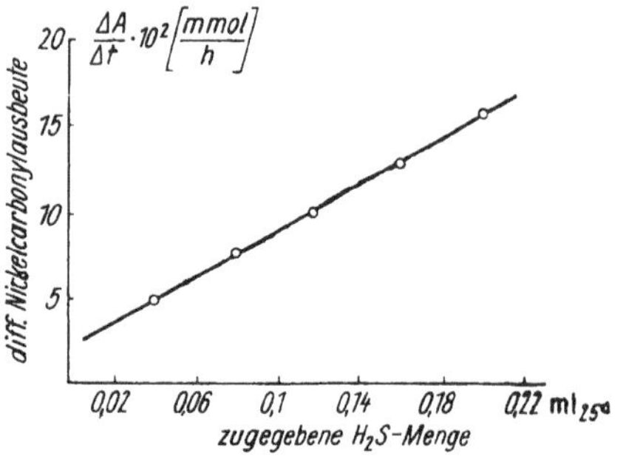

Abb. 50. Die sensibilisierende Wirkung von H_2S in Abhängigkeit von der zugegebenen Gasmenge

Der Mechanismus dieser Sensibilisierung ist damit eine echte Zwischenstoffkatalyse, bei der die Aktivierungsenergie der einzelnen Reaktionsschritte kleiner als die des Gesamtschrittes ist [74]. Wie sich gezeigt hat, trägt die mechanische Bearbeitung durch Erhöhung der überschüssigen freien Energie des Systems zu einer weiteren Reaktionssteigerung bei. Dieser Effekt darf ebenfalls im Sinne einer Herabsetzung der Aktivierungsenergie der Reaktion gedeutet werden.

In welchem Maße die Carbonylbildung durch das Zusammenwirken von mechanischen und chemischen Faktoren gesteigert werden kann, zeigt die Tab. 18, in der

Tabelle 18

Die Wirkung von Sensibilisatoren auf die mechanisch angeregte Nickelcarbonylbildung

(Bearbeitung von 100 g Carbonylnickel auf der Schwingmaschine KEFAMA LS 16 unter Zusatz von 500 g SiC)

Sensibilisator	diff. Nickelausb. (mg/h)	proz. Umsatz	
–	< 5	< 0,005%	ohne Bearbeitung
–	50	0,05%	bei Bearbeitung
Pyrit	750	0,75%	bei Bearbeitung
Pyrit + H_2S	7000	7%	bei Bearbeitung

die bei Schwingmahlung erhaltenen Reaktionsausbeuten in Abhängigkeit von der mechanischen und chemischen Behandlung dargestellt sind.

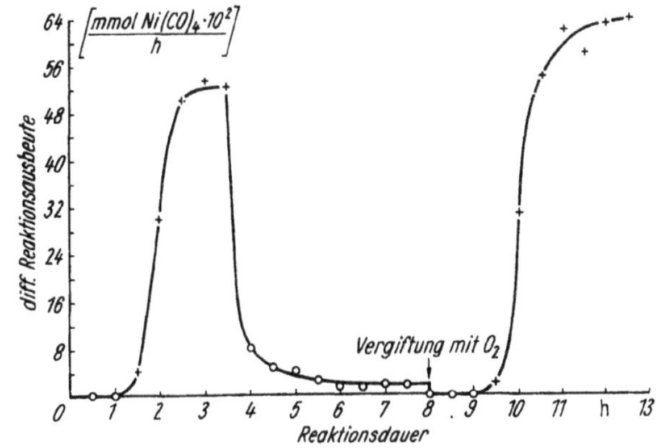

Abb. 51. Der Einfluß von H_2S auf die Nickelcarbonylbildung ohne mechanische Bearbeitung

o mit CO; + mit CO + 2% H_2S

Nach Abb. 51 und 52 wird die Carbonylbildung durch Zusatz von Sensibilisatoren nicht nur stark erhöht, sondern man kann darüber hinaus die durch Einfluß fester oder gasförmiger Gifte zum Stillstand gebrachte Reaktion wieder regenerieren und bei Abwesenheit der Gifte sogar auf das ursprüngliche Niveau einer sensibilisierten Reaktion anheben.

Die Untersuchungen über die Sensibilisierung der Nickel- und Eisencarbonylbildung sind auch von hoher praktischer Bedeutung. In den letzten Jahren hat sich Molydändisulfid immer mehr als ein universeller und selbst unter den härtesten Beanspruchungen gut wirksamer Festschmierstoff erwiesen. Oft genügt während der Lebensdauer eines Lagers oder Getriebes eine einmalige Schmierung mit Molydändisulfid, ohne daß auch nach längerer Laufzeit ein merklicher Verschleiß auftritt.

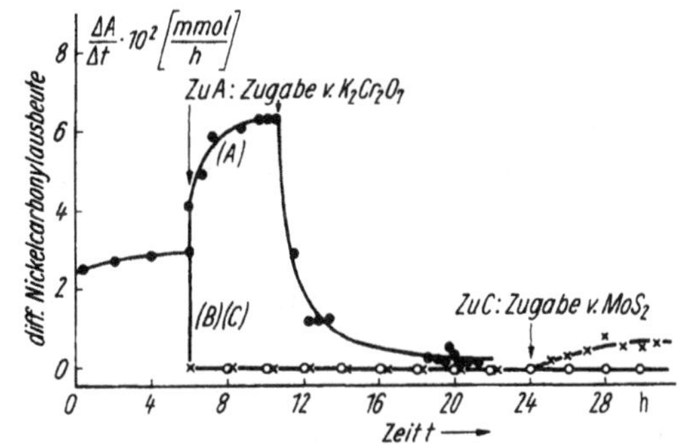

Abb. 52. Reaktionsverlauf der mechanisch angeregten Nickelcarbonylbildung bei wechselseitiger Zugabe von Sensibilisator und Inhibitor

(A) Zugabe von FeS; o (B) Zugabe von $K_2Cr_2O_7$; × (C) Zugabe von $KMnO_4$

Es hat sich jedoch gezeigt, daß der sehr dauerhafte MoS_2-Schmierfilm durch einfaches Bestreichen der Schmierfläche nur eine sehr geringe Schmierwirkung entfaltet. Der Schmierfilm haftet zunächst sehr schlecht an der Lageroberfläche und wird schon bei einer geringen mechanischen Beanspruchung im Reiblager abgeschert. Für den Aufbau eines gut haftenden Schmierfilms sind deshalb zahlreiche Methoden entwickelt worden, die im Wesen alle darauf hinauslaufen, die zu schmierende Oberfläche nach Bestreichen mit MoS_2 mehr oder weniger intensiv mechanisch zu bearbeiten. Oft wird erst während des Lagerlaufes der gut haftende Schmierfilm aufgebaut.

Es besteht heute noch die weit verbreitete Meinung, daß die Haftwirkung in einer rein physikalischen Wechselwirkung, z. B. in einem Hineinkneten des Filmes in die Risse und Vertiefungen der Oberfläche besteht [100, 101]. Nach neuen Untersuchungen muß jedoch auch eine chemische

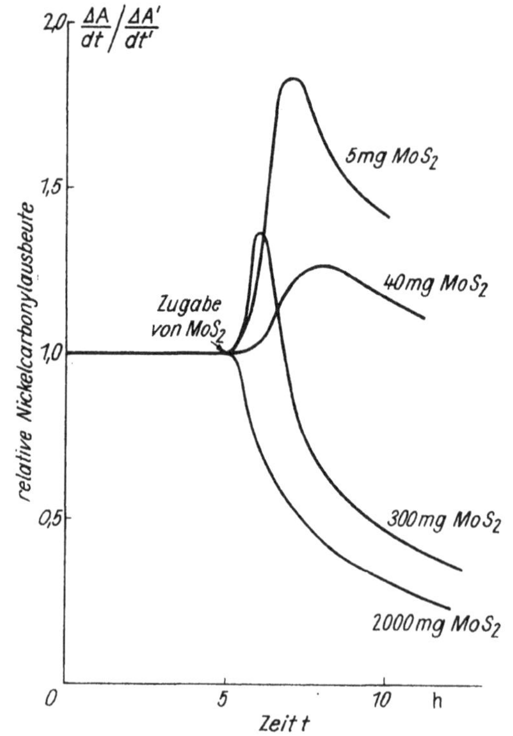

Abb. 53. Der Einfluß von Molybdändisulfid auf die mechanisch aktivierte Nickelcarbonylbildung in Abhängigkeit von der zugegebenen MoS_2-Menge

Wechselwirkung in Betracht gezogen werden [102, 103]. Der Beweis hierfür ist jedoch nicht sehr einfach zu bringen.

Die Schwierigkeit besteht vor allem darin, daß die hier in Betracht kommenden Umsetzungen sehr gering sind und der chemische Nachweis der in einer Festkörperreaktion entstehenden Produkte nur mit sehr empfindlichen chemischen Methoden geführt werden kann.

Mit Hilfe der oben beschriebenen Sensibilisierungsmethode kann man nun das entstehende Eisen- oder Nickelsulfid äußerst empfindlich indirekt dadurch nachweisen, daß das entstehende Sulfid die Carbonylbildung sensibilisiert.

Wie die Abb. 53 zeigt, wird bei Zugabe sehr kleiner Mengen MoS_2, z. B. 5 mg, tatsächlich eine bedeutende Erhöhung der Nickelcarbonylbildung festgestellt [99]. Hierdurch wird die Annahme der chemischen Wechselwirkung des MoS_2 mit der Nickelunterlage bestätigt.

Bei höheren MoS_2-Konzentrationen geht die Carbonylbildung immer mehr zurück und verläuft bei entsprechend großer MoS_2-Zugabe sogar langsamer als die nicht sensibilisierte Reaktion. Auch hier tritt der schon mehrmals erörterte Deckschichteneffekt mit wachsender MoS_2-Konzentration immer stärker in Erscheinung und wird schließlich zum dominierenden Faktor.

In einem mit MoS_2 geschmierten Lager wirkt sich der Deckschichteneffekt auf die Lebensdauer des Schmierfilms positiv aus, da nach dem Einlaufprozeß eine weitere allzu starke chemische Umsetzung des MoS_2-Filmes mit der metallischen Unterlage nicht erwünscht ist.

10.2. Katalyse der Kohlenwasserstoffbildung

Wie bereits im Kap. 3 gezeigt wurde, ist die Bildung von Methan bei der mechanischen Bearbeitung von Siliciumcarbid eine energieaufwendige Reaktion und läuft ohne Bearbeitung auch bei hohen Temperaturen nicht ab.

Bei dem Bearbeitungsprozeß werden hingegen im Stoßzentrum kurzzeitig so hohe Energiezustände mit plasmatischem Charakter erzeugt, daß es zu einer Zersetzung des Siliciumcarbids und wahrscheinlich auch zu einer geringen Bildung von Methan kommt, das durch den schnellen Abfluß der gestauten Energie nicht wieder zersetzt wird. Ein Teil des Methans wird jedoch erst in der Abklingphase gebildet, in der die nicht mit Wasserstoff in Reaktion getretenen Zersetzungsprodukte des SiC noch eine hohe Reaktivität besitzen, während der in der Energieblase zum Teil dissoziierte Wasserstoff bereits rekombiniert ist.

Für die Methanbildung steht also hoch aktiver Kohlenstoff, dessen Menge durch den Bearbeitungsprozeß bestimmt wird, und im wesentlichen molekularer Wasserstoff zur Verfügung. In dieser Reaktionsphase führt die katalytische Aktivierung des Wasserstoffs zu einer bedeutenden Reaktionssteigerung. Wie Tab. 19 zeigt, wird z. B. durch Zusatz von Eisen die Reaktion um ein bis zwei Größenordnungen beschleunigt.

Tabelle 19

Methanausbeuten am SiC mit und ohne Eisenzusatz (Siebrüttler)

Eisenzusatz		CH_4-Bildung/Zeiteinheit (µg/h)
kein		4
durch Kathodenzerstäubung		8
als Eisencarbonyl (unzersetzt)		4
als Eisencarbonyl (zersetzt)		30
weiterer Zusatz an Eisencarbonyl (zersetzt)		80
zugesetzte Carbonyleisenpulvermenge:		
	0,6 g	80
	1,2 g	145
	3,3 g	250
	6,5 g	250

Für die katalytische Aktivierung des Wasserstoffs sprechen folgende Ergebnisse:

a) Werden dem SiC bei der Bearbeitung verschiedene Metalle zugegeben, so erhöhen nach Tab. 20 nur solche Metalle die Methanausbeute beträchtlich, die als gute Hydriermetalle gelten und die insbesondere die Methanbildung (aus H_2 und CO) katalysieren [104].

Tabelle 20

Methanbildung und Druckabfall in Abhängigkeit vom zugesetzten Metall (nach ca. 100 Bearbeitungsstunden)

Maschine	Festkörper	CH_4-Bildung/ Zeiteinheit (mm/h)	Druckabfall/ Zeiteinheit (mm/h)	Sorption/ Zeiteinheit (mm/h)
Vibratom	25 g SiC	0,13	4,7	4,6
	25 g SiC + 2 g Zn	0,15	5,0	4,8
	25 g SiC + 2 g Ag	0,18	5,2	5,0
	25 g SiC + 2 g Cu	0,27	2,7	2,4
	25 g SiC + 2 g Fe	1,6	5,0	3,4
	25 g SiC + 2 g Pt	2,0	5,3	3,3
Siebrüttler	300 g SiC	0,03	1,3	1,3
	200 g SiC + 200 g Armcospäne	0,8	1,2	0,4

Nach Schmidt [105] bilden diese Elemente mit dem Wasserstoff feste Lösungen, in denen der Wasserstoff als positives Ion auftritt. Da der Wasserstoff im Methan ebenfalls der elektropositive Teil ist [106], erscheint eine Sensibilisierung verständlich.

b) Unter Berücksichtigung des in Kap. 3 (S. 136) angeführten Schemas von Galwey hängt die Bildung von Methan und Äthan von der Konzentration an aktivem Kohlenstoff und adsorbiertem Wasserstoff ab. Bei einer Konzentrationsänderung einer Komponente müßte sich hiernach das Methan-Äthan-Verhältnis im entsprechenden Sinn verschieben. Wie die Tab. 21 zeigt, ist in verschiedenen Bearbeitungsmaschinen in Abwesenheit eines Katalysators das Methan-Äthan-Verhältnis etwa 10:1.

Bei Zugabe von Eisen verschiebt sich das Verhältnis zugunsten des Methans und bei Zusatz von einer hinreichend großen Menge eines Hydrierkatalysators wird kein Äthan mehr gefunden, obwohl die Hydriergeschwindigkeit um 1 bis 2 Größenordnungen angestiegen ist. Man darf

Tabelle 21

Bildung von Äthan neben Methan bei verschiedenen Maschinen und Festkörpern

Maschine	Festkörper	Verhältnis $CH_4 : C_2H_6$ (aus den Vol.-% ermittelt)
LS 16	SiC ohne Fe	10 : 1
(Porzellangefäß)	SiC + 10 g Fe	23 : 1
Vibratom	SiC ohne Fe	?*)
	SiC + 2 g Fe	20 : 1
	SiC + 12 g Fe	25 : 1
Siebrüttler	SiC ohne Fe	10 : 1**)
	SiC + Eisenspäne	14 bis 60 : 1
	SiC + 50 g Carbonyleisenspäne	—

*) auf Grund der sehr kleinen Reaktionsgeschwindigkeit war das Verhältnis nicht angebbar
**) erst durch Ausheizen ermittelt

annehmen, daß bei ausreichender Katalysatormenge genügend reaktionsbereiter Wasserstoff zur Verfügung steht, so daß der Reaktionsverlauf nach dem Schema

$$C_2H_{6\,Gas} \xleftarrow[CH_{3\,ads}]{} CH_{3\,ads} \xrightarrow[\substack{H_{ads} \\ \Updownarrow \\ 1/2\ H_{2\,Gas}}]{} CH_{4\,Gas}$$

vorwiegend zur Bildung von Methan führt.

Es besteht auch die Möglichkeit, daß durch die Gegenwart von Metallen, z. B. Eisen oder Nickel, die Carbidbildung des durch Zersetzung von SiC entstandenen Kohlenstoffs gefördert wird und damit mehr aktiver Kohlenstoff zur Verfügung steht. Bei Erhöhung der Konzentration von aktivem Kohlenstoff müßte aber die Äthanbildung gefördert werden. Abgesehen davon, daß der bei der Bearbeitung erzeugte freie Kohlenstoff bereits selbst in einem hochaktiven Zustand vorliegt, also dem von Galwey untersuchten sorbierten C-Radikal entspricht, zeigen auch die Untersuchungen genau die umgekehrte Verschiebung in Richtung Methan.

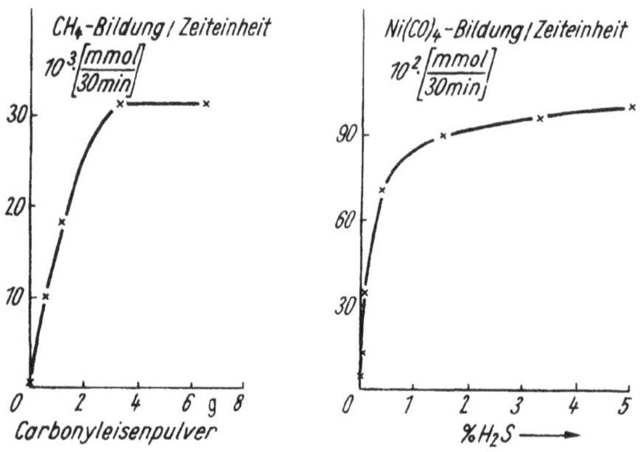

Abb. 54. Sensibilisierung tribochemischer Reaktionen (Siebrüttler)

Die Zunahme der Methanbildung und parallel hierzu der Rückgang der Äthanreaktion (Tab. 21) mit steigender Eisenkonzentration ließen sich auch quantitativ verfolgen. Nach Abb. 54 steigt die Bildungsgeschwindigkeit von Methan zunächst proportional der zugegebenen Menge an Carbonyleisenpulver an und erreicht bei weiterer Zugabe schließlich einen Grenzwert, der durch die Menge des durch Bearbeitung erzeugten aktiven Kohlenstoffs, d. h. durch die Parameter der mechanischen Bearbeitung, festgelegt ist. Reicht die Eisenmenge zur vollständigen Bedeckung der SiC-Oberfläche nicht aus, so kann nur an einem Teil der Oberfläche eine verstärkte Methanbildung eintreten und an dem anderen Teil noch die Äthanreaktion ablaufen. Auch bei der oben beschriebenen Nickelcarbonylbildung wird bei Zugabe von H_2S eine ähnliche dem Langmuir-Typ entsprechende Kurve für die Erhöhung der Reaktionsgeschwindigkeit gemessenen (Abb. 54). Denn in beiden Fällen handelt es sich um eine katalytische Grenzflächenreaktion, deren Geschwindigkeit von der Oberfläche der Festkörper bzw. von dem durch Bearbeitung aktivierten Teil der Oberfläche abhängig ist.

Zusammenfassend ergibt sich für den Mechanismus der sensibilisierten Methanbildung folgendes Bild:

Die Aktivierung der Festkörperkomponente (C) geschieht in erster Linie durch den Bearbeitungsprozeß, während die gasförmige Komponente (H_2) vor allem durch Zugabe eines Sensibilisators aktiviert wird. Ohne Bearbeitung des SiC läuft auch bei hohen Temperaturen keine Reaktion ab, ohne Sensibilisator tritt jedoch ein geringer, aber deutlich meßbarer Umsatz ein, wenn der Festkörper unter H_2 bearbeitet wird. In diesem Fall erfolgt die Aktivierung beider Reaktionskomponenten allein durch den Bearbeitungsprozeß.

Daß die Erzeugung von aktivem Kohlenstoff für die Methanbildung einen ausschlaggebenden Faktor darstellt, zeigen auch die Untersuchungen von Galwey [52], nach denen in einer Mischung von Nickel, Nickelcarbid und Graphit bei $\approx 300\,°C$ nur der carbidisch gebundene Kohlenstoff in Methan übergeführt werden konnte, während Graphit trotz Gegenwart des Nickels nicht reagierte. Wurde die Ni_3C-Phase durch eine kurzzeitige Temperung bei 460 °C zersetzt, so lieferte anschließend das Ni-C-Gemisch bei $\approx 300\,°C$ überhaupt kein Methan mehr. Der im SiC-Gitter gebundene Kohlenstoff ist aber nach Kap. 3. gegenüber H_2 noch weniger reaktionsfähig als Graphit und bedarf deshalb einer noch stärkeren Aktivierung zur Methanbildung.

11. Getterwirkungen durch mechanische Bearbeitung

In der modernen Vakuumtechnik spielen in zunehmendem Maße zur Entfernung geringster Restgasmengen aus abgeschlossenen Räumen die Probleme der Gasgetterung eine besondere Rolle. Hierzu werden vor allem Metalle, wie z. B. Titan, verwandt, die nicht nur durch chemische Reaktion, sondern auch durch Absorption Gase zu binden vermögen. Zur Erzielung entsprechend hoher Getterwirkungen müssen die Metalle jedoch stark erhitzt und in gewissem Umfang zur Verdampfung gebracht werden. Bei Zimmertemperatur genügen bereits dünne Deckschichten auf der Metalloberfläche, um die Reaktion des Getters mit der umgebenden Gasatmosphäre praktisch zum Stillstand zu bringen.

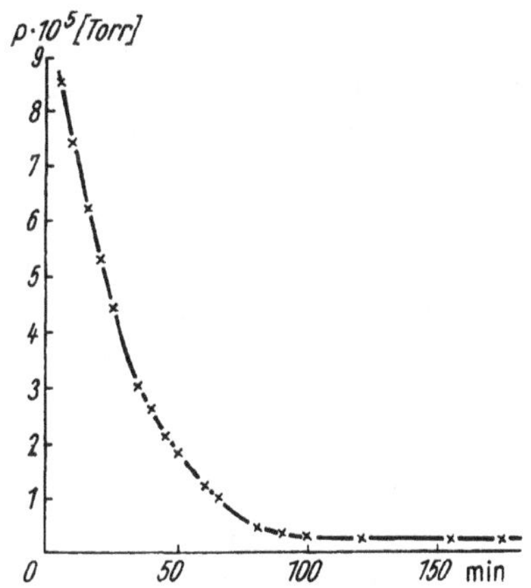

Abb. 55. Druckabfall im Hochvakuum bei der Bearbeitung von Nickelspänen in einer Sauerstoffrestgas-Atmosphäre. Siebrüttler; Reaktionsgefäß $\approx 250\,ml$; Inhalt: 50 g Ni-Späne + 50 g Korund

Nach den bei der tribochemischen Oxydation von Metallen gewonnenen Ergebnissen sind die Metalle während der mechanischen Bearbeitung bereits bei Zimmertemperatur sehr reaktionsfähig, da bei der Impulsbremsung nicht nur die Deckschichten unter Freilegung des Metalls durchstoßen werden, sondern auch aktive, reaktionsfähige Oberflächen entstehen.

Nach Kap. 5. resultiert daraus eine bis zu kleinen Gasdrucken ($\approx 10^{-2}$ mm Hg) gültige Druckunabhängigkeit bei der Oxydation von Eisen und Nickel. Hieraus ergibt sich wiederum eine Zunahme der relativen Druckänderung beim Schütteln des Reaktionsgutes mit abnehmendem Partialdruck des Sauerstoffs. Füllt man z. B. 50 g Nickelspäne und 50 g Edelkorund in ein Reaktionsrohr mit 250 cm³ Volumen, so fällt beim Schütteln im Bereich von 10^{-1} mm Hg der Sauerstoffdruck in weniger als einer Minute um etwa eine Größenordnung ab. Nach Untersuchungen von Hoffmann [107] werden auch im Hochvakuumbereich, z.B. an

Eisenspänen, bedeutende Getterwirkungen erzielt. Wie Abb. 55 zeigt, fällt der Druck von einem Anfangswert von 10^{-4} mm Hg zunächst linear ab und erreicht nach einiger Zeit einen unteren Grenzwert, der durch den Gehalt an nichtreaktionsfähigen Fremdgasen bestimmt wird. Nach qualitativen Untersuchungen von HAINE, FRANCIS und BLOOMER [108] ist auch die Getterung dieser Fremdgasbestandteile bei Anwendung von Titan in gewissem Umfang möglich.

Systematische Untersuchungen über die Wirkung eines „Tribogetters" sind bisher noch nicht beschrieben worden. Abgesehen von der technischen Bedeutung dieser Untersuchungen für die Vakuumphysik ist die Problemstellung auch für die Erforschung der Chemisorptions- und Reaktionsfähigkeit der durch Impaktbearbeitung aktivierten Oberflächen besonders wichtig.

12. Die technische Bedeutung der Tribochemie

Obwohl auf dem Gebiet der Tribochemie erst in den letzten Jahren systematisch gearbeitet wurde, lassen sich heute bereits zahlreiche für die Technik sehr bedeutungsvolle Anwendungen erkennen. Diese reichen von der chemischen Verfahrenstechnik bis zu den für den Maschinenbau wichtigsten Prozessen der Reibung, der Schmierung und des Verschleißes. Sie schließen weiterhin die zahlreichen Korrosionsvorgänge ein, die die Lebensdauer mechanisch beanspruchter Werkstücke oft erheblich herabsetzen. Nicht zuletzt sind es auch wichtige geochemische Probleme, die sich heute bereits aus den vorliegenden Grundlagenuntersuchungen ableiten lassen (s. S. 136, desgl. [24], S. 168).

In den folgenden Abschnitten sollen die wichtigsten technischen Aspekte, bei denen tribochemische Einflüsse eine dominierende Rolle spielen, zusammenfassend dargelegt werden.

12.1. Tribochemische Reaktionen in der Technik

Bisher beschränkt sich die technische Nutzung der Tribochemie zur Herstellung chemischer Produkte auf ganz wenige, erst in den letzten Jahren beschriebene Verfahren [109, 110] und spielt im Gesamtrahmen der chemischen Technik praktisch noch keine Rolle. Die in großer Zahl in der chemischen Industrie eingesetzten Bearbeitungsgeräte dienen fast ausschließlich der Zerkleinerung chemischer Produkte. Ein von KORDA [110] im Jahre 1961 beschriebenes Beispiel einer technisch ausgeführten tribochemischen Reaktion, und zwar der Umsetzung von stündlich 1 t Blei in das entsprechende Oxid unter Anwendung moderner Strahlmühlen, zeigt jedoch, welche Möglichkeiten der Nutzung großtechnischer Bearbeitungsmaschinen neuerdings auch für rein chemische Zwecke vorhanden sind.

Auch nach den Ergebnissen der vorliegenden Arbeit erscheint es in mehrfacher Hinsicht sinnvoll, theoretische und praktische Untersuchungen zur Überführung von Impaktreaktionen in den technischen Maßstab verstärkt durchzuführen. Hierfür sprechen vor allem folgende allgemeine Gesichtspunkte:

a) Auf Grund der hohen Energieumsätze an den durch Bearbeitung frisch entstehenden oder sich umbildenden Grenzflächen lassen sich bereits bei Zimmertemperatur ohne Wärmezufuhr zahlreiche chemische und katalytische Reaktionen, wie z. B. die Kohlenwasserstoffbildung aus den Elementen, die BOUDOUARD-Reaktion, die Ammoniakbildung, die Metalloxydation und zahlreiche Röstreaktionen, anregen, die ohne Bearbeitung erst bei einigen 100 °C mit meßbarer Geschwindigkeit ablaufen. Die Beschleunigung chemischer Reaktionen durch Impaktbearbeitung beträgt mitunter mehrere Größenordnungen. Als Beispiel einer technisch genutzten Reaktion sei die Halogenierung von Silicium erwähnt [109].

Bekanntlich reagiert handelsübliches Silicium bei Raumtemperaturen nicht mit Chlor. Erst bei Temperaturen von einigen 100 °C findet eine hinreichend schnelle Umsetzung des Siliciums statt. Es gelingt jedoch, ohne äußere Wärmezufuhr in kurzen Reaktionszeiten und mit nahezu quantitativen Ausbeuten unter Schwingmahlung das Silicium in die flüchtigen Halogenide überzuführen.

b) Bereits 1892 beschrieb Carey-Lea [1] eine Reihe mechanisch aktivierter Reaktionen, die ohne Bearbeitung nur unter Aufwendung sehr hoher hydrostatischer Drucke ablaufen. Dachville und Roy [111] gelang die Phasenumwandlung bei der Bearbeitung von PbO, PbO_2, $CaCO_3$, MnF_2, SbO_3 in Modifikationen, die normalerweise ebenfalls nur bei Anwendung hoher Drucke erhalten werden. Nach Auffassung jener Autoren müssen bei der Bearbeitung Drucke geherrscht haben, die einem hydrostatischen Druck bis zu 15000 kg/cm² entsprechen. Nach den Ergebnissen der vorliegenden Arbeit lassen sich durch Impaktbearbeitung ebenfalls chemische Reaktionen ausführen, die sonst erst bei Anwendung hoher Drucke mit meßbarer Geschwindigkeit ablaufen. So läßt sich z. B. die NH_3-Bildung aus den Elementen bereits bei Absolutdrucken von 50 Torr erreichen. Weiterhin konnte gezeigt werden, daß auch solche Carbonyle bei Bearbeitung unter Normaldruck in präparativen Ausbeuten entstehen, die bisher aus den Elementen nur durch Anwendung sehr hoher Drucke gewonnen wurden.

Als Beispiel sei die präparative Darstellung von Molybdänhexacarbonyl unter Schwingmahlung angeführt [40]:

Auf einer Schwingmühle LS 60 wurden in einem Prozellangefäß unter CO-Atmosphäre und Zusatz von H_2S 200 g Molybdänpulver etwa 100 Stunden bearbeitet. Die Ausbeute an Molybdänhexacarbonyl betrug etwa 35 g.

Das Arbeiten mit hohen Drucken bereitet im Labormaßstab oft große Schwierigkeiten und ist aus Sicherheitsgründen meist mit einem erheblichen Aufwand verbunden. In solchen Fällen ist die präparative Darstellung zahlreicher Carbonyle und anderer sonst nur unter Anwendung hoher Drucke herstellbarer Präparate auf dem Weg der mechanischen Aktivierung mit einem geringeren experimentellen Aufwand verbunden. Auf Grund der äußerlich einfachen Bedingungen stellt damit die Methode der mechanischen Aktivierung chemischer Reaktionen auch für präparative Laborzwecke eine wertvolle Bereicherung der experimentellen Möglichkeiten dar. In einem ausgewählten Beispiel wurde ein Vergleich der Carbonylisierungsgeschwindigkeit von Eisenpräparaten bei mechanischer Bearbeitung und bei Anwendung hoher Drucke (200 kg/cm²) und höherer Temperaturen (200 °C) durchgeführt. Ohne Bearbeitung lieferten die eingesetzten Eisenproben selbst bei Temperaturen von 100 °C keine nachweisbaren Mengen Carbonyl. Während der Bearbeitung wurde in der Schwingmühle jedoch ein Umsatz erreicht (2% pro Stunde), der im Hochdruck-Hochtemperatur-Reaktor (Leuna) ebenfalls einen Spitzenwert darstellt.

Hinzu kommt, daß Hochdruckverfahren unter Beteiligung von Festkörpern meistens diskontinuierlich arbeiten, während z. B. die Normaldruckcarbonylisierung durch Impaktbearbeitung verfahrenstechnische Lösungen nach dem Vorbild moderner Fließverfahren ermöglichen würde.

Wie Abb. 56 zeigt, lassen sich nämlich über längere Zeit stationäre Reaktionsbedingungen aufrechterhalten, wenn der Verbrauch an Fe durch Zugabe weiterer Eisenmengen kompensiert wird.

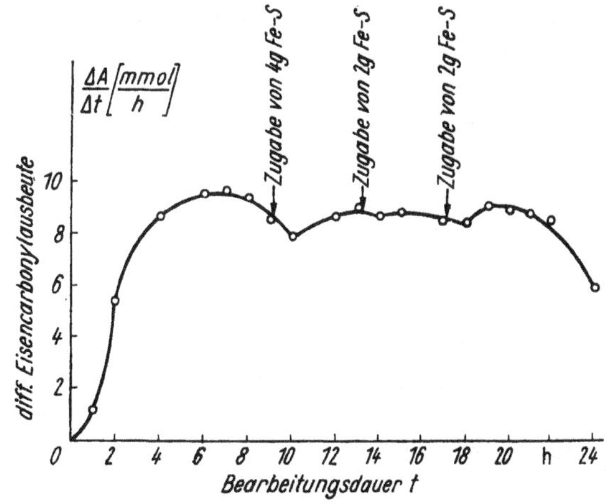

Abb. 56. Reaktionsverlauf der mechanisch angeregten Carbonylbildung bei periodischer Zugabe von geschwefeltem Eisen

c) Weitere Vorteile bei der Anwendung tribochemischer Reaktionen ergeben sich dadurch, daß während der Bearbeitung die Giftempfindlichkeit chemischer Reaktionen stark zurückgedrängt wird und durch den Bearbeitungsprozeß bereits vergiftete Proben in ihrer chemischen Reaktionsfähigkeit wieder regeneriert werden (Kap. 3, S. 124). Diese Effekte konnten sowohl bei chemischen Umsetzungen (z. B. Bildung von Nickelcarbonyl in Gegenwart von Sauerstoff) als auch bei katalytischen Reaktionen (Hydrierung von Benzol in Gegenwart größerer Mengen Tiophen) beobachtet werden.

Tribochemische Reaktionen stellen jedoch hohe Ansprüche an Geräte und Energiebedarf, was ihrer Einführung in die Technik hemmend entgegensteht. Oft sind aber die genannten Faktoren nicht allein entscheidend für die Gesamtwirtschaftlichkeit eines Verfahrens, so daß die Einsatzfähigkeit mechanisch aktivierter Reaktionen nur durch genaue Kostenanalyse am konkreten Beispiel entschieden werden kann.

12.2. Chemische Reaktionen durch tribomechanische Voraktivierung

Wie in der Einleitung (S. 109) bereits ausführlich dargelegt wurde, läßt sich die überschüssige freie Energie eines Festkörpers durch mechanische Bearbeitung mehr oder weniger stark erhöhen. Die eingearbeiteten Gitterstörungen, die oft sehr lange im Festkörper erhalten bleiben, führen zu einer Reihe von Eigenschaftsänderungen, insbesondere zu einer verstärkten chemischen Aktivität. Hierdurch werden zahlreiche rationell arbeitende technische Verfahren ermöglicht und Produkte mit qualitativ verbesserten Eigenschaften gewonnen.

Sehr eingehend wurde z. B. von Schrader und Mitarbeitern [112] die Verwendung gemahlener Eisenoxide, z. B. von Kiesabbränden, als Gasreinigungsmasse zur Entfernung von H_2S untersucht. Durch kurzzeitige Mahlung der Oxide erreichen diese eine so hohe Aktivität, daß sie gegenüber der bisher verwendeten Luxmasse ökonomische Vorteile bieten.

In der metallurgischen Industrie werden zur Auskleidung von Öfen z. B. von „Martin-Siemens-Öfen" oder „Bessemer-Birnen" hochschmelzende keramische Produkte eingebaut, die unter dem Einfluß des flüssigen Stahls einer starken chemischen und thermischen Belastung ausgesetzt sind. Es hat sich gezeigt, daß die Lebensdauer solcher keramischen Auskleidungen um einen bedeutenden Faktor erhöht werden kann, wenn diese zuvor gestampft oder einer anderen mechanischen Beanspruchung unterworfen werden. Im allgemeinen wird durch Vorbearbeitung die Festigkeit gepreßter und gesinterter Stoffe außerordentlich, mitunter um 1000%, erhöht [15].

Eine technisch große Bedeutung gewinnt die Schwingmahlung von Zement [113]. Wie bereits sowjetische Forscher [114] feststellten, läßt sich die Festigkeit des aus schwinggemahlenen Zementen hergestellten Betons um etwa das Doppelte steigern. Gleichzeitig zeigten diese Proben eine hohe Frühfestigkeit, d. h. der Härtungsprozeß läuft bedeutend schneller ab als bei Verwendung von ungemahlenem Zement. Diese Ergebnisse schaffen die Voraussetzungen dafür, daß unter Einsparung wertvoller Baumaterialien noch leichter und vor allem noch schneller gebaut werden kann.

Peters wies darauf hin [31], daß bereits bei der Zerkleinerung, z. B. bei der Herstellung von Rohmehl für die Fabrikation von Zement, von keramischen Materialien, von Glas usw. chemische Reaktionen ablaufen, die die spätere Weiterverarbeitung, z. B. das Sintern eines pulvermetallurgischen Produktes, wesentlich beeinflussen können.

Nicht zuletzt lassen sich auch Katalysatoren in ihrer Aktivität durch mechanische Vorbehandlung erheblich verbessern [115, 116, 117, 145].

Diese wenigen Beispiele mögen nur den Rahmen angeben, in dem gegenwärtig eine Nutzung tribochemischer Aktivierungsverfahren auf den verschiedensten Gebieten der chemischen Technik vollzogen oder vorbereitet werden kann. Mit Sicherheit werden diese Verfahren eine ständig steigende ökonomische Bedeutung in der Volkswirtschaft erhalten.

12.3. Tribochemische Reaktionen bei Vorgängen der Reibung, der Schmierung und des Verschleißes [133]

Mit zunehmender Automatisierung des Produktionsprozesses spielt das Problem der Lebensdauer und der Wartung der Maschinen und Anlagen eine immer größere Rolle. Damit gewinnt das Forschungsgebiet „Reibung, Schmierung und Verschleiß" immer mehr an Bedeutung und erfordert unter den komplexen Grenzwissenschaften eine verstärkte schwerpunktmäßige Bearbeitung. Durch Reibungsvorgänge in Lagern und an Schmierstellen entstand allein in einem Jahr, z. B. in der Bundesrepublik, ein Verlust an mechanischer Energie im Werte von etwa 6 Milliarden Mark.

Wenn möglich wird immer eine vollhydrodynamische Schmierung angestrebt, da hierbei eine Berührung der Reibflächen und damit auch ein Verschleiß ausgeschlossen ist. Es gibt aber in der Praxis zahlreiche Bedingungen, unter denen es zur Festkörperberührung und zu einem mehr oder weniger starken Verschleiß kommt, z. B. beim Einlauf, beim Anhalten, bei starken Belastungen usw.

Bei Versagen der hydrodynamischen Schmierung treten dann die grenzflächenmechanischen Prozesse in den Vordergrund bzw. Vorgänge der Grenzreibung, bei denen tribomechanisch in der erörterten Weise auch chemische Reaktionen zwischen den Reibungspartnern und ihrer Umgebung ausgelöst werden.

Hierdurch werden Reaktionsschichten, z. B. Oxid, Sulfid oder Phosphid gebildet, die die Notlaufschmierung des Lagers übernehmen. Hochwertigen Schmierölen werden zu diesem Zweck Additive zugegeben, z. B. das Zinkdialkyldithiophosphat. Da außerdem beim Ablauf einer chemischen Reaktion ein Energieaustausch mit der Umgebung erfolgt, beeinflußt die Reaktion die Energiekonzentration an der Reibstelle und damit die Belastbarkeit des Lagers [118]. Chemische Prozesse führen aber auch zur Alterung des Schmieröls und unter ungünstigen Bedingungen zu einem starken Verschleiß des Lagers.

Insgesamt muß den tribochemischen Reaktionen bei den Prozessen der Reibung, der Schmierung und des Verschleißes eine hohe Bedeutung zugemessen werden. Nach dem gegenwärtigen Stand der Forschung sind aber gerade die im Lager ablaufenden chemischen Vorgänge und deren Gesetzmäßigkeiten noch sehr wenig erforscht. Die hier vorgelegten Ergebnisse lassen vermuten, daß die genauere Kenntnis der Reaktionskinetik im Schmierspalt zur Umkonstruktion mancher Lager und Schmiermittel führen dürfte.

In diesem Zusammenhang seien auch die für die Technik wichtigen Vorgänge der spanabhebenden und bildsamen Verformung genannt, wie die Drehbearbeitung, das Drahtziehen und die zahlreichen Kalt- und Warmverformungsvorgänge in der metallverarbeitenden Industrie. Auch hier spielen an der Grenzfläche der beanspruchten Metalle chemische Reaktionen eine wichtige Rolle für einen störungsfreien Ablauf der Verformungsvorgänge. Als Beispiel seien die von Graue und Mitarbeitern [119] entwickelten Phosphatschmiermittel für das Warmpressen von Stählen nach dem Stoßbank-, Pilgerschritt- und Strangpreßverfahren erwähnt. Die Phosphate wirken als echte Grenzschmiermittel in Form monomolekularer Schichten.

In höherer Konzentration wirken sie bereits durch chemische Korrosion schädigend auf das Werkstück ein.

12.4. Tribochemische Korrosion

Am bekanntesten sind die unter dem Namen „Reibkorrosion" oder „Reiboxydation" zusammengefaßten Korrosionsvorgänge. Diese treten überall dort auf, wo mit geringem Schlupf sich berührende metallische Oberflächen unter dem Einfluß mechanischer Kräfte sich gegenseitig beanspruchen, z. B. in den Federpaketen und dem Bremsgehänge von Fahrzeugen, an den Kurbelzapfen, Gelenkbolzen und Passungen von Maschinen aber auch in Kugel- und Wälzlagern

Abb. 57. Durch Reibrostbildung verursachter Dauerbruch der Ankerwelle eines Lokomotivmotors. Reibroststellen bei *K* und Freßspuren links von *K*. Dauerbruch ging von *A* aus; *R* ist Restbruch (Bartel, [120])

während der Stillstandzeit, wenn oszillierende Bewegungen z. B. beim Transport von Fahrzeugen auf sie einwirkten. Hierbei kommt es zu einer mechanischen Aktivierung der Metalloberflächen und durch die Anwesenheit von Luft zu einer beschleunigten Oxydation der besonders beanspruchten Oberflächenbereiche. Die Folge ist häufig eine vorzeitige Abnutzung der Werkteile durch schnellen Verschleiß bzw. durch Bruch an Orten mit Spannungsspitzen oder durch Festfressen des Maschinenteiles (s. Abb. 57).

Zur Kinetik dieser Prozesse bestehen heute noch die widersprüchlichsten Auffassungen [120 bis 126], und es wird noch zahlreicher systematischer und grundlegender Untersuchungen bedürfen, ehe sich für den Maschinenbau allgemeingültige Beziehungen zur Vermeidung der Reiboxydation angeben lassen.

Auch bei der Strahlkorrosion spielen chemische Prozesse eine wichtige Rolle [127]. Die Tatsache, daß hierbei selbst die als inert geltenden Gase, wie Stickstoff oder Kohlendioxid, chemisch reagieren können (s. Tab. 6), wurde bisher wenig berücksichtigt. Eine gefürchtete Korrosionserscheinung ist der Wasserstoffsprödbruch [128]. Er kommt dadurch zustande, daß sich eine mehr oder weniger große Menge Wasserstoff im Gitter des Metalls einlagert. Beachtenswert ist hier das in Kapitel 3. dargelegte Ergebnis, daß hierzu nicht die Anwesenheit von freiem Wasserstoff erforderlich ist. Auch der Wasserstoff des Wassers dringt beschleunigt in das Metallgitter, wenn die Metalloberfläche tribomechanisch beansprucht wird.

Eine etwas andere Art tribochemischer Korrosion sind die Ermüdungserscheinungen, insbesondere die Spannungs- und Schwingungsrißkorrosion. Der wesentliche Unterschied zur Reiboxydation besteht darin, daß die mechanischen Kräfte auf das Werkstück nicht durch Impaktbearbeitung übertragen werden, sondern durch Anlegen periodisch wirkender Dehnungs- und Zugspannungen. Auf diese Art beanspruchte Werkstücke und Maschinenteile gehen mitunter schon nach kurzer Zeit zu Bruch, auch wenn die wirkenden Spannungen weit unterhalb der Belastungsgrenze jener Körper liegen. Vor allem werden hiervon Turbinenschaufeln, Separatoren, Kolbenstangen, Schiffsschraubenwellen, Eisenbahnschienen und -Stahlschwellen, Walzwerksausrüstungen, Freileitungsseile usw., betroffen. So gingen z. B. im Jahre 1930 allein in den Erdölgebieten von Louisiana und Texas 10000 Pumpenstangen durch Korrosionsermüdung zu Bruch [129].

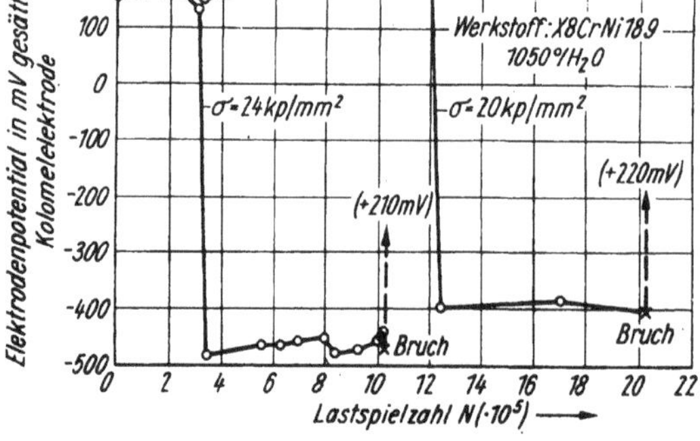

Abb. 58. Aktivierung eines austenitischen Cr-Ni-Stahls während der Umlaufbiegebeanspruchung in einer SO_2-Lösung bei Raumtemperatur (Spähn, [131])

Besonders M. Fink wies darauf hin, daß als Ursache der Ermüdungserscheinungen maßgeblich chemische Faktoren wirksam sind. Bereits der Sauerstoff der Luft reagiert beschleunigt mit den wechselbeanspruchten Metallen und ermöglicht hierdurch die Ausbildung von Anrissen. In Korrosionsmedien läßt sich die erhöhte Reaktionsbereitschaft beanspruchter Metalle durch eine starke Potentialverunedlung nachweisen. Wie die Abb. 58 zeigt, gehen selbst edle, korrosionsbeständige Stähle durch Schwingungsbeanspruchung zu Bruch, da deren Potential bei der Wechselbeanspruchung soweit abfällt, daß es zu einer örtlich stärkeren Korrosion kommt. Die in kleinsten Bereichen auftretende Korrosionsdichte ist um Größenordnungen höher als die mittlere experimentell gemessene. An den Orten stärkster Auflösung kommt es dann zum Anriß und zu einer noch weiter verstärkten Korrosion. Die Ursachen dieses lokalen chemischen bzw. elektrochemischen Angriffes sind heute noch nicht restlos geklärt. Sehr wahrscheinlich beruhen sie auf einer Anhäufung hoher Spannungskonzentrationen, bedingt durch das Auflaufen von Versetzungen. Diese energetisch bevorzugten Stellen können bei weiterer Wechselbeanspruchung zur Rißbildung und unterstützt durch chemische Korrosion schließlich zur Bruchauslösung führen [132]. In der Kinetik dieser Prozesse spielen also mechanisch beschleunigte chemische Effekte eine bedeutende Rolle für das Ausmaß und die Geschwindigkeit der zum Bruch führenden Zerstörungsprozesse.

12.5. Metallbrände durch tribochemische Reaktionsauslösung

Die Verwendung von reinem Sauerstoff hat in den letzten Jahren sprunghaft zugenommen. In den Hüttenwerken, in der gaserzeugenden Industrie, für Schweißzwecke usw. werden in der Deutschen Demokratischen Republik jährlich bereits Hunderte von Millionen m³ Sauerstoff benötigt. Die hierbei auftretenden Gefahren für Sauerstoff-Maschinen, Ventile und Rohrleitungen sind außerordentlich groß, da nach erfolgter Initialzündung selbst große Maschinen aus kompaktem Stahl in reinem Sauerstoff unter großer Wärmeentwicklung vollständig abbrennen können. Die Zahl der in den letzten Jahren aufgetretenen Unfälle ist dementsprechend sehr hoch und hat zur Zerstörung von Werten geführt, die viele Millionen Mark betragen.

Die Auslösung von Metallbränden durch die Anwesenheit von Fett und andern org. Verunreinigungen ist schon länger bekannt. Daß auch bewegte Festkörperteilchen in Rohrleitungen und Maschinen eine Brandursache darstellen können, wurde erst erkannt, als der Sauerstoff mit höheren Geschwindigkeiten durch die Rohrleitungen gefördert wurde [231]. Die bei der Reibung der Teilchen an den Rohrwandungen erzeugte Wärme wurde allgemein als Zündungsursache angesehen. Nach neuesten Untersuchungen ist die Entstehung der Brände maßgeblich an eine tribochemische Reaktionszündung gebunden. Wie die Tab. 22 zeigt, wird in Rohrleitungen nur dann ein Brand ausgelöst, und zwar ausschließlich am Ende von Rohrkrümmern, wenn die Geschwindigkeit des Gasstroms genügend hoch ist und die im Strom transportierten Festkörperteilchen zur chemischen Reaktion befähigt sind. Entsprechend den in Abb. 27 (S. 139) dargestellten Ergebnissen treten bei den Oxydationsreaktionen in Sauerstoff spontan Sprünge mit der 1000-fachen Reaktionsgeschwindigkeit gegenüber der Grundreaktion auf. Die hierbei abgegebene Reaktionswärme kann zur Zündung der kompakten Metallunterlage ausreichen. Auch die auf S. 140 erwähnte Manganverbrennung durch kurzzeitige Mahlung des Metallgrießes ist ein Beispiel tribochemischer Reaktionszündung.

Diese Reaktion bietet aber zugleich auch die Möglichkeit, bei zukünftigen Untersuchungen noch eingehender die Kinetik der Zündungsprozesse zu erforschen.

Wie die in Kap. 12.1. bis 12.5. kurz erörterten Aspekte der angewandten Forschung gezeigt haben, spielen tribochemische Probleme auf vielen Gebieten der Technik eine maßgebende Rolle, vor allem auf solchen, die für die Rationalisierung und Automatisierung des Produktionsprozesses von entscheidender Bedeutung sind. Größtenteils sind diese Gebiete ebenso wie die Grundlagen der Tribochemie noch wenig erforscht und es wird großer Anstrengungen bedürfen, die wissenschaftliche Entwicklung den Erfordernissen der Technik entsprechend schnell voranzutreiben.

Tabelle 22 [231]

Die Auslösung von Metallbränden im Sauerstoffstrom in Abhängigkeit von den Versuchsbedingungen

(Versuchsbedingungen und -ergebnisse bei gekrümmter Versuchsstrecke)

Zugegebener Feststoff	Strömungsgeschwindigkeit w und Druck p des Sauerstoffs am Anfang (Index 1) und am Ende (Index 2) der Versuchsstrecke				Anzahl der Versuche und Ergebnisse*)
	w_1 in m/s	p_1 in ata	w_2 in m/s	p_2 in ata	
Sand	30 bis 32	28 bis 29	33 bis 36	25 bis 26	4—
	43 bis 44	26 bis 28	55 bis 57	21 bis 22	3—
	52	28 bis 29	82	18	12—
Rost	30 bis 32	28 bis 29	33 bis 36	25 bis 26	4—
	43 bis 44	26 bis 28	55 bis 57	21 bis 22	3—
	52 bis 53	27 bis 29	82 bis 85	17 bis 18	18—
Gichtstaub (abgelagert)	30 bis 32	28 bis 29	33 bis 36	25 bis 26	4—
	43 bis 44	26 bis 28	55 bis 57	21 bis 22	3—
	52 bis 53	28 bis 29	82 bis 85	17 bis 18	16—
Walzzunder	28 bis 32	28 bis 29	30 bis 36	25 bis 26	11—, 2+
	42 bis 44	27 bis 29	55 bis 57	21 bis 22	5—, 9+
	52	29	82	18	3—, 4+
	52	29	82	18	Brand nach dem 1. Krümmer
Schweißschlacke	13	29	13	29	2—
	17	29	18	28	2+
	28	29	31	26	6—, 4+
	42 bis 44	27 bis 29	55 bis 57	21 bis 22	1—, 5+
	50 bis 53	28 bis 29	82 bis 85	17 bis 18	2—, 13+
Unterpulverschweiß-schlacke	42 bis 44	27 bis 29	55 bis 57	21 bis 22	3—, 3+
	50 bis 52	27 bis 29	82 bis 83	17 bis 18	9—, 1+
Koks	17	29	18	28	2—, 1+
	30 bis 32	28 bis 29	33 bis 36	25 bis 26	5+
	42 bis 44	27 bis 29	55 bis 57	21 bis 22	18+
	52 bis 53	27 bis 28	82 bis 85	17 bis 18	13+
	53	29	85	18	Brand nach dem 4. Krümmer
Steinkohle	13	29	13	29	2—
	13	29	13	29	Brand an mehreren Stellen
	32	29	36	26	Brand nach dem 2. Krümmer
Gemisch aus 20% Eisenpulver und 80% Sand	13	29	13	29	2+
	28	29	31	26	1—, 2+
	28	29	31	26	Brand nach dem 3. Krümmer
	42	29	56	22	Brand nach dem 3. Krümmer

*) + = Funken beobachtet, — = Funken nicht beobachtet

13. Zusammenfassung

Bei der tribochemischen Bearbeitung von Festkörpern treten beim ersten elementaren Eingriff in das Gittergefüge im submikroskopischen Bereich eine Reihe verwickelter Gefügeumbildungen ein. Durch Konzentration einer sehr hohen Energie in einem eng begrenzten Raume geht hier der feste Zustand für sehr kurze Zeit morphologisch in den „flüssigen" und z. T. in den „dampfförmigen" Zustand über unter Ausbildung eines Gas- und Festkörperplasmas. Es kommt hierbei zur Lichtemission und zum Austritt von Elektronen. Gleichzeitig werden durch Impaktbearbeitung energieaufwendige Reaktionen mit hoher Aktivierungsenergie gezündet. Es lassen sich aber auch solche Reaktionen anregen, die nach thermodynamischen Berechnungen im Bereich von 300° bis 3000 °K und noch darüber hinaus nicht ablaufen dürften. Der Begriff der Temperatur ist deshalb nicht anwendbar. Zur Charakterisierung der durch Stoß erzeugten Energiezustände wurde der Begriff der „Äquivalenttemperatur" verwandt, die ein Maß für die Temperatur ist, bei der die tribochemische Reaktion als Ruh-Reaktion in makroskopischen Räumen ablaufen würde. Es konnten Beispiele angeführt werden, bei denen die Äquivalenttemperatur um 3000 °K liegt. In ihrem Verhalten sind die durch das Stoßplasma gezündeten tribochemischen Reaktionen den in der elektrischen Entladung, im Flammenbogen und den unter Einfluß hochenergetischer Strahlen verlaufenden Umsetzungen ähnlich. Eine weitere Ursache für die Auslösung tribochemischer Reaktionen durch Impaktbearbeitung besteht in der mechanischen Beseitigung von Deck- und Reaktionsschichten unter Freilegung von Frischflächen und in der Erzeugung eines bei Zimmertemperatur metastabilen Zustandes. Unter Berücksichtigung dieser Faktoren läßt sich das oft recht komplizierte Reaktionsgeschehen tribochemischer Umsetzungen deuten. Bei „Fahr-Reaktionen" erhält man gegenüber den entsprechenden „Ruh-Reaktionen" meistens erniedrigte Werte für die scheinbare Aktivierungsenergie und die Reaktionsordnung, die in einem weiten Meßbereich oft sogar Null sind. Die experimentell bestimmten Werte der Aktivierungsenergie geben Aufschluß über den noch verbleibenden Temperatureinfluß beim Ablauf von Impaktreaktionen.

Die Reaktionsgeschwindigkeit ist innerhalb weiter Grenzen proportional der Intensität der mechanischen Bearbeitung. Hieraus wurde eine „tribochemische Energiebeziehung" abgeleitet, die chemische und rein mechanische Größen miteinander verbindet.

Da bei stationärer Bearbeitung über sehr lange Zeiten (1600 h) der Reaktionsverlauf nahezu konstant bleibt und die Reaktionen mit gut meßbarer Geschwindigkeit bereits bei Zimmertemperatur vor sich gehen, lassen sich tribochemische Umsetzungen mit Erfolg zur Erforschung von Reaktionsmechanismen heranziehen. Als Beispiele hierfür seien die Untersuchungen zur Aufklärung der Sensibilisierungsvorgänge bei der Nickelcarbonylbildung und der katalytischen Beschleunigung der Methanbildung genannt.

Auch für die angewandte Forschung, insbesondere auf dem Gebiet der Reibung, der Schmierung und des Verschleißes, der bildsamen und spanenden Verformung, der Beeinflussung der mechanischen Festigkeit von Werkstoffen (Dauerfestigkeit, Kaltversprödung usw.), der Getterwirkung, der tribochemischen Metallzündung wie auch auf dem Gebiet geomechanischer Prozesse ergeben sich zur Beurteilung dieser Vorgänge zahlreiche neue Gesichtspunkte.

Tribochemische Reaktionen lassen sich auch für präparative Zwecke, z. B. bei der Darstellung höherer Metallcarbonyle unter Normalbedingungen, mit Erfolg einsetzen.

Es ist zu erwarten, daß sich hieraus auch für die chemische Industrie zahlreiche technische Lösungen ergeben, zumal tribochemische Prozesse oft eine vereinfachte und kontinuierliche Verfahrensweise ermöglichen.

Für die vielseitige und großzügige Unterstützung, die mir bei der Durchführung der Arbeit in theoretischer und experimenteller Hinsicht jederzeit gewährt wurde, möchte ich Herrn *Prof. Dr. Thiessen* meinen herzlichsten Dank aussprechen.

Ebenfalls möchte ich Herrn *Prof. Dr. Schirmer* für sein stetes Interesse am Fortgang der Arbeit und für die zahlreichen fruchtbaren Diskussionen recht herzlich danken.

Ferner möchte ich allen Kollegen und Mitarbeitern danken, die direkt oder indirekt am Zustandekommen dieser Arbeit beteiligt waren, insbesondere Herrn *Bock*, Herrn *Friedrich*, Herrn *Harenz*, Herrn *Hennig*, Herrn *Hoffmann*, Frl. *Junge*, Frau *Lemm*, Frau *Lischke*, Frl. *Kapp*, Frl. *Senzky*, Frl. *Klemens*, Frl. *Köpernick*, Frau *Kopka*, Herrn *Palis* Herrn *Dr. Paudert*, Frl. *Radtke*, Herrn *Riedel*, Herrn *Sigrist* und Herrn *Tobien*.

14. Zusammenstellung tribochemischer Arbeiten

14.1. Chemische Reaktionen bei tribomechanischer Bearbeitung unter besonderer Berücksichtigung anorganisch-chemischer Reaktionen

1. AFANASSJEW, G. T., W. K. BOBOLEW und L. G. BOLCHOWITINOW [206]	Anregung von Explosionen durch Schlag
2. AGTE, C. [147]	Chemische Umsetzungen zwischen dem Drehstahl und dem Werkstück in der Drehbank
3. ALEXANDER, L. T., und H. G. BYERS [148]	In einer Stahlschwingmühle, in der sich feuchter Sand befindet, entsteht Wasserstoff durch Umsatz des Wassers mit dem Stahl
4. ALLSOP, R. T. [126] I.-MING-FENG u. H. H. UHLIG [125] SCARLETT, N. A. [121] TOMLINSON, G. A., P. L. THORPE und H. J. GOUGH [122]	Probleme der Reiboxydation
5. ARNETT, L. M., und F. BECHTHOLD [149] BENSON, R. E., und J. E. CASTLE [150] DEUEL, H., und R. GENTILI [151] GROHN, H., und R. PAUDERT [152]	Durch Mahlung von Quarzsand mit organischen Verbindungen werden Si-O-C-Bindungen geknüpft. Die Reaktionsprodukte sind deutlich hydrophob
6. BAIST, W. [219]	Bildung von Reaktionsschichten an Reibflächen
7. BALLCZO, H., und K. PETERS [189]	$MeCN + S \rightarrow MeSCN$, $Me = Na, K$; CO_2-Abgabe beim Reiben von Carbonaten

8. BARTEL, A. [120, 193]	Entstehung von Passungsrost an den Kontaktflächen von form- und kraftschlüssiger Verbindungen an Maschinen oder Apparaten
BARTEL, A. [100]	Chemische Umsetzungen von Hochdruckzusätzen mit der mechanisch beanspruchten Lagerfläche
9. BARAMBOIM, N. K. [222]	Mechanochemie der Hochpolymeren
10. BAUDISCH, O., und L. A. WELO [204]	Bildung von α-Fe_2O_3 aus γ-$Fe_2O_3 \cdot H_2O$
11. BAXTER, J. P. [207] W. DAVEY [208]	Bildung von Kupfersulfid bei der Schmierung von Kupferlagerschalen mit Di- und Polysulfiden während der mechanischen Beanspruchung
12. BOWDEN, F. P., und D. TABOR [153]	Die Zersetzung von Explosivstoffen durch Reibung
13. BOWDEN, F. P., und D. TABOR [153]	Reduktion von Polierpulvern wie Bleimennige und Bleidioxid sowie die Spaltung von Calciumcarbonat, wenn diese Pulver zum Polieren von Metallflächen verwendet werden.
14. BOWDEN, F. P., und D. TABOR [146]	Chemische Umsetzungen von Hochdruckadditiven mit der mechanisch beanspruchten Lagerfläche
15. BREDIG, M. A. [203] CLARK, G. L., und R. ROWAN [200] KOLKMEIJER, N. H., und J. VAN HENGEL [201] SCHLEEDE, A. und H. GANTZCKOW [202]	Bei Mahlung von { CaC_2, PbO, Ag, ZnS } Bildung der stabilen Modifikation
16. BRIDGMAN, P. W. [155]	Anwendung eines hohen Druckes bis zu 50000 kg/cm² gemeinsam mit einer Schubspannung bis zur Fließgrenze des Materials. Detonationsartige Zersetzung von Celluloid, Kaliumpermanganat, Silberoxid, Braunstein, Ammonbichromat, Strontiumnitrat, Chromsulfat, Kaliumsulfat, Alaun, Jodoform, Silbernitrat, und Bleidioxid; explosive Umsetzung von Kupfer und Schwefel, Siliciumdioxid und Magnesium, Eisenoxid und Aluminium, Kaliumoxalat und Aluminium. Verwandlung von $HgO_{rot} \rightarrow HgO_{schwarz}$ $P_{rot} \rightarrow P_{schwarz}$ $Se_{amorph} \rightarrow Se_{kristall}$
17. BRUNS, J. H., und M. A. BREDIG [199]	Umwandlung von Calcit in Aragonit

18. Carey-Ley, M. [1]	Chemische Zersetzung der Halogenide von Silber, Gold, Platin und Quecksilber unter Abscheidung von Metall beim Verreiben Photographische Schichten, die mit einem stumpfen Glasstab mechanisch beansprucht wurden, ergaben beim Entwickeln ein sichtbares Bild Ein mit Kaliumferricyanid getränktes Filterpapier wird an mechanisch beanspruchten Stellen blau (Reiben mit einem stumpfen Glasstab), wenn $FeCl_3$ zugegeben wird
19. Davey, W. [211] Simnard, G. L. [210]	Bleinaphthenat und Bleistearat reagieren im Eisen-Reiblager nach Fe + Pb $(\text{Seifenrest})_2 \rightarrow$ Fe $(\text{Seifenrest})_2$ + Pb und Pb + S $\rightarrow$ PbS
20. Dachille. F., und R. Roy [111]	Phasenumwandlung durch zweistündige Mahlung von: MnF_2, BeF_2, SiO_2, PbO, Sb_2O_3, B_2O_3
21. Davey, W. [212]	CCl_4 auf Stahl reagiert im Reiblager zu $C_2Cl_6 + FeCl_2$
22. Dies, K. [41, 123]	Die Reiboxydation als chemisch-mechanischer Vorgang
23. Finch, G. I. [213]	Stahl, Kupfer und Cadmium reagieren mit Chloradditiven im Reiblager unter Bildung von Metallchloriden
24. Fink, M. [130]	Reiboxydation als Ursache der Ermüdungserscheinungen
25. Fink, M. [217]	Zur Theorie der Reiboxydation
26. Fink, M. [218]	Riffelung auf den Eisenbahnschienen als Folge der Reiboxydation
27. Fink, M., und U. Hofmann [156]	Erhöhung der Verzunderungsgeschwindigkeit bei rollender Reibung (Cu, Fe, Ni)
28. Graue, G., und W. Lückerath [119]	Die Bedeutung mechanochemischer Grenzflächenreaktion bei schmiertechnischen Aufgaben, insbesondere sehr hohen Temperaturen
29. Graue, G., W. Lückerath und G. Gebauer [119]	Tribochemische Umsetzungen von Phosphaten als Schmiermittel bei der Warmverformung von Metallen
30. Grohn, H., und R. Paudert [157]	Beim Mahlen von CCl_4 und Si in einer Stahlschwingmühle laufen folgende Reaktionen ab: $Si + 2CCl_4 \rightarrow SiCl_4 + C_2Cl_6$ $CCl_4 + 2H_2O \rightarrow CO_2 + 4HCl$ $CCl_4 + H_2O \rightarrow CO + Cl_2 + 2HCl$
31. Grohn, H., H. Friedrich und R. Paudert [158]	$Sb + 2C_6H_5CH_2Cl \rightarrow (C_6H_5CH_2)_2 + SbCl_2$ sowie leicht zersetzliche Antimon-organische Verbindungen

32. GROHN, H., R. PAUDERT und H. J. BISINGER [86]	*a*) $MeCO_3 \rightarrow MeO + CO_2$ Me = Mg, Ca, Sr, Ba $Me_2CO_3 \rightarrow Me_2O + CO_2$ Me = Na, K *b*) Sulfidbildung bei der Mahlung von Schwefel mit Mg, Cd, Zn, Sn, Pb, P, Sb, Bi *c*) $4\,Al + 3\,C \rightarrow Al_4C_3$ *d*) $Ca + 2C$ unter N_2 CaC_2 ($+ Ca_3N_2$) (in sehr geringer Menge) *e*) Reduktion von CuO, Co_3O_4 und MgO mittels Aktivkohle
33. GROHN, H., und R. PAUDERT [85]	*a*) $Sn + 2C_6H_5CH_2X \rightarrow (C_6H_5CH_2)_2SnX_2$ *b*) $Sn + 2X - C_6H_4 - CH_2X \rightarrow (X - C_6H_4 - CH_2)_2\,Sn\,X_2$
34. HALTNER, A. J., und C. S. OLIVER [194]	Der tribochemische Einfluß der Atmosphäre auf das Reibungsverhalten von Molybdändisulfid
35. HARRIS, L. A., und S. J. TAYLOR [228]	Druckinduzierte Phasenumwandlung im System $UO_3 \cdot H_2O$
36. HEINICKE, G., K. MEYER und U. SENZKY [57]	Tribochemische NH_3-Bildung aus den Elemten
37. HEINICKE, G. [65] HEINICKE, G., und I. LISCHKE [66]	Benzolhydrierung bei mechanischer Bearbeitung des Katalysators
38. HEINICKE, G. [54]	Mechanisch angeregte Methanbildung aus Wasserstoff und Siliciumcarbid, Borcarbid und Zementit
39. HEINICKE, G. [166] HEINICKE, G., und H. HARENZ [33]	Tribochemische Sensibilisierungsreaktionen
40. HEINICKE, G. [134]	Einfluß von Inhibitoren auf die mechanisch angeregte Bildung von Nickelcarbonyl
41. HEINICKE, G., R. RIEDEL und H. HARENZ [42]	Oxydation von Festkörpern (Al, Mn, Sb, As, Gr, Fe, Si, FeS_2, FeS, Bi, Sn, C, Zn, Ni, Co, Pb, Cu, Ag, BaO_2) bei tribomechanischer Beanspruchung
42. HEINICKE, G. [216]	Thermodynamik tribochemischer Reaktionen

43. JAMIESON, C., und JULIAN R. GOLDSMITH [197]	Teilweise Umwandlung von Calcit → Aragonit Siderit → Fe_2O_3 Smithsonit → ZnO Rodochrosit → Mn_2O_3, Mn_3O_4
44. KANTRO, D. L., S. BRUNAUER und C. H. WEISE [198]	Die Hydratation von Tricaliumsilikat in der Kugelmühle
45. KNAPPWOST, A. [103]	MoS_2 als chemisch wirkender Schmierstoff
46. KOCHANOWSKA, A., und V. SATAWA [220]	Umwandlung des kubischen in hexagonales Kobalt durch Mahlung
47. KOLONKO, G. [160]	Darstellung von Grignardverbindungen durch Fräsen von Mg im Reaktionskolben
48. KORDA, P. [110]	Oxydation von Blei in Prallmühlen
49. KÖSTER, A. [109]	Darstellung von Siliciumhalogeniden durch Mahlung von Silicium im Chlorstrom
50. KUNIN, N. I., und M. A. WLASSJUK [225]	Darstellung von Rongalit durch Schwingmahlung
51. MAY, M. [161]	Untersuchung der Aufstickung und Aufkohlung von Drähten unter Zugbelastung (0—40 kg)
52. MIDGLEY, J. W. [214] THORPE, R. E. [215]	Die Bildung von Metallphosphiden im Reiblager bei Anwesenheit von Phosphoradditiven
53. NAESER, G., und W. SCHOLZ [15]	Fe_2O_3, $CaCO_3$ und MoO_3 explodieren beim Walzen nach dem 3. bis 5. Durchgang
54. NISHIYAMA, Z. [221]	γ—α-Umwandlung von rostfreiem Invar durch Zug
55. PARKER, L. H. [162]	$HgCl_2 + 2KJ \rightarrow HgJ_2 + 2KCl$ beim Zusammenreiben fester Stoffe
56. PAUDERT, R. [115]	SO_2-Oxydation an mechanisch bearbeitetem V_2O_5
57. PAWLJUTSCHENKO, M. M., und M. P. GILEWITSCH [226]	Beim Mahlen und Pressen Umsetzung zwischen folgenden Festkörpern: Ag_2SO_4 mit Na_2SO_3, Ag_2SO_4 mit Na_2CO_3, $AgSO_4$ mit $K_2C_2O_4$, $NiSO_4$ mit $K_2C_2O_4$ u. CaO mit Ag_2SO_4
58. PETERS, K. [3]	Carbonate (Calcit, Magnesit, Ankerit, Dolomit, Aragonit und Eisenspat) geben durch mechanische Bearbeitung einen Teil des gebundenen Kohlendioxids bereits bei Zimmertemperatur ab

59. PETERS, K. [229]

a) Bei Mahlung von Kohlepulvern wurden die Gase Methan und Helium, die sonst nicht aus der Kohle auszutreiben waren, entbunden
b) Taubenfederkitzeln von Jodstickstoff führt zur Explosion

60. PETERS, K. [31]

c) Dissoziation von NaCl beim Mahlen
d) Mechanochemische Gleichgewichtseinstellung am System $ZnO + CO_2 \leftrightharpoons ZnCO_3$; von beiden Seiten einstellbar
e) $Na_2CO_3 + SiO_2 = Na_2SiO_3 + CO_2$
$CaCO_3^{+} + SiO_2^{++} = CaSiO_3 + CO_2$
$^{+}$ Isländischer Doppelspat
$^{++}$ Bergkristall
f) Aufschluß von Monazit in kalter Natronlauge verläuft viel schneller unter Mahlung als das Behandeln von vorgemahlenem Monazit bei 80—90 °C
g) Reduktionsreaktionen beim Verreiben von Substanzen mit Thiosulfat, Oxydationsreaktionen beim Verreiben mit NaO_2, oder Redoxreaktionen beim Verreiben von $CrCl_3$ mit Pb_3O_4 unter Bildung von Bleichromat
h) Aufschluß hochgeglühter Substanzen durch Verreiben mit Kaliumhydrogensulfat, Ammoniumfluorid, Alkalihydroxiden und Ammoniumcarbonaten

61. PETERS, K., und S. PAJAKOFF [183]

a) Bildung von Nickeldimethylglyoxim beim Verreiben von Dimethylglyoxim und Nickelcarbonat
b) Durch Verreiben von Bleisulfat bzw. Bleioxid mit Alkalijodiden entsteht PbJ_2
c) Beim Verreiben von Kaliumcyanoferrat (II) mit Eisen (III)-Salzen entsteht $Fe_4\,[Fe(CN)_6]_3$
d) Beim Verreiben cerhaltiger Feststoffe mit festem Natriumperoxid entsteht Cerperoxid
e) Beim Verreiben uranhaltiger Mineralien mit Kaliumcyanoferrat (II) wird rotbraunes Uranylcyanoferrat gebildet
f) Beim Verreiben chromhaltiger Mineralien mit festem Natriumperoxid und Blei- oder Silbersalzen, z. B. Bleisulfat oder Silbernitrat entsteht das gelbe Bleichromat bzw. das rote Silberchromat
g) o-Phenanthrolin bildet beim Verreiben mit Eisen(II)-Salzen die gleiche, intensiv rot gefärbte Komplexverbindung, die in wäßriger schwefelsaurer Lösung des Ferroins mit Eisen-(II) Salzen entsteht
h) Beim Verreiben von Alkali- oder Ammoniumrhodanid mit kobalthaltigen Substanzen bildet sich Kobaltrhodanid
i) $Na_2S_2O_3$ + Ag-Salz $\rightarrow Ag_2S_2O_3$ + Na-Salz
j) Beim Verreiben von Na_2SO_3 mit S wird $Na_2S_2O_3$ gebildet

62. Rasch, R. [195]	Mechanochemische Reaktionen bei der Zerkleinerung
63. Roll, F., und W. Pulewka [163]	Bildung von Fe_2O_3 und Fe_3O_4 bei gleitender Reibung von Stahl
64. Sackmann, H. [164]	Chemische Wirkungen sind von primärer Bedeutung bei der Reibkorrosion
65. Salomon, G., A. W. J. De Gee und J. H. Zaat [191, 192]	Mechanochemische Einflüsse bei der Schmierung mit MoS_2
66. Sander, B. [165]	Deformationsverglimmerung von Feldspaten in geologischen Epochen
67. Schrader, R., und H. Hennek [28]	Die mechanochemische Umsetzung von Kiesabbrand mit Schwefelwasserstoff
68. Shaw, M. C. [167]	a) Beim Zerspanen von Aluminium unter CCl_4 entsteht $AlCl_3$ und Hexachloräthan $HCCl_3$ liefert mit Aluminium $AlCl_3$, HCl und C b) Beim Fräsen von Magnesium in Äther und halogenorg. Verbindungen werden Grignardverbindungen gebildet
69. Smekal, A. [224]	Bildung einer eutektischen Schmelze beim Ritzen von Silikatglas und einkristallinem Al_2O_3
70. Streckeisen, K. [102]	MoS_2 als chemisch wirkender Schmierstoff
71. Studt, P. [159]	Abscheidung von Metalloxiden bei der Mischreibung
72. Tammann, G. [180]	a) Mit einem stumpfen Glasstab bestrichene photogr. Platte ergibt beim Entwickeln ein sichtbares Bild b) Gewöhnliches NaCl wird durch radioaktive Bestrahlung gelb, plastisch deformiertes NaCl durch Ausscheidung von Natriumteilchen blau gefärbt
73. Thiessen, P. A., G. Heinicke und K. Meyer [4]	Prüfung der Energieumsätze bei der submikroskopischen Bearbeitung fester Körper durch Anregung chemischer Reaktionen
74. Thiessen, P. A., G. Heinicke und K. Meyer [3]	Ammoniakbildung durch Strahlbearbeitung aus den Elementen
75. Thiessen, P. A., G. Heinicke und K. Meyer [135]	Tribochemische Nickel- und Eisencarbonylbildung und die Röstung von Pyrit und Eisensulfid

76. THIESSEN, P. A., G. HEINICKE und K. MEYER [37]	Kinetik der tribomechanisch angeregten Nickelcarbonylbildung
77. THIESSEN, P. A., G. HEINICKE und U. SENZKY [53]	Bildung von Methan durch mechanische Stoßanregung
78. WEGENER, W. [133]	Tribochemische Reaktionen bei der Auslösung von Metallbränden
79. WELLINGER, K., und H. UETZ [127]	Tribochemische Reaktionen als Ursache des Schichtenverschleißes
80. WILLIAMS, C. G. [209]	Di- u. Polysulfide bilden im Eisen-Reiblager Eisensulfid
81. YAMAGUCHI, S., und SAWAMURA, H. [205]	Beim mechanischen Polieren von Ni und Fe-Flächen mit Al_2O_3 bzw. Cr_2O_3 entstehen durch Festkörperreaktion $NiAl_2O_4$ bzw. $FeCr_2O_4$ von Spinellstruktur

14.2. Chemische Reaktionen an tribomechanisch vorbearbeiteten Festkörpern

1. COBALT-Monograph [172]	Verzunderungsgeschwindigkeit von reinem Cobalt wird durch Kaltbearbeitung gefördert
2. ECKELL, J. [19]	Erhöhung der katalytischen Aktivität von Nickelblechen durch Walzen des Metalls
3. FRANCE, R. W. [179]	Messung der Lösungswärme von Eisen in Säuren nach bestimmtem Kaltverformungsgrad
4. GRUHL, W. [176]	Die Lösungsfähigkeit von C in weichen Stählen nimmt durch Kaltverformung ab
5. HEYN, E., und O. BAUER [170]	Erhöhte Auflösungsgeschwindigkeit von kaltverformtem kompakten Eisen oder Stahl in Säuren gegenüber unbearbeiteten Proben
6. HÜTTIG, G. F., und M. KANTOR [223]	Beim Zerpulvern ändert Zinkoxid seine Sorptionsfähigkeit
7. KAPLAN, G. JE., A. W. MATSCHINSKI, I. A. JAKUBOWITSCH, T. A. USSPENSKAJA und T. W. PRJANISCHNIKOWA [227]	Bei Verwendung von schwinggemahlenen Proben läuft die Reaktion $ZrSiO_4 + 2CaO \rightarrow CaZrO_3 + CaSiO_3$ ohne Mineralisator bei tieferen Temp. als gewöhnlich ab
8. KIPERMAN, S. L., A. A. BALANDIN und J. R. DAWIDOWA [59]	Durch mechanische Bearbeitung von Ni-Katalysatoren wird deren Aktivität stark erhöht
9. KRÖGER, C. [190]	Gemörsertes V_2O_5 läßt sich bei bestimmten Temperaturen schneller mit CO reduzieren als eine unbearbeitete Probe

10. LIHL, F., und P. ZEMSCH [61]

Mechanisch zerkleinertes Nickelformiat besitzt nach der Reduktion eine größere katalytische Aktivität als unbearbeitetes Formiat

11. NAESER, G., und W. SCHOLZ [15]

a) Auflösungsgeschwindigkeit von kaltverformten Eisenpulvern in 1n-HCl bei verschiedener Anlaßzeit (Faktor 6)

b) $Cr_2O_3 + H_2 \rightarrow Cr$, (gewalzt) 1250 °C
$Cr_2O_3 + H_2 \rightarrow$ keine Reaktion, (ungewalzt) 1250 °C

c) Fe_2O_3 u. Fe_3O_4 werden bei einer um 50 °C tieferen Temperatur im H_2-Strom reduziert, wenn diese Stoffe zuvor gewalzt wurden

d) MoO_3, WO_3, NiO werden im gewalzten Zustande ebenfalls bei niederen Temperaturen reduziert

e) Thermische Zersetzung von Braunstein läßt sich durch Walzen um 50° (für 20% der Probe um 220°) herabsetzen

f) Entkohlung eines mit C und Fe_3O_4 versetzten Stahls geht bei einer um 200° tieferen Temperatur vor sich, wenn Fe_3O_4 vorgewalzt wird

12. NAESER, G., und W. SCHOLZ [3]

a) Verbrennung von Graphit im H_2O/H_2-Strom wird bei 1100 °C um den Faktor 25 durch Schwingmahlung beschleunigt (Zuckerkohle um das Dreifache)

b) Bei vorangegangener Kaltwalzung lassen sich Eisensilikate im Stahl mit H_2 bei 850° 4mal schneller reduzieren als unbearbeitete Proben

c) Gegenüber einem ungewalzten, silizierten Blech zeigt ein 40% kaltgewalztes Blech erhöhte Reaktionsfähigkeit bei der Aufstickung ($N_2 + 3\% \, NH_3$)
um 180%, bei der Verzunderung
um 200%, bei der Aufkohlung
um 400%, bei der Entkohlung
um 175%, bei der Aufschwefelung
(H_2/H_2S) um 130%

d) Die Abgabe von CO_2 aus $CaCO_3$ bei 700° hängt von der Mahldauer ab, mit der die Probe vorgemahlen wird

e) Die Reduktion von Fe_2O_3 wird durch Kaltbearbeitung beschleunigt. Die Gewichtsabnahme/Zeiteinheit durchläuft mit zunehmender Anzahl der Walzungen in einem großen Temperaturbereich ein Maximum

13. NAESER, G., W. SCHOLZ und A. FIEDLER [181]

a) Herabsetzung der Oxydationstemperatur von Antimon durch Kaltbearbeitung

b) Erhöhung der Auflösungsgeschwindigkeit verschiedener Eisenpulver in HCl durch Mahlung

c) Einfluß der Mahldauer auf eine nachfolgende Oxydation von Kupferpulver bei 250 °C

14. Naeser, G., W. Scholz und A. Fiedler [177]	Erhöhung der Geschwindigkeit der Auflösung von Weicheisenblech in 10%iger H_2SO_4 durch Kaltverformung
15. Osmond, F. [168]	Erhöhte Auflösungsgeschwindigkeit von kaltverformtem kompakten Eisen oder Stahl in Säuren gegenüber unbearbeiteten Proben
16. Paudert, R. [115]	SO_2-Oxydation an mechanisch aktiviertem V_2O_5
17. Puchegger, F. [169]	Die Wälle von angeritztem $CaCO_3$ lösen sich schneller in verdünnten Säuren als die unbeanspruchte Oberfläche
18. Rienäcker, G. [19]	Beeinflussung der katalytischen Aktivität durch Walzen des Katalysators
19. Rienäcker, G., und J. Völter [63]	Durch Walzen von Katalysatorblechen wurde die katalytische Aktivität beim Nickel erhöht, beim Eisen erniedrigt
20. Schmid, E., und W. Boas [186] Waché, X., und G. Chandron [187]	Die Auflösungsgeschwindigkeit von Metallen in Säuren wird durch eine Kaltverformung meist sehr stark erhöht, oft aber auch vermindert
21. Schrader, R. [182]	Gewinnung eines hochaktiven Eisenoxids als Gasreinigungsmasse aus Kiesabbränden
22. Schrader, R., und G. Tetzner [16]	Aktivierung von Kiruna-Magnetit durch Schwingmahlung gegenüber der Aufnahme von Schwefelwasserstoff
23. Schrader, R., und H. Marcy [178]	Thermische Dissoziation von mechanisch aktiviertem Kalkstein
24. Schrader, R., H. Grund und G. Tetzner [62]	Mechanische Aktivierung von Metallpulvern zu Katalysatoren
25. Schrader, R., Z. Kroll und S. Seifert [112]	Verhalten von mechanisch aktiviertem α-Eisen-(III)-Oxid gegenüber Schwefelwasserstoff
26. Spriggs, G. E. [175]	Entkohlung von Wolframcarbid durch Wasserstoff wird durch Kaltbearbeitung gefördert
27. Tammann, G. [180]	a) Bearbeitete Metalle sind unedler als geglühte b) Durch Kaltbearbeitung werden die Einwirkungsgrenzen zu höheren Gehalten der edleren Komponente verschoben

	c) Quecksilber benetzt Silber und seine Mischkristalle mit Au, Sn und Cd im bearbeiteten Zustand viel schneller als im unbearbeiteten d) Durch Kaltbearbeitung erhöht sich die Auflösungsgeschwindigkeit des Eisens e) Bei 150 °C löst plastisch verformtes Palladiumblech nicht merklich Wasserstoff, auf 400 °C vorerhitztes Palladiumblech dagegen mit großer Geschwindigkeit
28. Tammann, G. [184] Graf, L., und H. Klatte [185]	Reaktionssteigerung bei Korngrenzenstoffen nach plastischer Verformung
29. Uhara. I., und Mitarb. [188]	Die katalytische Aktivität kalt bearbeiteter Metalle in Abhängigkeit von der Anlaßtemperatur
30. Weidenthaler, P. [196]	Gepreßtes Ag_2O zersetzt sich bei um 200–250 °C niederen Temperaturen als die pulverförmigen Proben
31. Yohoyama, T., und F. Hashimoto [173]	Nitrierung von Stählen wird durch Kaltbearbeitung gefördert
32. Zima, G. E. [174]	Verzunderungsgeschwindigkeit von Ni-Cr-Stählen wird durch Kaltbearbeitung gefördert

15. Literatur

[1] Carey-Lea, M.: Amer. J. Sci. **46** (1893), 413.
[2] Fink, M., und U. Hofmann: Z. anorg. allg. Chem. **210** (1933), 100.
[3] Grohn, H.: Das Hochschulwesen **6** (1958), 235.
Naeser, G., und W. Scholz: Ber. dtsch. keram. Ges. **39** (1962), 106.
Peters, K.: Anzeiger d. math.-naturw. Klasse, Österr. Akad. Wiss. (1953), 191.
Schrader, R.: Chem. Techn. **11** (1959), 157.
Thiessen, P. A., G. Heinicke und K. Meyer: Mitteilungsblatt der Chem. Gesellschaft in der DDR, Sonderheft „Physikalische Chemie von Grenzflächenvorgängen", (1959), 56.
[4] Thiessen, P. A., G. Heinicke und K. Meyer: „*Forschen und Wirken*", Festschrift zur 150-Jahr-Feier der Humboldt-Universität Berlin, Berlin Bd. 2 (1960), 119.
[5] Fricke, R.: „*Handb. d. Katalyse*", *IV*, **1** (1943), 1.
[6] Hüttig, G. F.: „*Handb. d. Katalyse*" *VI*, **3** (1943), 318.
[7] Fricke, R., und L. Klenk: Z. Elektrochem. angew. physik. Chem. **41** (1935), 617.
[8] Torka, K.: Reactivity of solids, Amsterdam (1961), 400.
[9] Mittasch, A.: Z. physic. Chem. **40** (1962), 1.
[10] Hüttig, G. F.: Mh. Chem. Bd. **85** (1955), 702.
[11] Hedley, J. A.: Nature, London, **188** (1960), 44.
[12] Thiessen, P. A., und E. Zabel: Mber. dtsch. Akad. Wiss. **3** (1961), 22.
[13] Ott, H.: „*Handb. d. Experimentalphysik*", *VII*, **2** (1928), 55.
[14] Hedvall, J. A.: „*Einführung in die Festkörperchemie*", Braunschweig, 1952.
[15] Naeser, G., und W. Scholz: Kolloid-Z. **156** (1958), 1.
[16] Schrader, R., und G. Tetzner: Z. anorg. allg. Chem. **309** (1961), 55.
[17] Nassowa, S. A., und K. A. Smirnowa: Chem. Zbl. (1957), 2839.
[18] Schrader, R.: Privatmitteilung.
[19] Eckell, J.: Z. Elektrochem. angew. physik. Chem. **39** (1933), 433.
Rienäcker, G.: Z. Elektrochem. angew. physik. Chem. **46** (1940), 369.
Schrader, R.: Kolloquiumsvortrag, Berlin, Oktober 1962.
[20] Smekal, A.: Chemie-Ing.-Techn. **27** (1955), 795.
[21] Meyer, K., und M. Keutel: phys. stat. sol. **3** (1963), 392.
[22] Meyer, K., und E. Gragert: phys. stat. sol. **3** (1963), 2005.
[23] Meyer, K., und M. Keutel: Z. anorg. allg. Chem. **314** (1962), 198.
[24] Thiessen, P. A.: Z. Chem. **5** (1965), 162.
[25] Thiessen, P. A.: Probleme der physikalisch-chemischen Grenzflächenmechanik, Ber. II. Intern. Pulvermetallurgietagung, Eisenach **1961**, Akademie-Verlag Berlin, 1962.
[26] Meyer, K., und F. Polly: phys. stat. sol. 8 (1965), 441.
[27] Thiessen, P. A.: „*Physikalisch-chemische Grenzflächenmechanik, Mikro- und Submikrovorgänge*" Vortrag, Berlin 10. 4. 1964.
[28] Schrader, R., und H. Hennek: J. prakt. Chem. **14** (1961), 234.
[29] Ostwald, W.: „*Handb. d. allg. Chemie*", Bd. *I*, Akad. Verlagsgesellschaft (1919), 70.
[30] Hüttig, G. F.: Proc. Intern. Symp. Reactivity of Solids, Gothenburg (1952), 979.
[31] Peters, K.: „*Symposium Zerkleinern*", Weinheim/Bergstr. (1962), 79.
[32] Rumpf, H.: Chemie-Ing.-Techn. **31** (1959), 323.
[33] Heinicke, G., und H. Harenz: Z. anorg. allg. Chem. **324** (1963), 185.
[34] Hüttig, G. F.: Dechema-Monogr. **21** (1952), 96.
[35] Grohn, H., und W. Grohn: DRP 592712 (1934).
[36] Paudert, R., und G. Heinicke: Bisher unveröffentlichte Arbeiten.

[37] THIESSEN, P. A., G. HEINICKE und K. MEYER: Vorträge über die mechanische Aktivierung chemischer Reaktionen, Weimar 21. 1. 1960, Köln 16. 9. 1960.
HEINICKE, G.: desgl. Marienbad 19. 9. 1961, Berlin 25. 5. 1962, Leuna 18. 10. 1962.
[38] HEINICKE, G.: Habilitationsschrift Humboldt-Universität Berlin (1964).
[39] ABEGG-KOPPEL: „*Handb. d. anorg. Chem.*" *IV*, **3**, **4** (1936), 800.
[40] BOCK, N.: Diplomarbeit, Humboldt-Universität Berlin (1963).
[41] HEINICKE, G., und K. SIGRIST: Mber. dtsch. Akad. Wiss. **8** (1966), 660.
[42] HEINICKE, G., R. RIEDEL und H. HARENZ: Z. physik. Chem. **227** (1964), 62.
[43] HÜTTIG, G. F., W. SIMM und G. GLAWITSCH: Mh. Chem. **85** (1954), 1124.
[44] HEINICKE, G., und K. SIGRIST: Bisher unveröffentlichte Arbeiten.
[45] GMELIN: „*Handb. d. anorg. Chem.*", 60 *A*, (1955), 1237.
[46] BAHR, H. A., und TH. BAHR: Ber. dtsch. chem. Ges. *B* **6** (1928), 2177.
[47] SIGRIST, K.: Diplomarbeit, Humboldt-Universität Berlin (1962).
[48] BEILSTEIN: „*Handb. d. org. Chem.*", I, 1. Ergänzungswerk, Berlin (1928), 4.
[49] BLACKWOOD, J. D.: Austral. J. Chem. **12** (1959), 14.
[50] SCHMITZ, F.: Stahl und Eisen **39** (1919), 373.
[51] AGTE, C., und K. MOERS: Z. anorg. allg. Chem. **198** (1931), 233.
[52] GALWEY, A. K.: J. Catalysis **1** (1962), 227.
[53] THIESSEN, P. A., G. HEINICKE und U. SENZKY: Mber. dtsch. Akad. Wiss. **3** (1961), 170.
[54] HEINICKE, G.: Z. Chem. **2** (1962), 284.
[55] HENNIG, H. P.: Diplomarbeit, Humboldt-Universität, Berlin 1963.
[56] GMELIN: „*Handb. d. anorg. Chemie*", Bd. 15*B* (1959), 851.
[57] HEINICKE, G., K. MEYER und U. SENZKY: Z. anorg. allg. Chem. **312** (1961), 180.
[58] WISE, H.: Chem. Engng. News **38** (1960), 52.
[59] KIPERMAN, S. L., A. A. BALANDIN und J. R. DAWIDOWA: Chem. Zbl. (1959), 4401.
[60] UHARA, F. L. I., S. YANAGIMOTO, K. TANI und G. ADACHI: Nature, London, **1952** (1961), 867.
[61] LIHL, F., und P. ZEMSCH: Z. Elektrochem. Ber. Bunsenges. physik. Chem. **56** (1952), 979.
[62] SCHRADER, R., H. GRUND und G. TETZNER: Z. Chem. **3** (1963), 356.
[63] RIENÄCKER, G., und J. VÖLTER: Z. anorg. allg. Chem. **296** (1958), 210.
[64] SENZKY, U.: Ingenieurarbeit, Berlin (1960).
[65] HEINICKE, G.: Ropa a Uhlie **4** (1962), 150.
[66] HEINICKE, G., und I. LISCHKE: Z. Chem. **3** (1963), 355.
[67] HEINICKE, G.: Dissertation, Berlin (1960).
[68] DANEŠ, V., J. CABICAR, O. GRUBNER, K. KLIER und P. JIRU: Collect. czechoslov. chem. Commun. **22** (1957), 537.
[69] JAHN, H.: Ber. dtsch. chem. Ges. *B* **13** (1880), 983.
[70] HEINICKE, G., Č. JECH und M. FRIEDRICH: Mber. dtsch. Akad. Wiss. 8 (1966), 344.
[71] BERNHARD, F.: Privatmitteilung.
[72] JECH, C.: Nature, London, **178** (1956), 1343; phys. stat. sol. 2 (1962), 1299; „*Radio isotopes in Scientific Research*", Proc. of the first Unesco Conference, Paris 1957, Vol. *IIp*, 491, Pergamon Press, 1958.
JECH, C., und G. HEINICKE: Wissenschaft u. Fortschritt **10** (1966), 435.
[73] TRAPNELL, B. M. W.: Chemisorption, London (1955), 70.
[74] HEINICKE, G., und H. HARENZ: Bisher unveröffentlichte Arbeiten.
[75] HEINICKE, G., M. FRIEDRICH und H. P. HENNIG: Bisher unveröffentlichte Arbeiten.
[76] EGGERT, J.: „*Lehrbuch der physik. Chem.*" Leipzig (1948), 613.
[77] ROBERTS, M. W.: 1. Intern. Congr. on Metallic Corrosion, London (1961), 84.
[78] SCHRADER, R.: Vortrag Berlin, 25. Juni (1965).
[79] BERTHELOT, M.: C. R. **82** (1876), 1361.
[80] HARENZ, H.: Diplomarbeit, Humboldt-Universität Berlin (1962).
[81] AUERBACH-HORT: „*Handb. d. physik. Mechanik*, Leipzig (1928), Bd. **6**, 146, Bd. 7, 298.
[82] wie [38] S. 146.
[83] HEINICKE, G., C. JECH und K. WINKLER: Z. physik. Chem. **225** (1964), 161.
[84] HEINICKE, G., H. HARENZ und K. SIGRIST: Z. anorg. allgem. Chem., im Druck.
[85] GROHN, H., und R. PAUDERT: Z. Chem. **3** (1963), 89.
[86] GROHN, H., R. PAUDERT und H. J. BISINGER: Z. Chem. **2** (1962), 88.
[87] BOWDEN, E. P., und D. TABOR: Reibung und Schmierung fester Körper Berlin (1959), 39.
[88] HEINICKE, G.: Brockhaus ABC Chemie, Leipzig (1965), 1434.
[89] RUMPF, M.: „*Symposium Zerkleinern*", Weinheim/Bergstraße (1962), 91.
[90] TICHONOW, A. V., und M. V. KAMENZEW: Russ. P. 50630 (1935/37).
[91] GMELIN: „*Handb. d. anorg. Chem.*", 15*B* (1959), 850.
[92] SALMON, E. A.: C. R. **151** (1910), 1057.

[93] wie [31] S. 85.
[94] THIESSEN, P. A.: Privatmitteilung.
[95] BRAUER, G.: „*Handb. d. präp. anorg. Chem.*“, Stuttgart (1960), 309.
[96] DEN BESTEN, I. E., und P. W. SELWOOD: J. Catalysis **2** (1962), 93.
[97] THIESSEN, P. A., E. KUHK, W. SIEGLING, G. HEINICKE und K. MEYER: Mber. dtsch. Akad. Wiss. **3** (1961), 30.
[98] HIEBER, W., und J. GRUBER: Z. anorg. allg. Chem. **296** (1958), 91.
[99] HEINICKE, G., und H. HARENZ: Z. anorg. allg. Chem., im Druck.
[100] BARTEL, A.: Z. Ver. dtsch. Ing. **103** (1961), 15.
[101] JOHNSTON, R. R. M., und A. J. W. MOORE: Wear (Amsterdam) **7** (1964), 498.
[102] STRECKEISEN, K.: Techn. Rundschau **40** (1964), 1.
[103] KNAPPWOST, A.: „1. *Symposium Festschmierstoffe*“, Vortrag, München, Juni (1965).
[104] SCHWAB, G. M.: „*Handb. d. Katalyse*“, Bd. **5** (1957), 61, 455.
[105] SCHMIDT, O.: Z. physik. Chem. **165** (1933), 209.
[106] KORTÜM, G.: „*Lehrbuch der Elektrochemie*“, Weinheim/Bergstraße (1957), 83.
[107] HEINICKE, G., und H. HOFFMANN: Bisher unveröffentlichte Versuche.
[108] MAINE, M. B., F. W. FRANCIS und R. N. BLOOMER: Nature, London, **182** (1958), 931.
[109] KÖSTER, A.: Angew. Chem. **69** (1957), 563.
[110] KORDA, P.: Aufbereitungs-Techn. **2** (1961), 231.
[111] DACHILLE, P., und R. ROY: Nature, London, **186** (1960), 34, 71.
[112] SCHRADER, R., Z. KROLL und S. SEIFERT: Z. anorg. allg. Chem. **336** (1965), 11.
[113] SCHUMANN, H.: Vortrag Freiberg, April (1965).
[114] NAESER, G., und W. SCHOLZ: Ber. dtsch. keram. Ges. **39** (1962), 109.
[115] PAUDERT, R.: Chem. Techn. **17** (1965), 449.
[116] TETZNER, G.: Dissertationsarbeit, Bergakademie Freiberg (1965).
[117] GRUND, H.: Dissertationsarbeit, Bergakademie Freiberg (1965).
[118] FLEISCHER, G.: Vortrag, Dresden, September (1965).
[119] GRAUE, G., und W. LÜCKERATH: Schmiertechnik **12** (1965), 5.
GRAUE, G., W. LÜCKERATH und G. GEBAUER: Schmiertechnik **9** (1962), 245.
[120] BARTEL, A.: Maschinenschaden **36** (1963), 105.
[121] SCARLETT, N. A.: Erdöl-Kohle-Erdgas, Petrochem. **15** (1962), 547.
[122] TOMLINSON, G. A., P. L. THORPE und H. J. GOUGH: Automobiltechn. Z. (1939), 162.
[123] DIES, K.: Techn. Mitt. Krupp Forschungsber. **5** (1942), 127; Z. Ver. dtsch. Ing. **87** (1943), 475.
[124] WRIGHT, K. H. R.: Inst. Mech. Engineer. Proc. (*B*) (1952/53), 556.
[125] I.-MING-FENG, und H. H. UHLIG: J. appl. Mechan. **21** (1954), 395.
[126] ALLSOP, R. T.: Metallurgia, Manchester, **52** (1959), 39.
[127] WELLINGER, K., und H. UETZ: Zement-Kalk-Gips **18** (1965), 52.
[128] HILL, M. L., und E. W. JOHNSON: Trans. metallurg. Soc. AIME **215** (1953), 717.
[129] SPÄHN, H.: Metalloberfläche **16** (1962), 198.
[130] FINK, M.: Techn. Mitteilungen **55** (1962), 325.
[131] SPÄHN, H.: Metalloberfläche **16** (1962), 305.
[132] HEINICKE, G.: Habilitationsvorlesung, Berlin, Januar (1965).
[133] HEINICKE, G.: Schmiertechnik **13** (1966), 81.
[134] HEINICKE, G.: Z. anorg. allg. Chem. **324** (1963), 173.
[135] THIESSEN, P. A., G. HEINICKE und K. MEYER: Mitteilungsblatt der chem. Ges. in der DDR, Sonderheft „Phys. Chemie von Grenzflächenvorgängen“, (1959), 57.
[136] BELCHETZ, L., und E. K. RIDEAL: J. Amer. chem. Soc. **57** (1935), 1169.
[137] DOHSE, H.: Z. physik. Chem. **8** (1930), 159.
[138] GREENHALGH, R. K., und M. POLANYI: Trans. Faraday Soc. **35** (1939), 520.
[139] STAUDE, H.: Physik. chem. Taschenbuch *II*, Leipzig (1949), 2009.
[140] RIENÄCKER, G., und H. BADE: Z. anorg. allg. Chem. **248** (1941), 45.
[141] SCHWAB, G. M., und S. SCHWAB-AGALLIDIS: Ber. dtsch. chem. Ges. **76** (1943), 1228.
[142] TEMKIN, M., und W. RYSHEW: J. physik. Chem. UdSSR **13** (1939), 851.
[143] BARRER, R. M.: J. chem. Soc., London, 8 (1936), 1256.
[144] BARRER, R. M., und E. K. RIDEAL: Proc. Roy. Soc., London, A. **149** (1935), 253.
[145] HEINICKE, G., und I. LISCHKE: Bisher unveröffentlichte Arbeiten.
[146] BOWDEN, F. P., und D. TABOR: Friction and lubrication of solids. Oxford (1950).
[147] AGTE, C.: Angew. Chem. **45** (1932), 658.
[148] ALEXANDER, L. T., und H. G. BYERS: J. chem. Educat. **9** (1932), 916.
[149] ARNETT, L. M., M. P. BECHTHOLD und R. E. BENSON: A. P. 27 28732 (1955).
[150] BENSON, R E., und J. E. CASTLE: J. physic. Chem. **62** (1958), 840.

[151] DEUEL, H., und R. GENTILI: Helv. chim. Acta **39** (1956), 1586.
[152] GROHN, H., und R. PAUDERT: J. prakt. Chem. **11** (1960), 63.
[153] BOWDEN, F. P., und D. TABOR: Reibung u. Schmierung fester Körper, Berlin (1959), 395, 397.
[154] HEINICKE, G., und K. SIGRIST: Mber. dsch. Akad. Wiss. 8 (1966), 654.
[155] BRIDGMAN, P. W.: Physic. Rev. **48** (1935), 825; Amer. J. Sci. **36** (1938), 81; J. chem. Physics **15** (1947), 311.
[156] FINK, M., und U. HOFMANN: Z. anorg. allg. Chem. **210** (1933), 100; Arch. Eisenhüttenwes. **6** (1932), 161; Z. Metallkunde **24** (1932), 49; Chem. Fabrik **7** (1934), 96; Metallwirtsch. **13** (1934), 623.
[157] GROHN, H., und R. PAUDERT: Chem. Techn. **10** (1958), 307.
[158] GROHN, H., H. FRIEDRICH und R. PAUDERT: Z. Chem. **2** (1962), 24.
[159] STUDT, P.: Schmiertechnik **12** (1965), 28.
[160] KOLONKO, G.: Dissertation, Halle (1952).
[161] MAY, M.: Freiberger Forsch.-H. *B* **55** (1960), 3.
[162] PARKER, L. H.: J. Chem. Soc., London, **113** (1918), 396.
[163] ROLL, F., und W. PULEWKA: Z. anorg. allg. Chem. **221** (1934), 177.
[164] SACKMANN, H.: Motortechn. Z. **10** (1949), 85.
[165] SANDER, B.: Jahrbuch der Geologischen Bundesanstalt **73** (1923), 209.
[166] HEINICKE, G.: Chem. Techn. **15** (1963), 197.
[167] SHAW, M. C.: J. appl. Mechan. **15** (1948), 37.
[168] OSMOND, F.: Ann. Mines 8 (1885), 5.
[169] PUCHEGGER, F.: Naturwissenschaften **39** (1952), 428.
[170] HEYN, E., und O. BAUER: Mitt. Kgl. Materialprüf. Amt (1909), 57.
[171] HEINICKE, G., und K. SIGRIST: Z. Chem. **8** (1966), 291.
[172] COBALT-Monograph: Centre d'Information du Cobalt, Brüssel (1960), 128.
[173] YOHOYAMA, T., und F. HASHIMOTO: Chem. Zbl. (1959), 17434.
[174] ZIMA, G. E.: Trans. Amer. Soc. Metals **49** (1957), 924.
[175] SPRIGGS, G. E.: Powder Metallurgy **7** (1961), 296.
[176] GRUHL, W.: Arch. Eisenhüttenwes. **36** (1952), 39.
[177] NAESER, G., W. SCHOLZ und A. FIEDLER: Kolloid-Z. **188** (1963), 147.
[178] SCHRADER, R., und H. MARCY: Dechema-Monogr. **41** (1961), 287.
[179] FRANCE, R. W.: Trans. Faraday Soc. **30** (1934), 450.
[180] TAMMANN, G.: Z. Elektrochem. angew. physik. Chem. **35** (1929), 21.
[181] NAESER, G., W. SCHOLZ und A. FIEDLER: Arch. Eisenhüttenwes. **34** (1963), 871.
[182] SCHRADER, R.: Chem. Techn. **11** (1959), 157.
[183] PETERS, K., und S. PAJAKOFF: Michrochim. Acta [Wien] (1962), 314; (1964), 429.
[184] TAMMANN, G.: Z. anorg. allg. Chem. **130** (1923), 87.
[185] GRAF, L., und H. KLATTE: Z. physik. Chem. (Frankfurt) **10** (1957), 306.
[186] SCHMID, E., und W. BOAS: Kristallplastizität, Berlin (1935), 213.
[187] WACHÉ, X., und G. CHANDRON: C. R. **180** (1925), 1495.
[188] UHARA, I., S. YANAGIMOTO, K. TANI, G. ADACHI und S. TERATANI: J. physic. Chem. **66** (1962), 2691.
[189] BALLCZO, H., und K. PETERS: Microchim. Acta (1960), 291.
[190] KRÖGER, C.: Z. anorg. allg. Chem. **227** (1936).
[191] SALOMON, G., A. W. J. DE GEE und J. H. ZAAT: Wear (Amsterdam) **7** (1964), 87.
[192] DE GEE, A. W. J., G. SALOMON und J. H. ZAAT: Trans. ASLE 8 (1965), 156.
[193] BARTEL, A.: Maschinenschaden **36** (1963), 171; **37** (1964), 33.
[194] HALTNER, A. J., und C. S. OLIVER: G. E. Rep. no 58 RL 2018, (1958).
[195] RASCH, R.: Ber. dtsch. keram. Ges. **40** (1963), 635.
[196] WEIDENTHALER, P.: Collect. czechoslov. chem. Commun. **28** (1963), 137.
[197] JAMIESON, C., und JULIAN, R. GOLDSMITH: Amer. Mineralogist **45** (1960), 818.
[198] KANTRO, D. L., S. BRUNAUER und C. H. WEISE: J. Colloid. Sci. **14** (1959), 363.
[199] BRUNS, J. H., und M. A. BREDIG: J. chem. Physics **25** (1956), 1281.
[200] CLARK, G. L., und R. ROWAN: J. Amer. chem. Soc. **63** (1941), 1302.
[201] KOLKMEIJER, N. H., und J. VAN HENGEL: Z. Kristallogr. 88 (1934), 317.
[202] SCHLEEDE, A., und H. GANTZCKOW: Z. Physik **15** (1923), 15.
[203] BREDIG, M. A.: J. physic. Chem. **46** (1942), 801.
[204] BAUDISCH, O., und L. A. WELO: Naturwissenschaften **21** (1933), 593.
[205] YAMAGUCHI, S., und H. SAWAMURA: Werkstoffe u. Korrosion **16** (1965), 465.
[206] AFANASSJEW, G. T., W. K. BOBOLEW und L. G. BOLCHOWITINOW: Ber. Akad. UdSSR **136** (1961), 642.
[207] BAXTER, J. P.: J. Inst. Petroleum **25** (1939), 761.
[208] DAVEY, W.: J. Inst. Petroleum **31** (1945), 154.
[209] WILLIAMS, C. G.: Proc. Roy. Soc., London, *A* **212** (1952), 512.

[210] Simnard, G. L.: Ind. Engng. Chem. **33** (1941), 1352.
[211] Davey, W.: Ind. Engng. Chem. **42** (1950), 1837.
[212] Davey, W.: J. Inst. Petroleum **31** (1945), 73.
[213] Finch, G. I.: Brit. J. appl. Physics (1951), Suppl. **1**, 34.
[214] Midgley, J. W.: J. Iron Steel Ind. **185** (1957), 215.
[215] Thorpe, R. E.: Ind. Engng. Chem. **41** (1949), 938.
[216] Heinicke, G.: Wissenschaft u. Fortschritt **14** (1964), 163.
[217] Fink, M.: Stahl u. Eisen **52** (1932) 42, 1026; Z. Ver. dtsch. Ing. **77** (1933), 997; Glasers Annalen **76** (1951); Rundschau **33** (1957), 31.
[218] Fink, M.: Glasers Annalen **77** (1953), 342, 373; Jahrbuch des Eisenbahnwesens, Folge 8 (1957).
[219] Baist, W.: Erdöl-Kohle-Erdgas, Petrochem. **18** (1965), 294.
[220] Kochanowska, A., und V. Satawa: S.-Ber. dtsch. Akad. Wiss. Berlin, Kl. Chem. Geol. Biol. Berlin (1959), 100.
[221] Nishiyama, Z.: Sci. Rep. Tohoku Imp. Univ. Ser. *I* **25** (1935), 94.
[222] Baramboim, N. K.: „*Mechanochemie der Hochpolymeren*" Verlag für wissenschaftl.-techn. Literatur der RSFSR Moskau (1961), daselbst weitere Literatur.
[223] Hüttig, G. F., und M. Kantor: Z. analyt. Chem. **86** (1931), 95.
[224] Smekal, A.: Proc. Intern. Symp. Reactivity of Solids, Gothenburg, 1952.
[225] Kunin, N. I., und M. A. Wlassjuk: Hochschulnachr. chem. Technol. [UdSSR], **4** (1961), 638.
[226] Pawljutschenko, M. M., und M. P. Gilewitsch: Ber. Akad. Wiss. [UdSSR] **139** (1961), 648.
[227] Kaplan, G. Je., A. W. Matschinski, I. A. Jakubowitsch, T. A. Usspenskaja und T. W. Prjanischnikowa: J. angew. Chem. [UdSSR] **36** (1963), 95.
[228] Harris, L. A., und S. J. Taylor: J. Amer. ceram. Soc. **45** (1962), 25.
[229] Peters, K.: Chem.-Ing.-Techn. **30** (1958), 533.
[230] Hollemann-Wiberg: „*Lehrbuch der anorg. Chemie*", Berlin (1945), 363.
[231] Wegener, W.: Stahl u. Eisen **84** (1964), 473.

www.ingramcontent.com/pod-product-compliance
Lightning Source LLC
LaVergne TN
LVHW081348011026
849161LV00013BB/3029